Keine Panik vor Statistik!

Markus Oestreich · Oliver Romberg

Keine Panik vor Statistik!

Erfolg und Spaß im Horrorfach nichttechnischer Studiengänge

7., überarbeitete und ergänzte Auflage

 Springer Spektrum

Markus Oestreich
Brighton, MI, USA

Oliver Romberg
Bremen, Deutschland

Illustrations by
Oliver Romberg
Bremen, Deutschland

ISBN 978-3-662-64489-8   ISBN 978-3-662-64490-4   (eBook)
https://doi.org/10.1007/978-3-662-64490-4

Die Deutsche Nationalbibliothek verzeichnet diese Publikation in der Deutschen Nationalbibliografie;
detaillierte bibliografische Daten sind im Internet über http://dnb.d-nb.de abrufbar.

Planung/Lektorat: Iris Ruhmann
Springer Spektrum ist ein Imprint der eingetragenen Gesellschaft Springer-Verlag GmbH, DE und ist ein Teil
von Springer Nature.
Die Anschrift der Gesellschaft ist: Heidelberger Platz 3, 14197 Berlin, Germany

Vorwort (wird sowieso nur von 7.77 % der Leser beachtet)

… noch ein Buch mit Grundlagen der Statistik? Warum? Auch wenn es doch wirklich schon eine Menge Bücher zu diesem Thema gibt, haben wir uns davon nicht abschrecken lassen! Rein statistisch gesehen hat nämlich auf diesem Planeten nur jede(r) 1242742ste ein Statistikbuch *ganz* und *gerne* gelesen und weniger als jede(r) 7-einhalb Milliardste hat ein solches Buch *wirklich* verstanden. Und im Versuch, diese Erdstatistik[1] zu verbessern, ist es genau das, was dieses Buch „so anders" als „die anderen" macht.

Die Statistik ist als Teilgebiet der berüchtigten Mathematik in vielen Studiengängen von A wie Abenteuerpädagogik[2] bis hin zu Z wie Zytologie schwer gefürchtet! Gerade in vielen nichttechnischen Fächern wie Sozialwissenschaften, Politologie oder Psychologie stellt die Statistik als wichtiges Werkzeug eine unangenehme Hürde für anderweitig interessierte Studentinnen und Studenten dar. Viele beklagen sich: „Wenn ich mich für solche Sachen interessieren würde, hätte ich doch Mathe (igitt!) studiert." Aber der Statistikschein muss sein, sonst gibt es keine Masterurkunde und stattdessen winkt der Taxischein (schon früher als sonst). Auch in vielen technischen und naturwissenschaftlichen Bereichen[3], wo die manchmal seltsam anmutenden mathematischen Methoden (gähn!) der Statistik Anwendung finden, müssen sich Studierende mit diesem Thema auseinandersetzen. Dabei gilt auch für die Statistik: Man kann diese theoretische und abstrakte mathematische Disziplin oft sehr viel anschaulicher als in vielen Lehrbüchern darstellen und das Ganze noch mit Humor und Cartoons würzen. Statistik kann auch witzig sein! Mit einer bereits nicht nur statistisch bewährten unkonventionellen Darstellungsweise analog zu anderen Büchern aus der „Keine Panik"-Reihe lässt sich für

---

[1] Herr Dr. Oestreich weist darauf hin, dass diese Statistik auf dem Planeten Vulcan wesentlich positiver ausfällt.

[2] Ja, diesen Studiengang gibt es wirklich!

[3] Deren Vertreter(innen) laut statistischen Umfragen im Taxi meist hinten sitzen oder als Fahrgast Beifahrer(innen) sind.[4]

[4] Erklärung von Herrn Dr. Romberg: Vertreter(innen) der MINT-Fächer brauchen nor-malerweise keinen Taxischein!

viele ein einfacher Zugang zur Statistik finden und eine Brücke zu den ernsteren und theoretischen Lehrbüchern für Expert(inn)en schlagen. *Der Wert anderer Lehrbücher soll dadurch aber nicht gemindert werden!* Ganz im Gegenteil, denn auch hier gilt: Die Lektüre weiterführender, wissenschaftlicher Bücher ist zwingend erforderlich und allen zu empfehlen, die sich von den soliden Fundamenten der Statistik und der liebevollen Ausgestaltung der Details überzeugen möchten. Auch in diesem Panik-Buch haben wir keine Zusammenhange selbst entwickelt und das Rad der Statistik nicht neu erfunden. Wir haben so gesehen den Inhalt des Buches (was die Statistik betrifft) einfach abgekupfert. Als Vorlage diente dabei eine Kombination der in der Literaturliste angegebenen Quellen. Anders ist hingegen die Art und Weise der Darstellung, und wir hoffen, sie macht neben einem großen Lerneffekt viel Spaß! Allerdings möchten wir an dieser Stelle darauf hinweisen, dass auch dieses Buch dem Wandel der Zeiten unterliegt. Was noch in den ersten Auflagen als „Brüller" oder „Schenkelklopfer" galt, kann heute dem/der einen oder anderen zu nahe treten und wir möchten eindeutig klarstellen, dass es niemals unsere Absicht ist und war einzelne Personen oder Gruppen zu beleidigen.

Und wenn ihr übrigens beim Lesen der nachfolgenden Seiten das eine oder andere Mal den Eindruck habt, dass wir, die beiden Autoren, uns bei jeder Gelegenheit gegenseitig einen reinwürgen, dann täuscht das nicht! Es ist aber mit wenigen Ausnahmen meistens auch nicht so gemeint![5]

Und abschließend noch etwas, über das wir uns ganz besonders freuen: Ihr haltet hier nun bereits schon die siebte (7.!) Auflage in den Händen, in der nun fast alle – in früheren Auflagen natürlich aus rein pädagogischen Gründen ursprünglich absichtlich hineinpraktizierten – Fehler korrigiert wurden. Besonders stolz sind wir auch, dass dieses Buch nun mit einem tollen Satz an Flashcards kommt, die das Lernen der wirklich (un)wichtigen Dinge enorm vereinfachen. Danke, danke und nochmals danke an alle Käuferinnen und Käufer[6] dieses Buches für das große Interesse und die zahlreichen positiven und nützlichen Feedbacks!

Clausthal-Zellerfeld   Dr. Markus Oestreich
Bremen   Dr. Oliver Romberg
im März 2022

---

[5] Wenngleich Herr Dr. Romberg immer noch nicht verstehen kann, was jemanden zu einem Studium in der abgelegenen Bergregion von Clausthal-Zellerfeld bewegen kann.

[6] Es sei an dieser Stelle ausdrücklich betont, dass es didaktisch überhaupt nichts nützt, sich das Buch nur auszuleihen! Dies haben Studien in den USA(!) eindeutig bewiesen.

Vorwort des Verlags

Lernenden hilft eine lockere, unterhaltsame Herangehensweise, ein Bezug zur eigenen Lebenswelt, sowie eine emotionale Komponente, einen besseren Zugang zu Lerninhalten zu finden. Eben diesen Einstieg und den Zugang zu erleichtern, ist das maßgebliche Ziel, das mit diesem Buch – bereits seit Erscheinen der ersten Auflage im Jahr 2009 – verfolgt wird.

Der Verlag weist darauf hin, dass er zur Entscheidung gekommen ist, eine siebte Auflage des Werks zu veröffentlichen, obwohl die Vorauflagen Cartoons enthielten, die für einige Bevölkerungsgruppen verletzend oder sogar diskriminierend gewirkt haben mögen. Dies war zu keiner Zeit beabsichtigt. Daher wurden für die vorliegende siebte Auflage einige Cartoons entfernt bzw. überarbeitet.

Der Verlag ist sich bewusst, dass auch in der jetzigen Auflage in Text und Cartoon Klischees bedient werden. Wir sind uns bewusst, dass es insbesondere beim Thema Diversität und Humor unterschiedliche Meinungen gibt. Weder die Autoren noch der Verlag beabsichtigen, Personen durch textliche oder zeichnerische Darstellungen zu verletzen, oder Vorurteile, Diskriminierung oder Verharmlosung von Diskriminierung oder Gewalt gut zu heißen.

Inhaltsverzeichnis

Die Statistik – unendliche Fragen. Sternzeit 0511,22: Wir schreiben das Jahr mit J wie „Juhu!", denn dies sind die Abenteuer der Doktorissimi Oestreich und Romberg, die mit ihrem zusammen 28[1] Punkte zählenden IQ zwei Jahre lang unterwegs waren, um neue Statistikdarstellungen, neue Formulierungen und neue Applikationen zu erforschen. Viele Lichtjahre von der faden Theorie entfernt, dringen die Autoren dabei in Fantasien vor, die nie ein Mensch zuvor so gehabt hat. Willkommen an Bord!

Na, denkt ihr gerade darüber nach, warum euch der vorherige Abschnitt bekannt vorkommt? Statistisch gesehen stellen 50 %[2] eine Beziehung zwischen dem Abschnitt oben

---

[1] Herr Dr. Oestreich ist der Meinung, dass hier mindestens eine 0 fehlt!

[2] Basierend auf einer Stichprobe von vier Personen über 40 Jahre (na, immerhin).

© Springer-Verlag GmbH Deutschland, ein Teil von Springer Nature 2022
M. Oestreich und O. Romberg, *Keine Panik vor Statistik!*,
https://doi.org/10.1007/978-3-662-64490-4_1

und dem Intro einer bekannten Science-Fiction-Kultserie[3] her. Und da ist es dann auch schon passiert: Ihr habt Bekanntschaft mit der Statistik gemacht! Und genau dieses bei vielen verrufene und berüchtigte „S"-Wort ist der Grund, warum wir alle hier sind: Statistik!

Warum beschäftigt man sich mit Statistik? Warum wollt ihr euch mit Statistik beschäftigen? Was treibt so jemanden wie euch dazu? Seid ihr etwa auch Opfer einer dieser „freiwilligen Zwangsvorlesungen" zum Thema Statistik und hofft, mit diesem Buch die Lösung eurer Probleme zu finden? Oder gehört ihr zu den wenigen, die es einfach interessiert? Wie auch immer, für uns ist es ehrlich gesagt nur wichtig, dass ihr das Buch gekauft habt und wir damit wieder unserem wohlverdienten Lebensabend in einem Schrebergärtchen[4] einen Schritt näher kommen. Also, vielen Dank und herzlichen Glückwunsch zum Erwerb dieses Buches!

Nachdem wir unseren Plan für ein Panik-Buch über Statistik in unserem Freundeskreis verkündet hatten, gab es unterschiedlichste Reaktionen. Da kamen Kommentare wie (wir zitieren wörtlich) „Das interessiert doch keine Sau!", „Habt wohl nichts Sinnvolles zu tun" über „Naja, vielleicht versteh ich es dann endlich mal" bis hin zu „So ein Buch ist überfällig!". Dabei ist es so, dass fast jeder mit dem Begriff „Statistik" Zahlenkolonnen, Tabellen, Graphiken und die berüchtigte Mathematik verbindet. Und genau diese Kombination hinterlässt bei vielen irgendwie einen faden Beigeschmack. Aber das sollte sie nicht, denn Statistik ist ein faszinierendes und interessantes Thema, das einfach nur durch die vielen langweiligen und viel zu theoretischen Darstellungen in der Standardliteratur einen schlechten Ruf bekommen hat. Unser Ziel ist es deshalb, Vorurteile zum Thema Statistik auszuräumen und euch davon zu überzeugen, dass Statistik ziemlich nützlich ist und auch trotz der oftmals lästigen Mathematik durchaus Spaß machen kann.

In fast jedem Bereich braucht man Statistik, angefangen von A wie Archäologie über M wie Medizin bis hin zu Z wie Zytologie. Statistik ist überall. Es ist nahezu unmöglich, eine ganze Woche (oder auch nur einen Tag) zu verbringen, ohne in irgendeiner Weise mit Statistik konfrontiert zu werden. Stellt euch vor, ihr besucht ein Basketballspiel und niemand hält fest, wie es gerade steht. Das wäre sicherlich für ein paar Minuten aufgrund der Aktionen und der Dynamik des Spiels interessant, aber überlegt euch mal, was wäre, wenn es all das Drama über Gewinnen und Verlieren nicht gäbe! Ohne Statistik könnten wir Sportereignisse nicht in vollem Maße genießen, unsere Ausgaben und Einnahmen nicht planen, wüssten nicht, wie weit wir mit dem Benzin im Tank noch kommen, …

---

[3] Herr Dr. Romberg möchte betonen, dass es sich bei der sogenannten Kultserie eher um Schilderungen ernster und wahrer Begebenheiten handelt.

[4] Anmerkung der Autoren: Wenn die Tantiemen höher wären, könnte es bestimmt auch für die Karibik reichen!

Schon beim Lesen einer normalen Tageszeitung werden wir mit einer Unmenge von Statistiken überhäuft, z. B.:

- Im letzten Jahr tranken die Deutschen statistisch gesehen ca. 107 L Bier pro Kopf.
- 22 % der Bundesbürger wünschen sich die Mauer zurück.
- Die durchschnittliche BH-Größe in den USA ist heute 36C und war vor 15 Jahren 34B.
- Mehr als 77 % der Frauen tragen die falsche BH-Größe.
- 3 von 4 Personen haben Euro-Scheine im Portemonnaie in aufsteigender Reihenfolge einsortiert.
- 58 % haben sich schon mal auf der Arbeit krankgemeldet, auch wenn sie es gar nicht waren.
- Wenn niemand in der Nähe ist, trinken 37 % direkt aus dem Tetrapack.
- 4 von 5 Personen singen im Auto.
- 98 % können ihren Ellenbogen nicht mit der Nasenspitze berühren.
- 99.5 % haben es gerade eben versucht, und
- 0.5 % denken noch drüber nach.

Fangt ihr an, eine Idee davon zu bekommen, wie wichtig Statistik ist? Ihr solltet euch an die Tatsache gewöhnen, dass wir von Statistik umgeben sind.

Zugegeben, es gibt schon die eine oder andere Statistik, die ziemlich unsinnig erscheint. So ist es z. B. statistisch nachgewiesen, dass der Mensch im Durchschnitt etwas weniger als zwei Arme hat.[5] Aber wozu kann man Statistik wirklich sinnvoll gebrauchen? Da gibt es natürlich unzählige Beispiele. Sie kann hilfreich dabei sein, Fragestellungen zu behandeln wie z. B., welche Arzneimittel zugelassen werden sollten, welche Forschungsprojekte in einem Fachbereich mit Priorität zu fördern sind oder warum der Euro zu Unrecht als „Teuro" bezeichnet wird. Den Fragen sind keine Grenzen gesetzt, und mit Statistik kann man zumindest helfen, fundiert eine Antwort zu finden.

1.1   Subjektive Wahrscheinlichkeit – oder warum stehe immer ich in der falschen Schlange?

Dank des deutschen Wetterdienstes hat wohl jeder eine Idee, was man unter der gefühlten Temperatur[6] versteht. Ganz ähnlich kann man in der Statistik aber auch von gefühlter Wahrscheinlichkeit oder allgemeiner subjektiver Statistik reden. Wer kennt sie nicht? Immer gewinnen die anderen in einer Verlosung die tollen Preise. Immer ist es genau „meine" Spur bei einem Stau auf der Autobahn, in der die Unfallautos stehen. Immer werde „ich" bei *Mensch ärgere Dich nicht* kurz vor dem Ziel rausgeworfen. Das Empfinden ist unterschiedlich zu der auf rein statistischen Grundlagen beruhenden Realität. Hierzu auch ein Beispiel,

---

[5] Herr Dr. Oestreich möchte hier darauf hinweisen, dass dies für ihn keineswegs unsinnig erscheint, sondern vollkommen logisch ist. Ähnlich verblüffende Statistiken sind schließlich durchaus auch für andere Körperteile denkbar.

[6] Die gefühlte Temperatur ist die von einem Menschen als solche wahrgenommene Umgebungstemperatur, die sich aufgrund verschiedener Faktoren (u. a. Windgeschwindigkeit, Luftfeuchtigkeit) oft stark von der eigentlichen Lufttemperatur unterscheiden kann.

über das wohl viele von euch schon selbst diskutiert haben. Ein Ausschnitt aus einem Artikel des Statistischen Bundesamtes [4]:

> Seit der Einführung des Euro-Bargeldes (…) gibt es eine deutliche Diskrepanz zwischen der von vielen Verbraucherinnen und Verbrauchern empfundenen Teuerung („gefühlte Inflation") und der durch die amtliche Statistik ermittelten Inflationsrate. Nach einer aktuellen Verbraucherumfrage der Europäischen Kommission hat diese Abweichung in den letzten Monaten in der gesamten Eurozone weiter zugenommen und neue Höchstwerte erreicht. Die Diskussion um „Euro/Teuro" und „gefühlte Inflation" reißt nicht ab, obwohl die Jahresveränderungsrate des Preisindex für die Lebenshaltung aller privaten Haushalte in Deutschland (…) bei nur 1.1 % lag.

„1.1 %! Dass ich nicht lache! Das ist doch Quatsch", werden viele hier wohl sagen. Euer Gefühl sagt euch einfach was anderes. Früher kostete doch eine Pizza 9 Mark, jetzt kostet sie 9 EUR[7] und da weiß doch jedes Kind, dass das keine 1.1 % sind! Und trotzdem kann man mit Statistik zeigen, dass es bei Weitem im Durchschnitt nicht so extrem ist und dass es vielleicht wirklich an dem Pizzabäcker um die Ecke liegt.[8]

Aber so ist das halt mit Emotionen. Ohne dass es sofort jedem bewusst wird, kann Statistik sehr viel Einfluss auf unsere Gefühle, unser Meinungen und unsere Entscheidungen haben. Statistik kann beeinflussen!

1.2   Was Ethik mit Statistik zu tun hat – Pinocchio weiß es

Wenn es um Statistiken geht, solltet ihr euch eines immer merken: Bloß nicht alles glauben, was einem da so auf dem Tablett serviert wird! Leider sind nämlich viele publizierte Statistiken falsch, seien sie mit Absicht manipuliert oder auch einfach nur aus Unwissenheit unpassend ausgewählt und dargestellt. Deswegen ist auch ein grundlegendes Verständnis von Statistik so wichtig, um die Behauptungen solcher Veröffentlichungen stets kritisch hinterfragen zu können. Also, Adlerauge sei wachsam! Außerdem ist es im späteren Beruf, wenn es dann heißt, Leistung zu bringen und Karriere zu machen (und alles andere dabei zu vergessen), ganz cool, wenn man ein wenig Statistik drauf hat!

Statistik wird von vielen Menschen dazu verwendet, jemanden von seinem Standpunkt zu überzeugen. So will man z. B. jemanden überreden, etwas zu kaufen oder einfach etwas Bestimmtes zu tun. Dies ist nicht zwingend unseriös, wird aber häufig auf verschiedene Arten unter vorsätzlichem Missbrauch der Statistik versucht. So kann man durch die geschickte Wahl einer Stichprobe, die garantiert Ergebnisse mit der gewünschten Aussage liefert, viel Schindluder treiben. Wenn beispielsweise 4 von 5 Doktoren ein neues Medikament empfehlen, könnte es auch einfach so sein, das 4 von 5 Doktoren für diese Aussage bezahlt worden

---

[7] Herr Dr. Oestreich hört noch heute von seiner Mutter regelmäßig: „Junge, es ist ja alles so teuer geworden!"

[8] Auch gültig für den Griechen gegenüber oder den Chinesen am Ende der Straße!

sind. Ja, das ist böswillig, kommt aber leider vor.[9] Eine andere Art des Missbrauchs von Statistik ist es, Unterschiede in Daten visuell mittels Graphiken zu vergrößern oder zu verkleinern, so dass ein falscher Eindruck entsteht. Speziell durch Veränderung der Skalierung kann hier viel getäuscht werden.

Viele Bücher beschäftigen sich ausgiebig und fast ausschließlich mit dem Unwesen, das man mit Statistik treiben kann. Leider vermittelt dies nicht immer das beste Bild, da Statistik, wenn richtig und seriös angewendet, sehr wohl nützlich und hilfreich sein kann. Fakt ist, wenn wir uns ein Basiswissen der Statistik aneignen, erhöhen wir zumindest die Möglichkeit, diese teuflischen Geister in ihrem Versuch, die Wahrheit zu verbergen, zu überlisten. Und wenn wir uns darauf konzentrieren, dann kommen wir auch automatisch dem ultimativen Ziel näher, euch zu helfen, den Statistikschein zu bekommen.

1.3   Was im Weiteren noch so kommt

Nun ja, wie baut man so ein Buch über Statistik richtig auf? Wie ja schon angedeutet, bietet Statistik eine Vielzahl von Möglichkeiten, Informationen über verschiedenste Sachverhalte auf der Welt zu erhalten. Außerdem kann die Statistik ein wertvolles Hilfsmittel bei der Entscheidungsfindung sein. Dieses Buch ist wie *Der Herr der Ringe* in drei Teile gegliedert[10]:

I. Beschreibende (auch deskriptive) Statistik: Stellt euch vor, ihr habt Geld[11] und zieht euch einen Kontoauszug bei der Bank. Dann seht ihr, was an Geld eingegangen oder abgegangen ist und was letztlich noch so da ist. Ihr bekommt also einen Überblick, wie es mit euren Finanzen so aussieht. Ähnlich ist es bei der beschreibenden Statistik. Nur dass es hier nicht um Geld und eure Finanzen geht, sondern allgemeiner um irgendwelche Daten. Die beschreibende Statistik befasst sich mit dem Erheben, Ordnen, Aufbereiten und Darstellen von Daten mittels Tabellen und Graphiken sowie dem Bestimmen von statistischen Kenngrößen (wie dem Mittelwert) dieses Datenmaterials und deren Interpretation. Die Aussagen aus der beschreibenden Statistik beziehen sich dabei nur auf die untersuchte Datenmenge bzw. Stichprobe.

---

[9] Ganz anders liegt der Fall natürlich, wenn 2 von 2 Doktoren das Buch *Keine Panik vor Statistik!* empfehlen!

[10] Und fast genauso spannend.

[11] Ja, wir wissen es ist schwer, sich das vorzustellen, aber versucht es einfach mal!

*Frei nach Bambi, 1942

II. Wahrscheinlichkeitsrechnung: Hier werden Begriffe wie „Ereignis", „Verteilung" und „Zufall" erklärt. Dabei werdet ihr z. B. auch verstehen, warum es mit euren Chancen für einen Sechser (seit ein paar Jahren nun ja ohne Zusatzzahl) im Lotto nicht ganz so gut steht. Bei der Wahrscheinlichkeitsrechnung wird mit Hilfe eines statistischen Modells versucht, Gesetzmäßigkeiten in Zufallserscheinungen zu erkennen und zu erfassen. Es geht also u. a. um Methoden und Verfahren für die richtige Beschreibung von Ereignissen mit zufälligem Ausgang und deren Analyse.

III. Beurteilende (auch induktive oder schließende) Statistik: Hier werden Daten als Zufallsstichprobe aus einer Menge möglicher Daten, auch Grundgesamtheit genannt, angesehen. Ziel der beurteilenden Statistik ist es u. a., die Zuverlässigkeit der mit Methoden aus der beschreibenden Statistik erkennbaren Trends für die Grundgesamtheit zu ermitteln. So werden aufgrund solcher Untersuchungen schon wenige Minuten nach dem Schließen der Wahllokale erste Prognosen zum Wahlausgang möglich. Dabei ist dies natürlich, wenn man die falschen Wahlbezirke als Stichprobe wählt, mit einem gewissen Fehlerrisiko verbunden.

Um euch dann die Zeit bis zur Prüfung nicht zu lang werden zu lassen, haben wir als Pfefferminzplätzchen nach dem Dessert auch noch ein paar nette Übungsaufgaben parat. Das ist doch was, worauf man sich wirklich freuen kann![12,13]

Am Ende werdet ihr sicherlich verstehen, dass wir Statistik wirklich brauchen! Und umgekehrt braucht die Statistik uns. Leider ist aber nicht alles umkehrbar:

---

[12] Herr Dr. Oestreich freut sich auch immer auf das Dessert …

[13] … und das sieht man ihm laut Herrn Dr. Romberg auch an.

Keine Taten ohne Daten!

Okay, Kap. 2, und ihr seid noch dabei. Nicht aufgeben Leute, am Ball bleiben ist wichtig, und wir versuchen, für euch alles so interessant und spannend wie möglich zu machen.

Ein Teil der für viele Studenten mit dem Fach Statistik verbundenen Herausforderung wird durch eine Vielzahl von seltsam anmutenden Begriffen und deren Verwendung verursacht. Ein gewisses statistisches Fachvokabular ist aber leider unumgänglich, und so muss, bevor es „ans Eingemachte" geht, da noch ein bisschen was bzgl. gebräuchlicher Terminologie klargestellt werden.[1] Wenn wir auch wirklich ganz langsam anfangen, da müsst ihr jetzt durch! Wir sind ja schließlich nicht zum Spaß hier, und denkt stets dran: Die Konkurrenz schläft nicht!

---

[1] Glaubt uns, alle Terme bzw. Termini, d. h. Begriffe, Bezeichnungen und Fachwörter (lateinisch: Terminus technicus), machen die Sache später viel einfacher!

© Springer-Verlag GmbH Deutschland, ein Teil von Springer Nature 2022
M. Oestreich und O. Romberg, *Keine Panik vor Statistik!*,
https://doi.org/10.1007/978-3-662-64490-4_2

2.1   Ein bisschen Fachsimpelei zum Einstieg

Statistik ist ein Hilfsmittel für viele Wissenschaften, die zum Ziel haben, Informationen über die Welt zu verarbeiten und zu objektivieren. Hierzu sammelt der Wissenschaftler Informationen aus der Welt in Form von Daten. Einige Begriffe tauchen dabei immer wieder auf.

2.1.1   Grundgesamtheit

Unter einer **Grundgesamtheit** oder **Population** versteht man die Menge aller potenziellen Untersuchungsobjekte, über die man durch eine statistische **Erhebung** (Studie, Meinungsumfrage) Aussagen machen möchte. Dabei ist es nicht immer leicht, die Grundgesamtheit geeignet zu definieren. Wie schwierig die Definition einer Grundgesamtheit ist, könnte z. B. die Frage zeigen, ob Tequila bei Studenten zu verbesserten Studiennoten führt.[2] Wie ist ein Tequila trinkender Student definiert? Wollen wir nur deutsche Studenten oder beispielsweise auch mexikanische Studenten bei der Erhebung mit einbeziehen? Von welchem zeitlichen Untersuchungsfenster reden wir? Wollen wir eine Untersuchung nur mit aktiven oder auch mit ehemalige Studenten durchführen? Ohne detailliertere und exakte Definition der Grundgesamtheit können die Ergebnisse später stark voneinander abweichen.

Zur möglichst eindeutigen Definition einer Grundgesamtheit sollten deshalb folgende Kriterien erfüllt sein:

- Sachlich – Wer und was soll untersucht werden?
- Räumlich – Wo soll die Untersuchung stattfinden?
- Zeitlich – Wann soll das Ganze stattfinden?

So wäre nun ein gutes Beispiel für eine eindeutige Abgrenzung der Grundgesamtheit die Anzahl der Zugriffe (sachlich) auf die Webseite www.keine-panik-vor-statistik.de (räumlich) im Monat Dezember eines bestimmten Jahres (zeitlich). Zu unserem Beispiel „Tequila als Notenbooster?" kommen wir später noch zurück. Ihr könnt aber natürlich trotzdem schon mal darüber nachdenken, wie die Grundgesamtheit dafür wohl besser beschrieben wäre.

2.1.2   Stichprobe

Eine **Stichprobe**[3] ist eine beschränkte Auswahl aus der Grundgesamtheit. So probiert der Weinkenner nach dem Öffnen einer Weinflasche einen kleinen Schluck, um die Güte des

---

[2] Eine langjährig gehegte Theorie der Autoren!

[3] Der Begriff wird übrigens auch benutzt bei einer Probe flüssigen Stahls, die bei einem Hochofenabstich zu Zwecken der Qualitätskontrolle entnommen wird.

Weins zu beurteilen. Aus dieser Probe schließt der Experte und manchmal auch Herr Dr. Oestreich dann auf den Rest der Flasche. Nichts anderes passiert in der Statistik. Eine Stichprobe, nehmen wir für unser Beispiel „Tequila als Notenbooster?" z. B. alle Studenten der TU Clausthal, wird untersucht, und es wird dann anhand der gewonnenen Daten versucht, Schlüsse über die Grundgesamtheit, z. B. aller Studenten in Deutschland, zu ziehen. Dabei ist natürlich extreme Vorsicht geboten. Um beim Schluss von einer Stichprobe auf die Grundgesamtheit gute, allgemeingültige und verwertbare Aussagen treffen zu können, ist nämlich das korrekte Auswahlverfahren zum Erhalt einer Stichprobe sehr wichtig. Es ist von enormer Bedeutung, dass die Stichprobe **repräsentativ** ist, d. h., dass man von Untersuchungsergebnissen der Stichprobe später ggf. auch auf ein größeres Ganzes (also die Grundgesamtheit) schließen kann. Nicht repräsentativ wäre sicherlich, eine Wahlprognose für Deutschland zu erstellen und dafür nur Einwohner von Bayern zu befragen. Oder versucht doch mal einen Polizisten davon zu überzeugen, nachdem er euch gerade aus gegebenem Anlass eine Blutprobe entnommen hat, dass diese Blutprobe nicht repräsentativ ist. Die Begründung könnte zwar sein, dass gerade der gesamte Alkohol des „kleinen Schlückchens" sich zufällig in dem Blutgefäß gesammelt hat, in das gestochen wurde, es ist aber wohl eher unwahrscheinlich, dass ihr so aus der Sache rauskommt.[4] Hoffentlich habt ihr aber verstanden, was repräsentativ ist? Denn eine repräsentative Stichprobe ist in der Statistik sehr wichtig.

HERR DR. OESTREICH
WÄHREND EINER STICHPROBE

2.1.3   Teil- und Vollerhebung

Man kann, statt Stichproben zu ziehen, was also einer **Teilerhebung** gleichkommt, natürlich auch alle Mitglieder der Grundgesamtheit befragen. Man spricht dann von einer **Vollerhe-**

---

[4] Falls es wider Erwarten aber doch klappt, gebt uns bitte eine kurze Erfolgsmeldung.

bung. Bei größeren Populationen ist das meist teuer und schwierig, in vielen Fällen sogar unmöglich. So sind Crashuntersuchungen an einer Automarke offensichtlich nur als Teilerhebung denkbar. Vollerhebungen werden dann durchgeführt, wenn sie mit realistischem Aufwand umsetzbar sind (z. B. eine Meinungsumfrage in Herrn Dr. Rombergs Familie) oder wenn aufgrund besonderer Umstände die Teilnahme an der Untersuchung erzwungen werden kann (z. B. eine gesetzlich angeordnete Volkszählung, eine angewiesene Teilnahme an einer Betriebsklimaanalyse oder aber eine Meinungsumfrage in Herrn Dr. Rombergs Familie).

2.1.4 Verzerrter Bias

Eine **Verzerrung,** auch **Bias** genannt, ist ein systematischer Fehler im Datenauswahlverfahren oder in den Daten selbst, der zu einseitigen, irreführenden Ergebnissen führt. Dies ist oftmals auf nicht beachtete Einfluss- und Störgrößen zurückzuführen. So ist es in unserem Beispiel, der Frage, ob Tequila bei Studenten zu verbesserten Studiennoten führt, sicher nicht ratsam, sich mit der Stichprobe nur auf die Studenten der TU Clausthal zu beschränken. Beispielsweise ist in Clausthal-Zellerfeld das Verhältnis von männlichen zu weiblichen Studenten sehr unausgeglichen,[5] und die Winter sind länger und kälter als an vielen anderen Studienorten.[6] Also erfordert schon das Einschreiben an der TU Clausthal an sich eine gewisse „Trinkfestigkeit". Somit könnte es zu einem systematischen Fehler kommen, da die Stichprobe nicht repräsentativ ist, und die daraus resultierende Verzerrung ließe möglicherweise nur bedingt Schlussfolgerungen aus einer Untersuchung an der TU Clausthal auf die Grundgesamtheit zu.

Auch die Art der Fragestellung bei einer Erhebung kann zu einer Verzerrung führen. So resultiert die Frage „Finden Sie nicht auch, dass die meisten wissenschaftlichen Lehrbücher langweilig sind?" sicherlich in einer Beeinflussung und damit in einem Bias. Die genaue Formulierung der Fragen kann also einen sehr starken Einfluss auf die Ergebnisse haben. Interessanterweise gibt es ganze Institutionen, die sich auf statistischem Wege mit der Frage beschäftigen, wie man Fragen sinnvoll formuliert und anordnet! Na, noch Fragen???

2.1.5 Einzelobjekte und Merkmale

Ein **Einzelobjekt,** in der Medizin auch **Fall** oder **Patient** genannt, aus der Grundgesamtheit oder aus der Stichprobe bezeichnet man als **statistische Einheit,** die ein bestimmtes **Merkmal** oder eine bestimmte **Merkmalskombination** aufweist (Abb. 2.1). Ein solches Objekt wird dann auch als **Merkmalsträger** bezeichnet. Die Merkmale, auch **Variable** genannt

---

[5] Wobei man die wenigen weiblichen noch dazu selten als solche erkennen kann!

[6] Herr Dr. Romberg merkt an, dass außerdem Herr Dr. Oestreich während seiner Studienzeit die Tequilakultur in Clausthal (und später in Hannover) deutlich geprägt hat.

(z. B. Geschlecht, Einkommen, Autofarbe, Krankheitssymptome oder aus unserem Beispiel die Studiennoten), sind jene interessierenden Eigenschaften, über deren Verteilung man Informationen erhalten möchte. Die möglichen Werte dieser Merkmale bezeichnet man als **Merkmalsausprägungen** (z. B. für das Merkmal Geschlecht: männlich, weiblich, für das Merkmal Studiennote in Statistik: bestanden, nicht bestanden). Erhobene Merkmalsausprägungen bezeichnet man als statistische **Daten,** und diese werden in der sogenannten **Urliste** aufgelistet.

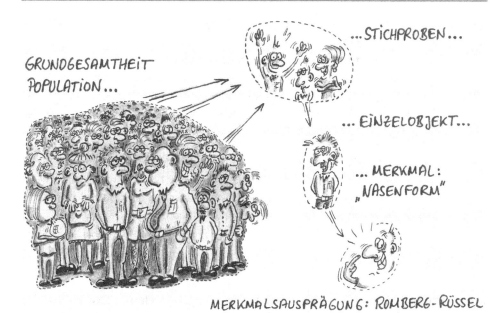

Abb. 2.1 Von der Grundgesamtheit zur Merkmalsausprägung

2.1.6   Primär- und Sekundärstatistik

Im Allgemeinen ist im Zuge der statistischen Arbeit zunächst zu prüfen, ob die benötigten Daten noch erhoben werden müssen oder nicht schon gesammelt vorliegen. Daraus ergibt sich die fundamentale Unterscheidung zwischen Primär- und Sekundärstatistik. **Primärstatistiken,** man spricht auch von **Field Research,** zeichnen sich dadurch aus, dass ihnen eine eigene Erhebung zugrunde liegt. Als Beispiele sind Volkszählungen, Konjunkturerhebungen, Außenhandelsstatistiken, Materialversuche oder Umfragen zu gesellschaftspolitischen Themen (Wahlverhalten, sonstige Meinungsumfragen etc.) zu nennen.

Diese Erhebungen ermöglichen dem Statistiker, die Fragestellung hinsichtlich

- des Erhebungszweckes,
- der Aktualität und
- der Erfordernisse der Datenerfassung (elektronisch, schriftlich …)

abzustimmen. Man kann also wirklich mit einer Primärstatistik die interessierenden Informationen bekommen, so wie man sie braucht. Nachteil ist allerdings, dass beispielsweise Befragungen vielfach auf Widerstand stoßen und die Kosten einer solchen Erhebung oft beträchtlich sind. Für unser Beispiel „Tequila als Notenbooster?" muss man sicher davon ausgehen, hier eine Primärstatistik zu erstellen.[7]

Sekundärstatistiken, man spricht auch von **Desk Research,** basieren dagegen auf Daten, die nicht zu statistischen Zwecken gesammelt worden sind, sondern z. B. zu administrativen Zwecken und erst in zweiter Linie statistisch ausgewertet werden. Dies gilt beispielsweise für die Steuerstatistiken, die auf Aufzeichnungen der Finanzbehörde für Zwecke der Besteuerung beruhen, oder für die Statistik der Kfz-Zulassungen.

Die Vorteile von Sekundärstatistiken sind die Nachteile von Primärstatistiken und umgekehrt. Bei Sekundärstatistiken muss man sich nicht mit der Erhebung an sich beschäftigen und spart somit Zeit und Kosten, da man bereits vorhandene Daten unmittelbar verwenden kann. Dabei ist oftmals der Datenlieferant eine Körperschaft oder Behörde, in deren Geschäftsbereich die Daten anfallen bzw. aus anderem Grund bereits vorhanden sind.

2.1.7 Erhebungsarten

Werden Primärdaten benötigt, unterscheidet man zwischen **Beobachtung, Experiment** und **Befragung.** Dabei muss bei jeder dieser drei Erhebungsarten (Abb. 2.2) stets darauf geachtet werden, dass die Untersuchungsergebnisse

- objektiv, sprich unabhängig von den durchführenden Personen,
- valide, d. h., es wird das gemessen, was benötigt wird, und
- reliabel und somit unter konstanten Bedingungen wiederholbar

sind. So ist beispielsweise die Frage „Wie intelligent ist Herr Dr. Romberg?" sicherlich kein geeignetes (valides) Mittel, um seine Intelligenz abzubilden.[8]

2.1.7.1 Beobachtung

Die Methode der Beobachtung basiert auf der Datenerfassung, während sich die Untersuchungsobjekte weiterhin ungestört in ihrer natürlichen Umgebung befinden. Merkmalswerte werden sozusagen durch Inaugenscheinnahme erfasst. So benötigt man die Methode der Beobachtung zur Erforschung des Fressverhaltens von kanadischen Wildgänsen oder des Such(t)verhaltens von Hausfrauen in einem Supermarkt.[9] Wesentlicher Vorteil dieser Erhebungsart ist, dass die Untersuchungsobjekte meist nicht oder nur gering von der Art der Datensammlung beeinflusst werden.

---

[7] Wenn man nicht auf bereits vorhandene Daten von Herrn Dr. Oestreich zurückgreifen will, was dann aber natürlich wieder nicht wirklich repräsentativ ist.

[8] Das liegt aber laut Herrn Dr. Romberg nur daran, dass die IQ-Skala nach oben offen ist.

[9] Herr Dr. Oestreich weist hier auf Parallelen hin.

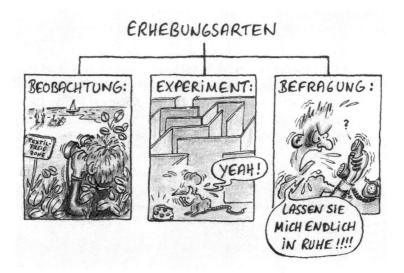

Abb. 2.2 Erhebungsarten für Primärstatistiken

2.1.7.2 Experiment

Die Durchführung von Experimenten ist eine direktere Methode, da die Untersuchungsobjekte an einem Experiment teilnehmen, das z. B. darauf ausgelegt ist, die Effektivität einer Werbung zu bestimmen. Ein Beispiel aus der Medizin ist die Untersuchung der Wirksamkeit eines neuen Medikaments. Hierzu werden zwei Testgruppen gebildet, wobei die erste die neue Medizin erhält und die zweite, die sogenannte Kontrollgruppe, unwissentlich ein wirkungsloses (da ohne pharmazeutischen Wirkstoff) Placebo bekommt. Die Reaktionen beider Gruppen werden dann gemessen und verglichen, um die Wirksamkeit des neuen Medikaments zu bestimmen. Es soll dabei auch schon vorgekommen sein, dass das Placebo besser „wirkt" als die eigentlich zu testende Medizin. Der Vorteil von Experimenten ist, dass sie dem Statistiker erlauben, bestimmte Faktoren, wie z. B. Geschlecht oder Alter, die die Ergebnisse beeinflussen könnten, zu kontrollieren.

2.1.7.3 Befragung

Befragungen basieren auf Fragen, keine Frage. Wie schon erwähnt müssen die Fragen sorgfältig formuliert sein, um eine Verzerrung zu vermeiden. Reliabilität, Validität und Objektivität der Fragen sind somit von entscheidender Bedeutung. Des Weiteren ist ein bekanntes Phänomen, dass einige der Befragten dazu tendieren, mit einem Bias zu antworten, da sie meinen, eine bestimmte Antwort würde von ihnen erwartet. Als Beispiel aus dem Leben sei die Frage „Schatz, sei ehrlich, wie findest du, sehe ich in diesem Kleid aus?" genannt. Auch wenn man ehrlich antworten will, ist man doch oftmals aus strategischen Gründen dazu geneigt, „verzerrt" zu antworten.

2.2   Ohne Daten geht es nicht

Daten, Daten, Daten. Es ist bereits ziemlich klar, dass sie die Grundlage für das weite Feld der Statistik bilden. Ohne Daten geht in der Statistik einfach nix. Man braucht sie, und nicht ganz ohne Grund heißt dieses Kapitel ja auch „Keine Taten ohne Daten"! Die Gültigkeit einer beliebigen statistischen Untersuchung steht und fällt von Anfang an mit der Gültigkeit und Güte der verwendeten Daten. Wie genau sind die Daten? Wer hat uns die Daten gegeben? Was hat zu den Daten geführt? Das sind nur einige Fragen, die man in Bezug auf Daten stellen kann.

Wie wir bereits andeutungsweise gesehen haben, ist allein das Sammeln von Daten bereits eine sehr komplexe Angelegenheit. Da das Thema Datenerfassung von großer Bedeutung für die Statistik ist, wollen wir uns im Folgenden ein wenig mit dem generellen Ablauf beschäftigen.

2.2.1   Jäger und Sammler – statistische Datenerhebung

Zielgerichtete statistische Analysen oder Studien können, egal in welchem Wissenschaftszweig, nur aufgrund sorgfältiger Planung durchgeführt werden.[10] Zunächst überlegt man sich also, was man überhaupt machen will … dann geht man los und fragt eine festgelegte Anzahl von Leuten nach ihrem Streaming-Verhalten, ihrer Grill- oder Beischlaffrequenz oder sonst irgendetwas und analysiert und interpretiert dann die Ergebnisse. Apropos Beischlaffrequenz: Hier sollte man erwähnen, dass diese in Deutschland laut statistischen Umfragen bei 120/Jahr(!) liegt, wobei Herr Dr. Oestreich entschieden protestiert und der Überzeugung ist, dass es sich hierbei um Propaganda handeln müsse, um die bedenklich rückläufige Geburtenrate und das damit verbundene Rentenproblem in Deutschland zu lösen. Herr Dr. Romberg ist dagegen der Überzeugung, man hätte hier einfach „Jahr" mit „Monat" verwechselt.

Allgemein sind bei einer statistischen Untersuchung die folgenden fünf Schritte (Abb. 2.3) zu beachten, deren Gewicht im Einzelfall und je nach Aufgabenstellung allerdings stark variieren kann:

1. **Planung:** Ein guter Plan ist die halbe Miete. An dem Satz ist wirklich was dran. Deshalb sollten im ersten Schritt die exakte Formulierung des Untersuchungszieles bzw. Problems inklusive einer eindeutigen Definition der Grundgesamtheit, die Festlegung des Erhebungsprogramms zur Datenbeschaffung sowie die Klärung organisatorischer Fragen erfolgen. Ist das geschehen, ist der Rest fast ein Spaziergang. Wenn zusätzlich noch ähnliche Studien zu der Fragestellung vorhanden sind, sollte man diese berücksichtigen,

---

[10] Ja, das gilt auch für die regenerativen Konzeptionskondensationen in der baltischen Philologie!

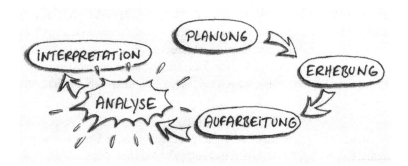

Abb. 2.3 Die fünf Schritte einer statistischen Untersuchung!

da vorhandenes Material oftmals einen besseren Einblick in die Problemstellung ermöglicht und eine Grundlage für eigene Annahmen über Merkmale bietet. Man schreibt ja auch kein Statistikbuch, ohne vorher mal eine Literaturrecherche gemacht zu haben. Erst wenn das Problem genau umrissen ist, können die weiteren Schritte geplant werden.

2. **Erhebung:** Okay, wenn klar ist, *was* wir wollen, ist im nächsten Schritt zu klären, auf welchem Wege wir *es* bekommen können. Deshalb muss man entscheiden, ob primärstatistische Daten benötigt werden oder ob Sekundärdaten verwendet werden können, um an Informationen zu gelangen. Die Begriffe haben wir ja schon erklärt. Kurz zusammengefasst kommt es also darauf an, ob man „neue" Daten sammeln muss (indem man beobachtet, experimentiert oder befragt) oder ob man auf „vorhandenes" Datenmaterial zurückgreifen kann.

   Egal welche Methode man zur Datenerfassung und somit zur Beschaffung der Information anwendet, wichtig ist, dass das Ganze repräsentativ ist. Es kann nicht oft genug darauf hingewiesen werden!

3. **Aufarbeitung:** In diesem Arbeitsschritt ist „sauber machen" der Daten angesagt. Es muss ja sichergestellt werden, dass man z. B. ungültige oder unsinnige Antworten vor einer weiteren Analyse aussortiert. Das heißt übrigens nicht, dass man Daten, die einem nicht „passen", mit aussortieren darf. Nicht, dass ihr noch auf dumme Ideen kommt! Sind die Urdaten also bzgl. Unstimmigkeiten bereinigt, werden sie zu Tabellen und ersten Schaubildern verdichtet. Je nach Umfang des Urmaterials macht man dies entweder manuell oder maschinell.

4. **Analyse:** Nun werden die Daten in ihre Einzelteile zerlegt, untersucht und ausgewertet. Hier kommt der Statistiker dann so richtig in Fahrt! Bereits die Verdichtung der Daten zu Tabellen und Graphiken kann als Teil der Analysetätigkeit verstanden werden. Die eigentliche Analyse bedient sich jedoch mathematisch-statistischer Methoden, wie der Berechnung von Mittelwerten, Streuungen oder Vertrauensintervallen. Dabei keine Panik, das ist alles kein Thema, diese Methoden werden später noch in diesem ~~historisch wertv~~ Buch detailliert behandelt.

5. **Interpretation:** Was sagt uns die Analyse nun? Wie kann man die erhaltenen Ergebnisse interpretieren? Welche Aussagen kann man machen – oder welche nicht? All dies wird in diesem Schritt zusammengefasst. Gesunder Menschenverstand und ein wenig Erfahrung sind hier hilfreich. Dabei sollt ihr nie das Ziel, sprich die ursprüngliche Zielsetzung des Untersuchungsprojekts, aus den Augen verlieren. Es sollen sich nämlich schon Leute totinterpretiert haben!

Wie bereits erwähnt ist der geschilderte Ablauf für eine statistische Untersuchung prinzipiell immer derselbe. Dabei ist hoffentlich bereits klar geworden, dass in jedem Schritt viele, viele Fehler gemacht werden können. Sorgfältiges und kritisches Hinterfragen einer Statistik macht einen guten Statistiker aus!

2.2.2   Charakterisierung von Datentypen und Merkmalen

Ein Datenpunkt oder auch Merkmal ist einfach definiert als der Wert zu einer bestimmten Beobachtung oder Messung. Wenn Herr Dr. Oestreich z. B. Daten sammelt zum Einkaufsverhalten seiner besseren Hälfte, so kann er das auf viele verschiedene Arten tun. Er kann zum Beispiel die Länge jedes Einkaufs oder aber die Anzahl der Einkäufe über einen bestimmten Zeitraum messen. Er könnte die Arten der gekauften Dinge kategorisieren (z. B. Lebensmittel, Klamotten, Kitsch, Schuhe, Schuhe, Schuhe) oder natürlich auch die damit verbundene Belastung seiner Kreditkarte als Information sammeln. Dabei ist es leider so, dass, egal wie man es dreht und wendet, in allen Fällen die gesammelte Information Tränen in die Augen von Herrn Dr. Oestreich treibt[11] und zum selben Endresultat führt. Da tröstet es Herrn Dr. Oestreich auch nur ein wenig, dass schon der alte Grieche Euklid früher solche Probleme hatte.

Das Beispiel zeigt aber, welch unterschiedliche Arten von Daten zu ein und demselben Untersuchungsziel (hier dem Einkaufsverhalten) gesammelt werden können[12]. Es ist nun so, dass die Art und die Information der gesammelten Daten automatisch bestimmen, welche speziellen Untersuchungen und Analysen man im Weiteren mit der Statistik machen kann. So ist es offensichtlich, dass „5 Paar Schuhe" einen anderen Informationsgehalt haben als z. B. „350 €"[13].

---

[11] Hinweis von Herrn Dr. Romberg: Manche Statistiken erstellt man besser nicht, da man sich für die gewonnene Information nichts *kaufen* kann!

[12] Und auf welch unterschiedliche Arten Herrn Dr. Oestreich auf ein und dasselbe deprimierende Endergebnis kommt.

[13] Was in etwa 15 Paar Schuhe für Herrn Dr. Oestreich bedeuten würde – seinen Angaben zufolge 14 Paar zu viel!

EUKLID ENTDECKT DIE ZAHL O.

2.2.2.1 Qualitative- und quantitative Merkmale

Merkmale lassen sich grob in zwei verschiedene Arten bzgl. ihres Informationsgehalts unterscheiden:

- **Qualitative Daten** verwenden beschreibende Werte zum Messen oder Klassifizieren eines Merkmals. Diese Werte lassen sich nicht zahlenmäßig erfassen, und die Merkmalsausprägungen können nur benannt werden. Beispiele sind Staatsangehörigkeit, Namen, Augenfarbe, Wohnort, Geschlecht oder auch Blutgruppe.
- **Quantitative Daten** hingegen verwenden durch Messen, Wägen oder Zählen erhaltene Zahlenwerte, um etwas zu beschreiben. Mit diesen Merkmalsausprägungen kann dann auch gerechnet werden. Beispiele sind Alter, Gewicht oder auch die Menge an getrunkenem Tequila[14].

Letztlich können Daten noch feiner unterschieden werden in der Art dessen, was gemessen wird. Man spricht dann vom **Skalenniveau.**

2.2.2.2 Skalenniveau

Die Prozentangabe auf einer Flasche Alkohol sagt etwas über den potenziell „erreichbaren" Betrunkenheitsgrad aus. Ähnlich nützlich ist in der Statistik das Skalenniveau, das angibt, wie viel und welche Information man mit Hilfe (mathematischer) Operationen aus den Daten entnehmen kann. Je höher das Skalenniveau ist, desto größer ist der Informationsgehalt der

---

[14] Hier wohl in „Gallons" angegeben.

betreffenden Daten, und desto mehr Rechenoperationen und statistische Maße lassen sich auf die Daten anwenden. Lasst uns mal einfach vorweg ein paar Beispiele zeigen, damit ihr eine erste Idee bekommt. Überlegt euch dabei ruhig schon mal, welche Rechenoperationen ihr mit den entsprechenden Merkmalsausprägungen machen könntet.

Details hierzu kommen gleich

Tabelle: Beispiele zum Skalenniveau

Statistische Einheit	Merkmal	Ausprägung(en)	Skalenniveau
Person	Geschlecht	Männlich, weiblich	Nominal
Person	Blutgruppe	A, B, AB, 0	Nominal
Person	Nasenform	Romberg-Rüssel, Oestreich-Ömme	Nominal
T-Shirt	Größe	S, M, L, XL, XXL	Ordinal
Patient	Temperatur	38.3° C	Intervall
Person	IQ	146	Intervall
Person	Vermögen	4 volle Geldspeicher	Verhältnis
Bohrplattform	Fördermenge	1214 Tonnen pro Tag	Verhältnis

Man unterscheidet die folgenden Skalen (siehe auch Abb. 2.4):

- **Nominalskala:** Die Ausprägungen nominalskalierter Merkmale können nicht geordnet werden. Einfache Beispiele sind die Merkmale Augenfarbe (Grün, Blau, Rot …) oder Wohnort (Höxelövede, Wuppertal …). Der Untersuchungseinheit für das entsprechende Merkmal wird (genau) ein Name bzw. (genau) eine Kategorie zugeordnet. Der einzig mögliche Vergleich ist der Test auf Gleichheit der Merkmalsausprägungen zweier Untersuchungsgrößen.
- **Ordinal- oder Rangskala:** Die Ausprägungen ordinalskalierter Merkmale können geordnet werden. Beispiele sind Zensuren (1, 2, 3 …) oder Gefahrenklassen bei Sondermüll (1 Explosiv, 2 Gase …). Neben dem Test auf Gleichheit ist hier zusätzlich eine Interpretation der Rangordnung möglich. So ist eine 2.0 in einer Statistikklausur natürlich besser als eine 4.0, aber nicht doppelt (oder halb) so gut.
- **Metrische Skala:** Unter den metrischen Merkmalsausprägungen können zusätzlich zur Rangordnung auch noch die Abstände zwischen den Merkmalsausprägungen gemessen und interpretiert werden. Metrisch skalierte Merkmale können dabei noch weiter in folgende Skalen unterteilt werden:

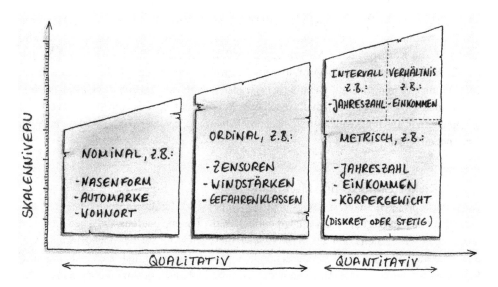

Abb. 2.4 Charakterisierung von Daten und Skalenniveaus

– **Intervallskala:** Für intervallskalierte Merkmale sind nun auch Differenzenbildungen
  zwischen den Merkmalsausprägungen zulässig; endlich kann man also was rechnen.
  Ein Beispiel sind Jahreszahlen (1967, 1453 …). Man kann zwar Abstände bestimmen,
  Multiplikation oder Division sind hingegen nicht sinnvoll. Dafür gibt es dann die
  Verhältnisskala.
– **Verhältnisskala:** Man kann verhältnisskalierte Merkmale ohne Weiteres als das Pla-
  tinumpaket für Daten bezeichnen. Es lassen sich Vergleiche auf Identität, Größen,
  Additionen, Subtraktionen, Multiplikationen und Divisionen sinnvoll durchführen.
  Beispiele sind Körpergewicht oder Einkommen.

Die Nominalskala hat also das niedrigste Skalenniveau, die Verhältnisskala das höchste.

Dies wird auch deutlich in einer Zusammenfassung der Skalenniveaus in folgender
Tabelle bzgl. der mathematisch sinnvollen Relationen und Operationen.

Tabelle: Mathematisch sinnvolle Relationen und Operationen

Skalenniveau	Verschieden oder gleich, Auszählung $\neq$, $=$	Größer oder kleiner, Ordnen $>$, $<$	Subtrahieren und Abstände berechnen $-$, $+$	Multiplizieren und Verhältnisse bilden $\cdot$, $/$
Nominal	$\sqrt{}$	∘	∘	∘
Ordinal	$\sqrt{}$	$\sqrt{}$	∘	∘
Intervall	$\sqrt{}$	$\sqrt{}$	$\sqrt{}$	∘
Verhältnis	$\sqrt{}$	$\sqrt{}$	$\sqrt{}$	$\sqrt{}$

Zur Erhöhung der Übersichtlichkeit der Daten und der Vereinfachung ihrer Analyse kann eine Transformation von einem höheren auf ein niedrigeres Skalenniveau sinnvoll sein. So kann z. B. die Körpergröße in Metern von einer Verhältnisskala in eine Ordinalskala mit den Ausprägungen klein, mittelgroß und groß transformiert werden. Dabei geht natürlich Information verloren, und eine nachträgliche Transformation auf ein höheres Niveau ist ohne Originaldaten nicht mehr möglich. Es leuchtet hoffentlich ein, dass es vom Skalenniveau des Datenmaterials abhängt, welche statistischen Verfahren wir später dann mit diesen Daten verwenden können.

2.2.2.3 Diskrete und stetige Merkmale

Der gemeine Mathematiker, sofern es überhaupt einen gibt, der dieses Buch liest, wird sich sicherlich schon gefragt haben, wann wir endlich zu der Unterscheidung zwischen diskreten und stetigen Merkmalen kommen. Da wollen wir diese wichtige Spezies doch wirklich nicht länger auf die Folter spannen! Ihr müsst nämlich wissen, dass Merkmale sich nicht nur nach dem Informationsgehalt der Ausprägungen, sondern auch nach der möglichen Anzahl der Merkmale klassifizieren lassen. Zur Entzückung der Mathematiker unterscheidet man

FOLTERMETHODEN UNTER MATHEMATIKERN

- **Diskrete Merkmale:** Sie besitzen abzählbar viele Ausprägungen.
  Mögliche Beispiele sind die Kinderzahl, Pkws pro Haushalt oder auch Steuerklassen.
- **Stetige Merkmale:** Sie können überabzählbar viele Ausprägungen besitzen und müssen (zumindest in einem Intervall) prinzipiell jede reelle Zahl annehmen können. Nahezu

alle physikalisch messbaren Größen sind stetiger Natur. Einfache Beispiele sind das Körpergewicht, Entfernungen oder auch die Zeit, wenn nur die Messauflösung entsprechend
fein ist.[15]

In der Praxis resultiert jedoch jede empirische Messung in diskreten Messwerten, wenn auch
im Einzelfall sehr viele unterschiedliche Messwerte möglich sind. Wohl wissend, dass es
für den gemeinen Mathematiker sicherlich ein wenig Bauchweh verursacht, wollen wir uns
im Folgenden deshalb, wo immer möglich, auf diskrete Merkmale beschränken.

So, mit all dem Basiswissen über Daten und der ganzen Terminologie könnt ihr jetzt
auf alle Fälle schon mal mitreden. Und das ist ziemlich bemerkenswert, denn ihr seid doch
bisher noch nicht einer einzigen Zahlenkolonne oder Formel begegnet. Ein paar schlaue
Kommentare im Freundeskreis zum Thema Statistik sollten so bereits drin sein. Was sich
immer gut anhört, sind Anmerkungen wie „Ist das denn überhaupt repräsentativ?" oder
„Führt das so nicht zu einem Bias?".

---

[15] Herr Dr. Romberg wirft ein, dass sich die Zeit nachweislich aus Quanten zusammensetzt, die nicht
weiter unterteilbar sind.

Kombiniere, Dr. Watson – Kombinatorik 3

So, jetzt geht's los. Jetzt geht's los. Einatmen, ausatmen, durchatmen und Action. Auf geht's in die bunte (Zahlen-)Welt der Statistik und Wahrscheinlichkeitsrechnung und der damit verbundenen Mathematik. Aber bevor wir euch mit ersten Zahlen, Formeln und weiteren Fakten vertraut machen, muss erstmal Folgendes klargestellt werden: Obwohl man, wie ihr später sehen werdet, mit der Wahrscheinlichkeitsrechnung fast gar nichts genau bestimmen kann, gilt sie dennoch als exakte Wissenschaft. Das ist doch schon mal bemerkenswert, oder? Fangen wir zunächst mit dem richtigen Zählen an. Wie später noch ersichtlich wird, ist es für Teile der Wahrscheinlichkeitsrechnung wichtig, die Anzahl des Auftretens eines bestimmten Ereignisses der Anzahl aller Möglichkeiten eines Sachverhalts gegenüberzustellen, und dazu muss man richtig zählen können. Nichts leichter als das, denkt ihr jetzt sicherlich, und es ist in der Tat manchmal relativ einfach. So gibt es im Falle des Werfens eines Würfels sechs mögliche Ergebnisse für die Augenzahl, und nur bei einem erhält man z. B. die 3. Aber im Falle umfangreicherer Ereignisse, wie beispielsweise einer Lotterieziehung, ist die Sache schon wesentlich komplizierter, und man ist auf mehr formale Abzählverfahren angewiesen, um auf die korrekte Antwort für z. B. die Anzahl aller möglichen Ziehungen zu kommen. Mit solchen „Problemen"[1] beschäftigt sich die Kombinatorik. **Kombinatorik** ist eine Wissenschaft, nämlich die Wissenschaft vom Zählen, und das sollte bekanntlich jeder können. Dabei geht es um die Bestimmung der

- Anzahl möglicher Anordnungen oder Ereignisse von
- unterscheidbaren oder nicht unterscheidbaren Objekten
- mit oder ohne Beachtung der Reihenfolge.

Das klingt erst mal sicherlich kompliziert, ist es aber nicht.

---

[1] Die Anführungszeichen beziehen sich auf den Sachverhalt, dass wohl jeder, der so etwas als Problem bezeichnet, wohl noch nie ein wirkliches gehabt zu haben scheint.

© Springer-Verlag GmbH Deutschland, ein Teil von Springer Nature 2022
M. Oestreich und O. Romberg, *Keine Panik vor Statistik!*,
https://doi.org/10.1007/978-3-662-64490-4_3

3.1   Das 1 × 1 der Kombinierer

Nach einer durchzechten Nacht muss Herr Dr. Romberg, obwohl er sich nicht danach fühlt, zur „Arbeit". Schwankend vor seinem Kleiderschrank stehend hat er die Auswahl zwischen 3 Hemden, 3 Hosen und 2 Paar Schuhen. Da kommt plötzlich in ihm die Frage hoch (gut, dass es nur eine Frage ist, die hochkommt!), welche Klamottenkombination er in diesem Monat wählen soll. Wie viele unterschiedliche Möglichkeiten gibt es überhaupt? Wenn er 3 Möglichkeiten für die Hemden und 3 Möglichkeiten für die Hosen hat, ergibt sich die komplette Anzahl an Möglichkeiten durch einfache Multiplikation von $3 \cdot 3 = 9$. Nimmt man nun noch die 2 Paar Schuhe hinzu, sieht sich Herr Dr. Romberg also $3 \cdot 3 \cdot 2 = 18$ möglichen Kombinationen ausgesetzt.[2] Eine zugegebenermaßen nicht ganz einfache Entscheidung in seinem Zustand! Nüchterne Botaniker kommen zu dem gleichen Ergebnis gern mit Hilfe eines Baumdiagramms.

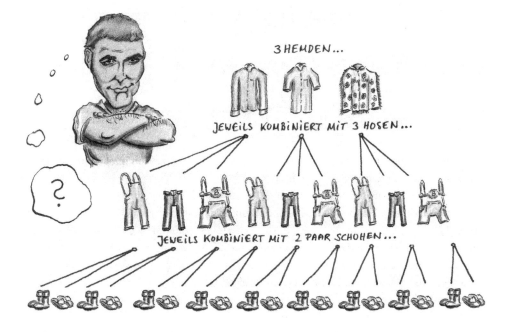

Als allgemeine Schlussfolgerung ergibt sich die sogenannte Multiplikationsregel, d. h., dass sich die Anzahl der Möglichkeiten aus der Multiplikation der einzelnen Möglichkeiten ergibt. „Stillschweigend" wird dieser Sachverhalt im Weiteren oftmals verwendet.

---

[2] Herr Dr. Oestreich soll des Öfteren schon 6 weitere Kombinationen (ohne weitere Kleidungsstücke) mit Stolz vorgeführt haben, wobei er ausschließlich die Schuhe mit den Hemden kombinierte ($3 \cdot 2 = 6$).

3.2   'ne Kiste Bier als Urnenmodell

In der ~~langwei~~ seriösen Standardliteratur wird zur Erklärung der Kombinatorik immer das Beispiel des Urnenmodells verwendet. Viel anschaulicher und damit auch Herr Dr. Romberg uns hier folgen kann (oder will), werden wir dieses Beispiel seinem Niveau anpassen. Ganz praxisbezogen stellen wir uns einfach eine Kiste oder einen Träger Bier vor.[3]

In der Kiste befinden sich n verschiedene Bierflaschen, die sich z. B. in ihrer Marke voneinander unterscheiden. Und an alle Nicht-Naturwissenschaftler: Jetzt bitte keine Panik! Der Buchstabe n ist nur ein Buchstabe; betrachtet ihn als einen kleinen elenden Wurm, der zum Zerquetschen einlädt! Für diesen Buchstaben kann man einfach irgendeine natürliche (also zählbare) Zahl einsetzen. Im Falle der Kiste Bier eignet sich z. B. 6[4], 24, 30 oder 36 Der gemeine Mathematiker (und die sind manchmal wirklich gemein oder für Sozialpädagogen einfach „unreflektiert so irgendwie … weißt du … find ich jetzt nicht gut …") redet gerne von „n Dingen", um sich nicht festlegen zu müssen.

Wir wollen uns nun mal auf den folgenden Seiten mit auf zahlreichen Studentenpartys häufig vorkommenden Fragestellungen beschäftigen:

1. Auf wie viele verschiedene Arten lassen sich Bierflaschen aus einem Sixpack anordnen? Dieses „Problem" wird uns zum Begriff der **Permutation** führen.
2. Aus dem Sixpack werden nacheinander k (auch nur irgendeine natürliche Zahl) Flaschen gezogen, wobei folgende Fälle unterschieden werden müssen:

---

[3] Wenn an dieser Stelle der Leser nicht in der Lage ist, sich eine Kiste Bier vorzustellen, können auch Herr Dr. Romberg und Herr Dr. Oestreich nicht weiterhelfen und empfehlen ggf. eine Umschulung zum Ingenieur.

[4] Geht auch mit Sixpacks.

a) Ziehung ohne Zurücklegen (Hau wech!):

Die jeweils gezogene Flasche wird nicht in die Kiste zurückgestellt (zumindest nicht voll) und scheidet somit für alle weiteren Ziehungen aus. Jede der n Flaschen kann also nur einmal gezogen (und getrunken) werden.

b) Ziehung mit Zurücklegen (nur für Sozialpädagogen):

Jede Flasche darf mehrmals verwendet werden (auch für Ökonomen sehr interessant), d. h., dass jede gezogene Flasche vor der nächsten Ziehung zurückgestellt oder durch eine Flasche der gleichen Sorte ersetzt wird und somit bei der nächsten Ziehung erneut gezogen werden kann.

In beiden Fällen kann man noch unterscheiden, ob die Reihenfolge der Entnahme berücksichtigt werden soll oder nicht. Wir stoßen so auf die Begriffe **Variation** und **Kombination**.

In der Statistik wird eine solche zufällige Entnahme von k Bieren als Stichprobe vom Umfang k bezeichnet. Sie heißt geordnet, wenn die Reihenfolge berücksichtigt wird (z. B. wenn zuerst die alkoholhaltigen Biere getrunken werden und dann, zum Ende der Party, die alkoholfreien Biere). Spielt die Reihenfolge keine Rolle (Hauptsache Alkohol!), so liegt eine ungeordnete Stichprobe vor[5], was dann auch irgendwann die Unordnung unter den Gästen erhöht. Aber das ist ein thermodynamisches Problem und wird in [15] behandelt.

3.3   Monstren, Mumien und Permutationen

Unter einer Permutation[6,7] versteht man jede mögliche Anordnung von n Elementen, in der alle Elemente einer Menge verwendet werden. Bei einem Kartenspiel sind z. B. die Karten nach jedem Mischen anders sortiert. Dabei handelt es sich jedes Mal um eine Permutation auf den Elementen (Karten) einer Menge (Kartensatz). Ein anderes Beispiel aus den Sprachwissenschaften sind sogenannte Anagramme. Dies sind Vertauschungen der Buchstaben eines Wortes oder der Wörter eines Satzes einer Sprache. So wird z. B. aus dem Wort „Einbrecher" durch Permutation der Buchstaben das Wort „bereichern", oder aus der „Geburt" wird das „Erbgut".[8]

Als einführendes Rechenbeispiel soll die Zahl der Anordnungen 3 verschiedener Biersorten unter Beachtung der Reihenfolge dienen (Abb. 3.1). Offensichtlich kann jedes der Biere an den ersten Platz gestellt werden, z. B. ganz nach links. Wenn der erste Platz belegt ist, bleiben noch 2 Biersorten für den zweiten Platz. Ist auch dieser besetzt, bleibt noch 1 Biersorte für den letzten Platz. Es gibt also $3 \cdot 2 \cdot 1 = 6$ oder kürzer $3! = 6$ Möglichkeiten, 3 unterscheidbare Biere anzuordnen. Nun erst mal ganz ruhig bleiben und durchatmen. Das Ausrufungszeichen steht für „Fakultät" und wird im vorliegenden Fall auch gelesen als „3 Fakultät". Das ! ist dabei wieder mal eine Erfindung der Mathematiker und dient lediglich als Abkürzung, um uns allen angeblich durch kurze und präzise Ausdrucksweisen das Leben zu verschönern, was ja jeder beim Lesen von exakten Formeln sofort nachvollziehen kann. Mit ! kann man sehr große Zahlen abkürzen: So ist 59!, eine Zahl mit 80 Nullen, in etwa die Anzahl aller Elementarteilchen im Weltall, die Sonnenbrille von Herrn Dr. Oestreich eingeschlossen![9]

---

[5] Geordnete oder ungeordnete Stichprobe … Mit ein wenig Fantasie wird dem geübten Leser an dieser Stelle nicht entgangen sein, dass das bereits Gelernte Basis für verschiedenste Trinkspiele sein kann. Dabei muss es nicht immer Bier sein, es funktioniert auch mit Korn, Wodka, Tequila oder Holunderblütentee.

[6] Herr Dr. Oestreich weiß „von damals", dass Permutation vom lateinischen *permutare* = („(ver)tauschen") kommt.

[7] Herr Dr. Romberg hält Herrn Dr. Oestreich für einen Angeber.

[8] Bemerkenswert ist, dass in diesem Fall die so vertauschten Wörter sogar einen Zusammenhang miteinander haben, aber das hat wohl nur bedingt mit Statistik zu tun.

[9] Das letzte ! soll hier nicht „Fakultät" bedeuten …

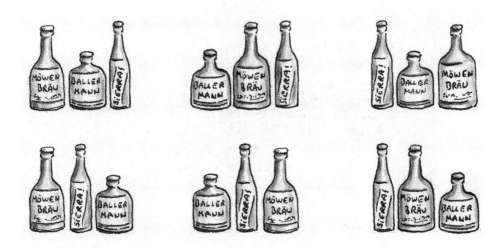

Abb. 3.1 3 verschiedene Biere lassen sich auf 3! = 6 verschiedene Arten (nebeneinander) anordnen

Allgemeiner formuliert lässt sich die Anzahl aller Permutationen von n Elementen berechnen mit

$$n \cdot (n - 1) \cdot (n - 2) \cdots 3 \cdot 2 \cdot 1 = n!. \tag{3.1}$$

Im Fall der Biere ist $n = 3$, $(n - 1) = 2$ und $(n - 2) = 1$, und es ergibt sich $3 \cdot 2 \cdot 1 = 6$. Stimmt!

Anderes Beispiel: Bei einem Kartensatz mit 32 verschiedenen Karten gibt es nach dem Mischen $32 \cdot 31 \cdot 30 \cdot \ldots \cdot 3 \cdot 2 \cdot 1 = 32! \approx 2.63 \cdot 10^{35} = $ 'ne Menge Möglichkeiten.[10] Wenn nun aber nicht alle Elemente unterschiedlich sind, z. B. wenn 4 Joker[11] unter den Karten sind, ist es hilfreich, zunächst die mögliche Zahl der Anordnungen der Elemente zu betrachten und dann zu überlegen, wie viele dieser Anordnungen nicht unterscheidbar sind. Die Zahl der möglichen Anordnungen bei unterscheidbaren Elementen wird dann einfach durch die Zahl der nicht unterscheidbaren Anordnungen geteilt.

Kommen wir zurück zum Beispiel mit dem Bier und schauen es uns da mal an. Wenn wir für 4 Biere der Biersorte „Sierra!", 2 Biere der Biersorte „Ballermann" und 1 Bier der beliebten Biersorte „Möwenbräu" die mögliche Zahl der Anordnungen berechnen wollen, dann gibt es zunächst einmal exakt $(4 + 2 + 1)! = 7!$, also 5040 mögliche Anordnungen. Weil aber Anordnungen nicht unterscheidbar sind, bei denen Biere einer Biersorte untereinander

---

[10] Würde man für das Sortieren jeder Möglichkeit 1 Sekunde benötigen, so würden alle Möglichkeiten zusammen 8343824103681301692263381917.8 Jahre dauern; das ist „nur" 641832623360100130.1 Mal so lange, wie (unser) Universum bereits existiert.

[11] Oder im Falle des Kartenspiels von Herrn Dr. Oestreich 4 Kreuz-Asse, die er bevorzugt im Ärmel trägt.

Abb. 3.2 Durch Vertauschung gleicher Biersorten untereinander entstehen keine neuen Anordnungen

den Platz getauscht haben, weil also $1! \cdot 2! \cdot 4! = 48$ der möglichen Anordnungen gleich sind, gibt es nur $5040/48 = 105$ unterscheidbare Anordnungen dieser Biere (Abb. 3.2).

Allgemeiner formuliert lässt sich aber die Anzahl der Permutationen von n Elementen, unter denen sich k Gruppen mit $l_1, l_2, ..., l_k$ gleichen Elementen befinden, mit

$$\frac{n!}{l_1! \cdot l_2! \cdots l_k!} \tag{3.2}$$

berechnen. Zur Überprüfung dieser wilden Formel empfehlen wir euch, mal die Zahlen $n = 7$, $k = 3$, $l_1 = 1$, $l_2 = 2$ und $l_3 = 4$ aus unserem obigen Beispiel einzusetzen. Wenn ihr es richtig anstellt, solltet ihr wieder auf 105 unterscheidbare Anordnungen kommen. Probiert es mal!

3.4 Var, Var, Variationen – immer schön der Reihe nach

Bei Variationen kommt es auf die Reihenfolge an, und somit werden alle Stichproben unterschieden, wie in Abb. 3.3 verdeutlicht.

3.4.1 Variationen ohne Wiederholung

Aus einer Kiste Bier mit n verschiedenen Bieren werden nacheinander k Biere gezogen, ohne sie zurückzulegen. Beachtet man hierbei die Reihenfolge, so spricht man von einer **geordneten Stichprobe** von k Bieren und nennt dies Variation k-ter Ordnung ohne Wiederholung. Jedes der n Biere ist in einer solchen Ziehung also höchstens einmal vertreten.

Abb. 3.3 Bei geordneten Stichproben spielt die Reihenfolge der Ziehung eine Rolle, und die Stichproben werden unterschieden

Es gibt also allgemein

$$\frac{n!}{(n-k)!} \tag{3.3}$$

Möglichkeiten, aus n Elementen k Elemente unter Beachtung der Reihenfolge auszuwählen, wenn keine Wiederholungen erlaubt sind.

Ein einfaches Beispiel ist die Bestimmung der Anzahl der Möglichkeiten, aus 32 teilnehmenden Teams einer Fußball-WM[12] 3 Teams für die Belegung der ersten drei Plätze auszuwählen. Wenn das erste gewählte Team Weltmeister wird, bleiben noch 31 Kandidaten für den Vizetitel und dann 30 für die Loserplatzierung. Es gibt also $\frac{32!}{(32-3)!} = 32 \cdot 31 \cdot 30 = 29760$ Möglichkeiten für die ersten drei Plätze.

3.4.2 Variationen mit Wiederholung

Zurück zum Bier: Darf man dagegen jede der n verschiedenen Biere in der Kiste mehrmals ziehen, so erhält man Variationen k-ter Ordnung mit Wiederholung. Jedes Bier wird hierfür aus irgendeinem Grund vor der nächsten Ziehung wieder in die Kiste zurückgestellt, was z. B. für den unentschlossenen Sozialpädagogen typisch ist. Für den Pragmatiker hingegen ist es realistischer, dass jedes Bier durch ein Bier gleicher Sorte ersetzt wird. Wenn also z. B. aus den 3 Bieren der Marke „Sierra!", „Ballermann" und „Möwenbräu" 2 Ziehungen mit Zurücklegen bzw. Zurückstellen und mit Beachtung der Reihenfolge durchgeführt werden, dann kann jedes der 3 Biere auf jedem der 2 Plätze der Ziehung erscheinen; es gibt also $3 \cdot 3 = 3^2 = 9$ Möglichkeiten.

---

[12] Ohne Holland und Italien!

Allgemeiner formuliert gilt, es gibt

$$n^k \tag{3.4}$$

Möglichkeiten, aus n Elementen k Elemente auszuwählen, wenn die Reihenfolge beachtet wird und Wiederholungen erlaubt sind.

Als weiteres Beispiel soll die Anzahl der Möglichkeiten zum Ausfüllen eines Fußball-Totoscheines mit 12 Spielen berechnet werden. Beim Fußball-Toto besteht für jedes Spiel die Möglichkeit, entweder auf Heimsieg (1), Auswärtssieg (2) oder auf Unentschieden (0) zu tippen. Mit diesen drei Optionen ($n = 3$) als Spielausgang der 12 Spiele ($k = 12$) könnten somit $3^{12} = 531441$ verschiedene Totoscheine ausgefüllt werden.

3.5   Kombinationen – Was drin ist, zählt, nicht wie!

Im Gegensatz zu Variationen wird bei Kombinationen die Reihenfolge nicht beachtet, wie auch in Abb. 3.4 gezeigt. So ist z. B. beim Lotto mit 6 aus 49 die Reihenfolge der Zahlen egal.

Abb. 3.4 Bei ungeordneten Stichproben spielt die Reihenfolge der Ziehung keine Rolle, und die Stichproben werden nicht unterschieden

3.5.1 Kombinationen ohne Wiederholung

Beachtet man nicht die Reihenfolge, ist es also egal, in welcher Reihenfolge man die k Biere aus der Kiste nimmt, so spricht man von einer **ungeordneten Stichprobe** und nennt dies eine Kombination k-ter Ordnung ohne Wiederholung. Wenn aus n Bieren k ohne Zurücklegen und ohne Beachtung der Reihenfolge ausgewählt werden sollen, dann gibt es jeweils die Menge der k ausgewählten Biere und die Menge der $(n - k)$ nicht ausgewählten, übrig gebliebenen Biere, wobei es jeweils auf die Reihenfolgen nicht ankommt. Dabei kann man entweder die gezogene Gruppe mit k Bieren oder die verbleibende Gruppe mit $n - k$ Bieren betrachten, da man die n Biere in zwei Teilmengen geteilt hat. So sind k und $n - k$ in der Formel austauschbar. Welche Gruppe die interessierende ist, ist für die Anzahl der möglichen Aufteilungen egal. Man spricht hier von n über k Möglichkeiten und schreibt $\binom{n}{k}$, was mal wieder einfach eine „Mathematikerabkürzung" ist, die auch als **Binomialkoeffizient** bekannt ist.

Es gibt

$$\binom{n}{k} = \binom{n}{n - k} = \frac{n!}{k! \cdot (n - k)!} = \frac{n \cdot (n - 1) \cdots (n - k + 1)}{1 \cdot 2 \cdots k} \qquad (3.5)$$

mögliche Kombinationen ohne Wiederholungen und ohne Beachtung der Reihenfolge.

Das klassische Beispiel für Kombinationen ohne Wiederholung, dem sich auch die Autoren hier nicht entziehen können, ist die bereits erwähnte Ziehung der Lottozahlen.[13] Es gilt

$$\binom{49}{6} = \frac{49!}{6! \cdot (49 - 6)!} = \frac{49 \cdot 48 \cdot 47 \cdot 46 \cdot 45 \cdot 44}{6 \cdot 5 \cdot 4 \cdot 3 \cdot 2 \cdot 1}$$

und somit gibt es sage und schreibe 13983816 mögliche Ziehungsergebnisse.

---

[13] Lottozahlen – stundenlang schwelgt Herr Dr. Oestreich in Erinnerungen zurück an seine Jugend, als er das erste Mal bis zur Ziehung der Lottozahlen aufbleiben durfte. Das darf er heute nämlich nicht mehr!

3.5.2 Kombinationen mit Wiederholung

Kommen wir nun dazu, dass nach jeder Ziehung das gezogene Bier wieder zurückgelegt wird und somit Wiederholungen erlaubt sind, ohne jedoch dabei auf die Reihenfolge zu achten. In diesem Fall gibt es allgemein

$$\binom{n+k-1}{k} = \frac{(n+k-1)!}{k! \cdot (n-1)!} \tag{3.6}$$

mögliche Kombinationen mit Wiederholungen ohne Beachtung der Reihenfolge.

Wenn man z. B. aus 3 verschiedenen Bieren der Marke „Sierra!", „Ballermann" und „Möwenbräu" 2 Biere ziehen will mit Zurücklegen bzw. Zurückstellen ohne Beachtung der Reihenfolge, so gibt es hierfür $\binom{3+2-1}{2} = \binom{4}{2} = 6$ Möglichkeiten.[14] Vielleicht erinnert ihr euch: Im Falle der Variation (also mit Beachtung der Reihenfolge) gab es 9 Möglichkeiten, da hier die Reihenfolge sehr wohl einen Unterschied machte.

Allgemein solltet ihr euch für die Zukunft merken: Es gibt immer weniger Kombinationen als Variationen, da bei den Kombinationen die Reihenfolge nicht beachtet wird.

---

[14] Dies sind nämlich die Kombinationen {Sierra!, Sierra!}, {Sierra!, Ballermann}, {Sierra!, Möwenbräu}, {Ballermann, Ballermann}, {Ballermann, Möwenbräu} und {Möwenbräu, Möwenbräu}. Prost!

3.6   Auf den Punkt gebracht – Zusammenfassung

Wie schon erwähnt, erweisen sich für Teile der Wahrscheinlichkeitsrechnung und Statistik
die Formeln der Kombinatorik zum richtigen Zählen als äußerst hilfreich. Wenn es also
darum geht, für einen Sachverhalt die Anzahl der Möglichkeiten zu bestimmen, so sollte man
sich immer zunächst einmal klarmachen, ob es auf die Reihenfolge ankommt (oder nicht)
und ob Wiederholungen erlaubt sind (oder nicht). Während bei geordneten Stichproben, also
bei Variationen, auf die Reihenfolge geachtet wird, spielt bei ungeordneten Stichproben, den
Kombinationen, die Reihenfolge keine Rolle. Ist beantwortet, mit welcher Situation man es
zu tun hat, dann ist der Rest relativ einfach. Die nachfolgende Tabelle fasst noch einmal die
wichtigsten Formeln zusammen.

Tabelle: Zusammenfassung der wichtigsten Formeln

		Reihenfolge		
		Mit	Ohne	
Wiederholung	Mit	n^k	$\dfrac{(n+k-1)!}{k! \cdot (n-1)!}$	$\dfrac{n!}{l_1! \cdot l_2! \cdots l_k!}$
	Ohne	$\dfrac{n!}{(n-k)!}$	$\dfrac{n!}{k! \cdot (n-k)!}$	$n!$
		Variation	Kombination	Permutation

Geordnete Stichprobe   Ungeordnete Stichprobe

Teil I

BESCHREIBENDE STATISTIK

Eine gute Nachricht gleich vorweg: Das Folgende kann ohne Weiteres als mathematisch harmlos bezeichnet werden. Man muss der Fairness halber aber zugeben, dass es auf den ersten Blick an einigen Stellen etwas heftig aussieht, gerade wenn man noch jung und unerfahren ist. Aber lasst euch von diesem ersten Eindruck nicht ins Bockshorn jagen. Die Sache hat keine Haken und ist relativ einfach, also bitte keine Angst vor der hier nötigen Mathematik. Die kann einfach wie eine Fremdsprache aufgefasst werden, die man eben ein wenig kennen muss, um die Materie zu verstehen. Wir werden auch weiterhin alles haarklein erklären und versuchen, es euch so verständlich wie möglich zu machen.

Die Experten nennen die folgende Thematik, die sich mit Methoden der einfachen Daten-
auswertung befasst, übrigens die **beschreibende** oder auch – bewusst abschreckender –
deskriptive Statistik. Dabei geht es, wer hatte das gedacht, um das Beschreiben von Daten
und wie man so aus z. T. umfangreichen Datensätzen wesentliche Eigenschaften und Trends
leicht erkennbar machen kann. Es ist hierbei wichtig zu verstehen, dass sich die Aussagen
aus der beschreibenden Statistik nur auf die untersuchte Datenmenge bzw. Stichprobe
beziehen. Die Daten werden hier wirklich nur „beschrieben" und Aussagen zu einer über
die untersuchten Daten hinausgehenden Grundgesamtheit werden nicht gemacht. Damit
werden wir uns dann erst später in der *beurteilenden* Statistik ab Kap. 10 befassen.

Die verschiedenen Typen von Daten (nominal, ordinal, metrisch ...), die für statistische
Analysen zur Verfügung stehen, haben wir ja schon ausgiebig durchgekaut. Solche Daten
(sprich Merkmalsausprägungen) können mit

- Tabellen,
- Graphiken und
- statistischen Kennwerten

beschrieben werden. Mit dem Erstellen einer Tabelle ist dabei für den guten[1] Statistiker
oftmals alles bzgl. vorliegender Daten klar. Leider ist aber das menschliche Gehirn nicht
sehr effizient im Verarbeiten langer Listen von (Roh-)daten[2]. Deshalb ist es wesentlich
besser für uns, wenn die Daten in Graphiken zusammengefasst werden. Hier isst
sozusagen das „Statistikerauge" mit und erleichtert durch den visuellen Eindruck die
Interpretation der Daten.

Wir werden uns in Kap. 4 mit dem tabellarischen und graphischen Beschreiben eines[3]
einzelnen Merkmals befassen. Statistische Kennwerte erlauben zusätzlich dann noch eine
Zusammenfassung oder Verdichtung der Daten zu wenigen charakteristischen Werten,
und genau darum geht es in Kap. 5. Gekrönt wird das Ganze mit Kap. 6, das sich mit der
Beschreibung von zwei oder mehr Merkmalen beschäftigt und wie diese Merkmale ggf.
zusammenhängen. Wir versprechen, dass nach all dem beschreibende Statistik „kein
Thema" mehr für euch ist.

---

[1] Anmerkung von Herrn Dr. Romberg: „Nur ein narkotisierter Statistiker ist ein guter Statistiker!"

[2] Es sei denn, man lebt im Zeitalter der Matrix!

[3] Und genau eines.

Es war einmal ein Merkmal

4

Es war einmal ein Merkmal, das hatte viele verschiedene Merkmalsausprägungen in einer langen Urliste und wollte sehen, was es in der Welt der Statistik erwartet. Es lebte allein und hatte keine anderen Merkmale als Freunde. Es hatte schon viel gehört und war gespannt, wie seine verschiedenen Ausprägungen dargestellt werden können. Wie ihr sehen werdet, ist dies der Anfang einer tollen, spannenden Geschichte. Und wenn sie gut erzählt ist, dann besteht ihr auch später wesentlich leichter die Statistikklausur und lebt glücklich bis an euer Lebensende.

© Springer-Verlag GmbH Deutschland, ein Teil von Springer Nature 2022
M. Oestreich und O. Romberg, *Keine Panik vor Statistik!*,
https://doi.org/10.1007/978-3-662-64490-4_4

4.1   Von Stichproben (aua!) zum Dosenstechen

So, so, unser Merkmal lebt also allein. Was machen wir denn nun mit seinen verschiedenen Merkmalsausprägungen? Wo fangen wir an? Nehmen wir für unser Merkmal (z. B.
Nasenform) eine Stichprobe aus einer (großen) Grundgesamtheit, so werden die Merkmalsausprägungen (hier z. B. Romberg-Rüssel, Oestreich-Ömme, Girly-Stubse ...) in eine sogenannte Urliste eingetragen.[1] Hat man nun allgemein eine solche Stichprobe mit n Elementen
(Nasen), so lässt sich diese durch die n Stichprobenwerte

$$x_1, x_2, \ldots x_n$$

beschreiben. Dabei steht n für die Anzahl der gesammelten Werte (Nasen) und ist einfach eine
natürliche, ganze Zahl. Die Indizes, die kleinen Zahlen an dem x, sollen dabei verdeutlichen,
welcher Wert als Erster gemessen wurde, welcher als Zweiter, welcher als Dritter usw. Jede
Stichprobe lässt sich erst mal in so eine Urliste schreiben!

Lasst uns das mal an einem seriösen Beispiel betrachten. Das können wir dann auch im
Weiteren immer mal wieder verwenden. Doch was ist seriös? Was ist ein gutes Beispiel? Es
gibt natürlich Tausende von möglichen Daten oder Statistiken, aber wir haben ja Ansprüche.
Also hat sich Herr Dr. Oestreich an seine Studienzeit an der TU Clausthal zurückerinnert
und ein paar historische Daten zum sogenannten Dosenstechen ausgegraben. Dosenstechen
(auch bekannt unter den Namen Dosenschießen, Kosakenpumpe oder Holzfäller) ist ein
beliebtes Trinkritual, um eine Bierdose schnell auszutrinken. Hierbei wird die Bierdose mit
einem stichfähigen Werkzeug (Kugelschreiber, Schraubenzieher o. Ä.) seitlich in der Nähe
des Bodens aufgestochen. Die neu entstandene Öffnung wird an den Mund angesetzt und
der Ring an der Oberseite der Dose geöffnet. Durch die nachströmende Luft fließt das Bier
schwallartig aus dem Loch in der Dosenwand. Eine Möglichkeit, diesen Vorgang sogar zu
beschleunigen, ist, vorher die letzte Luft aus der Dose zu saugen, damit ein Unterdruck
entsteht, und dann erst die Dose zu öffnen. Wie auch immer, das Ganze war bei so mancher
Studentenparty *das* Ritual. Geschwindigkeit war dabei das Maß aller Dinge. Und ein paar
Leute hatten es wirklich im Griff. Die nachfolgende Tabelle für dieses ausgezeichnete Beispiel[2] zeigt ein paar Zeiten (aus einer großen Grundgesamtheit), die bei diesen Anlässen
zustande gekommen sind.

Tabelle: Zeiten Dosenstechen (in Sekunden)

4.5	2.2	2.9	3.1	3.9	4.1	4.3	4.6	5.1
5.3	6.1	6.8	1.6[3]	2.5	3.6	3.7	4.2	2.8
7.4	5.7	4.7	3.7	3.3	2.0	1.9	3.2	5.5

---

[1] O-Ton Herr Dr. Romberg: „Meine Nase wird nirgends eingetragen!!!"
[2] Herr Dr. Oestreich ist noch immer stolz, dass er auf dieses seriöse Beispiel gekommen ist! Dabei
muss auch noch auf den bemerkenswerten Zusammenhang von Stichproben und Dosenstechen hingewiesen werden. Dosenstechen ist nämlich die studentische Urform der Stichprobe!
[3] Herr Dr. Oestreich, 15.3.1988. Die schon etwas ausgeblichene Bierdose der Marke „Clausthaler",
mit dem wohl platzierten Loch an der Seite, kann man noch immer in der Wohnzimmervitrine hinter
Glas bestaunen!

Mit der allgemeinen Beschreibung von oben für eine Liste von Stichprobenwerten gilt für dieses Beispiel nun $x_1 = 4.5$, $x_2 = 2.2$, $x_3 = 2.9$ usw. Dabei haben wir $n = 27$ Stichprobenwerte vorliegen. Da diese Liste noch relativ unübersichtlich ist, wollen wir nun versuchen, irgendwie Licht in das Datengewirr zu bringen. Wir beginnen also, beschreibende (deskriptive) Statistik zu praktizieren.

4.1.1 Stängel-Blatt-Diagramm

Wir fangen mit was Einfachem an, das im Zeitalter der Computer leider ein wenig in Vergessenheit geraten ist. Das sogenannte Stängel-Blatt-Diagramm[4] organisiert die Datenmengen überschaubar und platzsparend, enthält aber trotzdem bis auf die Reihenfolge der Ausgangsdaten alle Informationen.

Wenn ihr jetzt denkt, dass man so ein Stängel-Blatt-Diagramm doch heutzutage nicht mehr braucht, dann täuscht ihr euch gewaltig. Es läuft einem öfter über den Weg, als man glaubt. So habt ihr z. B. bestimmt schon mal Bus- und Straßenbahnfahrpläne gesehen, bei denen die Abfahrtszeiten in Form eines Stängel-Blatt-Diagramms dargestellt sind.

---

[4] Analog einer Pflanze mit Blättern am Stängel.

GRUPPE AUS n
TRINKFREUDIGEN
STUDENTINNEN
+ STUDENTEN

ZETTEL + STIFT
(ZUM NOTIEREN
DER ZEITEN)

n+1 TÜTEN
(DER SICHERHEIT
WEGEN)

MINDESTENS ZWEI PALETTEN
NORDDEUTSCHES DOSENBIER

STOPPUHR
STECHWERKZEUG

DOSENSTECHEN-TOOLKIT® NACH OESTREICH

Für unser Dosenstecher-Beispiel nehmen wir die Zahl vor dem Komma, also die vollen Sekunden, als Stängel und die Nachkommastelle, also die Zehntelsekunden, als Blatt. So ist für den Wert 4.5 die 4 der Stängel und die 5 das Blatt. Führt man dies für alle Datenpunkte durch, ergibt sich das folgende Diagramm:

Stängel	Blatt					
1	6	9				
2	2	9	5	8	0	
3	1	9	6	7	7	3	2
4	5	1	3	6	2	7
5	1	3	7	5		
6	1	8				
7	4					

Zahlen vor dem Komma bzw. volle Sekunden

Nachkommastellen bzw. Zehntelsekunden

Diese Darstellung ist relativ unkompliziert und enthüllt sofort interessante Informationen, die im Wirrwarr der Urliste nur schwer zu erkennen waren: Es scheint tatsächlich Personen zu geben, die eine Dose unter 2 Sekunden stechen. Des Weiteren ist eine Häufung von Datenpunkten zwischen 3 und 4 Sekunden zu beobachten, und man bekommt bereits einen guten ersten Eindruck von der Verteilung der Daten.

So ein Diagramm ist wirklich hilfreich und insofern nötig; die Daten können auch noch weiter, mit zusätzlichen Stängeln, unterteilt werden. Hier solltet ihr stets ein wenig Fantasie mitbringen, da dies zusätzliche Informationen bringen könnte. Natürlich gibt es aber andere Methoden, die dem Stängel-Blatt-Diagramm an Handlichkeit, Effizienz und Anschaulichkeit überlegen sind.

4.2 Häufigkeitsverteilung

Die Häufigkeitsverteilung ergibt sich z. B., wenn man zunächst einmal zählt, wie oft jeder Messwert auftritt, mit welchen Häufigkeiten also die unterschiedlichen Merkmalsausprägungen in einer Stichprobe zu finden sind.

In unserem Dosenstecher-Beispiel ist die Anzahl der Stichprobenwerte $n = 27$. Da nur der Wert 3.7 zweimal auftritt und jeder andere Wert alleine steht, liegen hier $k = 26$ verschiedene Werte vor. 25 Werte haben dabei die absolute Häufigkeit 1, und ein Wert, nämlich 3.7, hat die absolute Häufigkeit 2. So gesehen sind die absoluten Häufigkeiten klein, wie auch das sogenannte Stabdiagramm in Abb. 4.1 zeigt. Die Höhen der Stäbe geben dabei die absolute Häufigkeit des Merkmals an (hier meistens 1).

Um dies allgemein zu formulieren, lassen wir jetzt mal wieder ein wenig den Mathematiker raushängen und gehen erneut von einer Stichprobe vom Umfang n aus. In diesen n Stichprobenwerten treten k verschiedene Werte $x_1, x_2, \ldots, x_k$ auf. Dabei ist k nur dann gleich n, wenn alle Werte verschieden sind, d. h., es ist $k \leq n$. Zählt man nun, wie oft diese k verschiedenen Werte auftreten, so spricht man von der **absoluten Häufigkeit** n_i des Stichprobenwertes x_i. Also ist n_1 die Häufigkeit für die erste Merkmalsausprägung, n_2 die für die zweite usw. Im Spezialfall, wenn alle Stichprobenwerte identisch sind, wäre n_i gleich n. Die Summe aller absoluten Häufigkeiten muss natürlich wieder die Gesamtzahl aller Stichprobenwerte n ergeben. Für die absoluten Häufigkeiten gilt also

$$\sum_{i=1}^{k} n_i = n_1 + n_2 + \ldots + n_k = n \quad \text{und} \quad 0 < n_i \leq n.$$

Abb. 4.1 Absolute Häufigkeiten der Zeiten beim Dosenstechen.

Der griechische Buchstabe Σ ist dabei eine Erfindung der Mathematiker und dient als Kurzform für das Aufsummieren viiiieler Zahlen, im vorliegenden Fall also aller n_i. Man liest dies als die „Summe aller n_i von $i = 1$ bis k". Die absolute Häufigkeit ist nur bedingt aussagekräftig. Sind z. B. auf einer Party mit 10 Personen 8 Frauen (absolute Häufigkeit weiblich $= 8$), so ist das relativ viel, und wir sind auf der richtigen Party.[5] Sind aber mit derselben absoluten Häufigkeit 8 Frauen unter 1000 Personen, so ist dies wohl eher wenig, und wir befinden uns wahrscheinlich auf einem Schachturnier.[6]

Um so etwas allgemein zu berücksichtigen, bezieht man die absolute Häufigkeit auf die Anzahl der Merkmalsträger. Wir sprechen dann von der **relativen Häufigkeit**, mit relativ bezogen auf die Anzahl der Merkmalsträger. Im Falle des Dosenstechens wäre z. B. die relative Häufigkeit des Wertes $x = 3.7$ genau $\frac{2}{27}$. Formal erhält man die relative Häufigkeit h_i, indem die absolute Häufigkeit n_i durch die Anzahl n der Stichprobenwerte geteilt wird. Es ist also:

$$h_i = \frac{n_i}{n} = \frac{\text{absolute Häufigkeit } n_i}{\text{Anzahl aller Stichprobenwerte } n}, \quad i = 1, 2, \ldots, k.$$

Die Bedeutung der relativen Häufigkeiten liegt in der Tatsache, dass mit ihnen Grundgesamtheiten oder Stichproben unterschiedlicher Größe verglichen werden können. Das ist halt der Vorteil von *relativ* und ein bedeutender Schritt in der Statistik. Dabei ist h_i immer

---

[5] Herr Dr. Romberg wirft ein, dass die Bezeichnung „richtige Party" nur dann zutrifft, wenn die absolute Häufigkeit des Merkmals „eigene Ehefrau" gleich 0 ist.

[6] Oder in einer Vorlesung an der TU Clausthal.

* Angesichts einiger Ausfälle von Herrn Dr. Oestreich auf diversen Feiern inklusive Ausnüchterungsversuchen auf öffentlichen – und sehr ungemütlichen – Treppen, zweifelt Herr Dr. Romberg diesen Wert stark an.

ein Wert zwischen 0 und, wenn alle Merkmale identisch sind, 1. Für relative Häufigkeiten gilt

$$\sum_{i=1}^{k} h_i = h_1 + h_2 + \ldots + h_k = 1 \quad \text{und} \quad 0 < h_i \leq 1.$$

Abb. 4.2 zeigt die relativen Häufigkeiten für unser Dosenstecher-Beispiel. Der Graph unterscheidet sich im Vergleich zur absoluten Häufigkeit aus Abb. 4.1 nur in der Skalierung der vertikalen Achse. Das ist ja auch klar, da relative Häufigkeiten einfach absolute Häufigkeiten, geteilt durch die Anzahl der Stichprobenwerte, sind.

Man spricht von der **prozentualen Häufigkeit** p_i, wenn man die relativen Häufigkeiten mit 100 multipliziert. Es gilt dann mit $p_i = \frac{n_i}{n} \cdot 100 = h_i \cdot 100$

$$\sum_{i=1}^{k} p_i = p_1 + p_2 + \ldots + p_k = 100(\%) \quad \text{und} \quad 0 < p_i \leq 100(\%).$$

Da manche Menschen und Herr Dr. Romberg an dieser Stelle Schwierigkeiten haben, nun ein wichtiger Hinweis: In der Statistik wird vielmals aus offensichtlichen Gründen nicht wirklich unterschieden zwischen relativer und prozentualer Häufigkeit. Es wird bei relativer Häufigkeit auch von Prozenten[7] gesprochen. Warum? Weil der Statistiker im Grunde die Multiplikation mit 100 wie Mr. Spock im Kopf durchführt. Wenn ihr also, wie z. B. für den Wert 3.7 von unserem Dosenstecher-Beispiel, eine relative Häufigkeit von $\frac{2}{27} = 0.074$ seht,

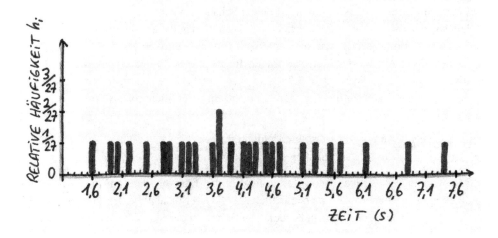

Abb. 4.2 Relative Häufigkeiten der Zeiten beim Dosenstechen

[7] Herr Dr. Oestreich erhebt den Zeigefinger: Prozent kommt vom lateinischen *pro* = „für" und *centum* = „hundert".

dann sind dies 7.4%. Relative Häufigkeiten prozentual zu interpretieren, ist üblich, und wir werden das im Folgenden auch tun. Das sollte auch euch ins Blut übergehen!

4.2.1   Klasse, hier gehts um Bildung – Klassenbildung

Treten in einer Stichprobe sehr viele verschiedene Ausprägungen eines Merkmals auf – beim Dosenstechen waren ja z. B. 26 von 27 Stichprobenwerten verschieden – so ist es zweckmäßig, die Stichprobe zu vereinfachen. Dazu fasst man verschiedene ähnliche bzw. benachbarte Ausprägungen jeweils in einer Klasse zusammen und zählt dann für diese Klasse die Häufigkeit aus. Das wollen wir uns mal anschaulich mit einem (natürlich verspäteten) Zug der Deutschen Bahn AG vorstellen. Jetzt werden einfach die Merkmalsausprägungen gemäß der gebildeten Klassen in die einzelnen Waggons gesteckt:[8] alles zwischen den Intervallgrenzen x_0' und x_1' in die 1. Klasse, z. B. alles, was beim Dosenstechen zwischen 1 und 2 s gedauert hat[9], alles zwischen x_1' und x_2' in die 2. Klasse, z. B. alles zwischen 2 und 3 s usw. Danach ist das Auszählen der einzelnen Klassen dann viel einfacher. Dividiert man die so erhaltenen **absoluten Klassenhäufigkeiten** durch den Stichprobenumfang, ergeben sich die **relativen Klassenhäufigkeiten.** Im Unterschied zu unseren bereits erläuterten Häufigkeiten, die für jeden Wert einzeln[10] definiert sind, beziehen sich also die Klassenhäufigkeiten auf ein Intervall, das die Klasse definiert. Ansonsten ist das Ganze aber sehr vergleichbar.

---

[8] Herr Dr. Romberg weist an dieser Stelle darauf hin, dass dies natürlich auch mit verschiedenfarbigen Eimern, Waschkörben oder der von Charles Francis Richter zum Vergleich der Stärke (Magnitude) von Erdbeben in der Seismologie entwickelten Richterskala anschaulich möglich wäre.

[9] Herr Dr. Oestreich ist damit nach eigener Aussage ein erstklassiger Dosenstecher. (Herr Dr. Romberg weist hier auf die Zweideutigkeit des Titels hin)

[10] Der Mathematiker spricht hier auch gern ganz wichtig von „punktweise".

Ein aus dem studentischen Alltag gegriffenes Beispiel ist der Besuch eines bunten Abends, in Fachkreisen auch Studentenfete genannt. Nachdem ihr den Raum oder Saal betreten habt, ist es ganz natürlich, die vielen Personen in zwei Klassen, nämlich männlich und weiblich, einzuteilen.[11]

Im Detail wollen wir dies allerdings an unserem Dosenstecher-Beispiel weiter erklären. Zur Bildung der Klassen verwenden wir, wie schon vorher mal erwähnt, die natürliche Sekundenunterteilung der Zeitachse. Wir packen alle gemessenen Zeiten im Intervall zwischen 1 und 2 s in die 1. Klasse,[12] alle Zeiten im Intervall zwischen 2 und 3 s in die 2. Klasse usw. Insgesamt erhalten wir so 7 Klassen, und es ergibt sich für die auf die Klassen bezogenen Häufigkeiten die folgende Tabelle.

Tabelle: Klassenbildung und zugehörige Häufigkeiten

Klasse	Intervall	Strichliste	Absolute Klassenhäufigkeit n_i	Relative Klassenhäufigkeit h_i	Prozentuale Klassenhäufigkeit p_i
1.	$1 \leq x < 2$	||	2	$\frac{2}{27} = 0.074$	7.4%
2.	$2 \leq x < 3$	|||||	5	$\frac{5}{27} = 0.185$	18.5%
3.	$3 \leq x < 4$	|||||||	7	$\frac{7}{27} = 0.259$	25.9%
4.	$4 \leq x < 5$	||||||	6	$\frac{6}{27} = 0.222$	22.2%
5.	$5 \leq x < 6$	||||	4	$\frac{4}{27} = 0.148$	14.8%
6.	$6 \leq x < 7$	||	2	$\frac{2}{27} = 0.074$	7.4%
7.	$7 \leq x < 8$	|	1	$\frac{1}{27} = 0.037$	3.7%
		Summe Σ	27	1.0	100%

Die Strichliste soll dabei nochmals das Zählen der Häufigkeit der einzelnen Werte in einer Klasse veranschaulichen. Man sieht an diesem Beispiel, dass durch die Klassenbildung Information verloren geht: Die einzelnen Stichprobenwerte treten nicht mehr auf. So weiß man beispielsweise aufgrund der Einteilung zwar, dass zwei Personen Zeiten zwischen 1 und 2 s „gestochen" haben, aber die genauen Zeiten sind nicht mehr erkennbar. Das ist zwar schade, allgemein bei großen Datenmengen aber oft unumgänglich.

---

[11] Herr Dr. Oestreich geht bei der einen Klasse dann meistens noch weiter ins Detail und bildet weitere Kategorien, z. B. Männer mit und ohne Brille.

[12] Herr Dr. Oestreich würde an dieser Stelle die obere Intervallgrenze x_1^i gern auf den Wert 1.6 herabsetzen, lässt dies aber, um den Sachverhalt nicht weiter zu verkomplizieren.

Allgemein sollten für das Erstellen der Klassen immer die folgenden Richtlinien angewendet werden:

- Alle Klassen sollten die gleiche Breite haben. Das geht zwar auch anders, ist so aber
  einfacher zu handhaben und anschaulicher.
- Offene Klassen sollten vermieden werden. Sofern aber Minimum bzw. Maximum unbekannt sind, muss die entsprechende Klasse nach unten bzw. oben offen bleiben. So ist
  beispielsweise die für Erdbeben verwendete Richterskala nach oben offen, da ein Erdbeben theoretisch bis zur Explosion des Planeten beliebig stark sein kann.[13]
- Klassen müssen eindeutig definiert sein und sich gegenseitig ausschließen, so dass jeder
  Wert nur einer Klasse zugeordnet werden kann. Das heißt also, Herr Dr. Romberg sollte
  sich bei der Klasseneinteilung zum Wäschewaschen entscheiden, ob er seine weiße Fein-
  rippunterwäsche in den Wäschekorb für Kochwäsche oder aus irgendwelchen Gründen
  doch in den für Buntwäsche legt. Also, wenn eure Klasseneinteilung nicht eindeutig ist,
  könnt ihr sie ruhig für euch behalten!
- Alle Daten der Urliste müssen einer Klasse zugeteilt werden. Sprich, man kann nicht
  einfach Daten weglassen, weil sie einem nicht passen. Strümpfe mit großen Löchern
  können aber hiervon ausgenommen werden, Herr Dr. Romberg![14]

Zur Größe der Klassen gibt es natürlich auch was zu sagen: Als extremer Fall wäre eine
Klasse für jeden einzelnen Merkmalswert ziemlich nutzlos. Anders herum wäre eine zu
große Klasse, die z. B. alle Werte der Urliste enthält, natürlich auch total wertlos. Was
hätten wir schon von der Information, dass bei 27 gestochenen Dosen Zeiten zwischen z. B.
1 und 100 s gemessen wurden? Die Klasse wäre viel zu groß. Der Schlüssel zum Erfolg ist
also nicht zu groß und nicht zu klein. Als Faustregel[15] für die Wahl der Klassenanzahl k gilt

$$k \approx \begin{cases} \sqrt{n} & n \leq 1000 \\ 10 \cdot \lg n & n > 1000 \end{cases}.$$

Für unser Dosenstecher-Beispiel mit 27 Messpunkten hätten sich somit
$\sqrt{27} \approx 5.2$, also 5 Klassen k ergeben. Es spricht aber aus sachlichen Erwägungen natürlich nichts dagegen, leicht von der Regel abzuweichen und eine naheliegende und sinnvolle
Aufteilung zu wählen, wie hier ein Intervall mit jeweils 1 s.

---

[13] Um den „Humor" von Herrn Dr. Oestreich klassifizieren zu können, müsste z. B. eine entsprechende
Skala nach unten offen sein.

[14] Siehe Fußnote 13.

[15] Es gibt noch andere in der Literatur, wir haben uns für diese entschieden.

Merken solltet ihr euch auch: Nicht nur in der Kriminal-, sondern auch in der Statistik ist nicht immer alles eindeutig!

4.2.2 Vom Histogramm und der empirischen Dichte

So weit, so gut! Die Ausprägungen unseres Merkmales sind nun also in Klassen unterteilt. Damit können wir die Häufigkeiten anschaulich in einem sogenannten – für die Statistik verdammt wichtigen – Histogramm darstellen. Dabei wird über jeder Klasse oder, wenn ihr so wollt, über jedem Intervall die entsprechende Häufigkeit als Rechteck aufgetragen. Auf der horizontalen Achse[16] sind dann die Klassengrenzen (oder Intervallgrenzen) und auf der vertikalen Achse[17] die Häufigkeiten zu finden.

Um euch mit dieser Darstellungsform und deren Hintergrund noch etwas mehr vertraut zu machen, haben wir das in Abb. 4.3 gezeigte Histogramm für unser Dosenstecher-Beispiel noch mit ein paar erklärenden zusätzlichen Informationen versehen. Dabei wird ersichtlich, dass man auch bei Histogrammen zwischen absolut und relativ unterscheiden kann. In der Statistik beschränkt man sich aber meist auf relativ, da das eigentlich immer das Wichtigere ist. Beim Histogramm entspricht die Höhe der Rechtecke den relativen Häufigkeiten.

Die mathematische Beschreibung eines Histogramms bezeichnet man in Fachkreisen auch als **empirische Dichte.** Sie ist allgemein definiert als:

---

[16] Das ist die, die liegt (auch Abszisse genannt)!

[17] Das ist die, die steht (auch Ordinate genannt)!

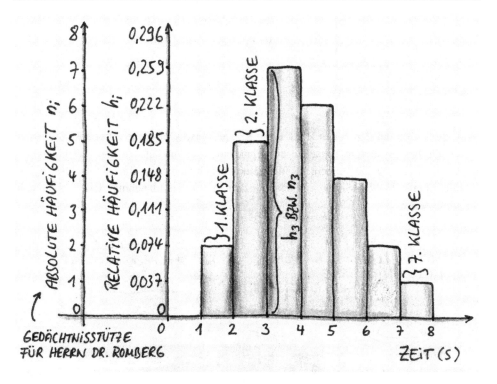

Abb. 4.3 Histogramm relativer Häufigkeiten für Zeiten beim Dosenstechen

$$f(x) = \begin{cases} 0 & x < x'_0 \\ \frac{h_i}{x'_i - x'_{i-1}} & x'_{i-1} \leq x < x'_i \quad (i = 1, \ldots, k). \\ 0 & x > x'_k \end{cases}$$

Dabei sind x'_{i-1} und x'_i jeweils die untere und die obere Grenze der i-ten Klasse, und k ist die Klassenanzahl. Das Histogramm besteht so aus Rechtecken der Fläche h_i und hat als Gesamtfläche den Wert 1.

Für unser Dosenstecher-Beispiel sind die Intervalle zufällig gerade 1, da wir die Klassenbreite genau als 1 s gewählt haben.[18] Glaubt aber bitte nicht, dass dies immer so ist. *Intervalle sind nicht immer genau 1 breit!* Es ergibt sich die empirische Dichte mit den relativen Klassenhäufigkeiten $h_1, h_2, \ldots, h_7$ zu:

---

[18] Herr Dr. Oestreich weist darauf hin, das dies verdammt schlau war und bei Weitem kein Zufall!

$$f(x) = \begin{cases} 0 & x < x_0' = 1 \\ \frac{h_1}{x_1' - x_0'} = 0.074 & x_0' = 1 \leq x < x_1' = 2 \\ \frac{h_2}{x_2' - x_1'} = 0.185 & x_1' = 2 \leq x < x_2' = 3 \\ \vdots & \vdots \\ 0 & x > x_7' = 8 \end{cases}$$

Okay, zwar sieht auf den ersten Blick diese Schreibweise sehr kompliziert aus, aber auch euch sollte bei genauerem Hinsehen auffallen, dass dies nur täuscht und hier eigentlich nichts kompliziert ist. Der gemeine Mathematiker hat einfach nur mal wieder zugeschlagen. Letztlich fügt sich alles wie ein einfaches Puzzle zusammen, manchmal dauert es einfach nur ein bisschen.

4.3 Summenhäufigkeiten

Die Welt der Statistik hat für unser einsames Merkmal aber noch mehr zu bieten als Histogramme, die mehr oder weniger auf einen Blick zeigen, wie sich die Daten auf die einzelnen Klassen verteilen. Ist unser Held mindestens ordinalskaliert, d. h., wenn man seine Merkmalsausprägungen[19] zumindest ordnen kann, so ist darüber hinaus auch die Zahl oder der Anteil der Beobachtungen von Interesse, die unterhalb oder oberhalb einer Grenze liegen. So kann es z. B. Herrn Dr. Romberg interessieren, wie viele Dosenstecher weniger als 4 Sekunden gebraucht haben. Zur Beantwortung solch wichtiger Fragen dient die **Summenhäufigkeit**, auch **kumulierte Häufigkeit** genannt. Dabei werden einfach die Häufigkeiten

---

[19] Herr Dr. Romberg weist darauf hin, dass es eigentlich Merkm<u>a</u>lausprägungen heißen muss, schließlich sagt man ja auch nicht Brat<u>s</u>kartoffeln.

beginnend mit der kleinsten Ausprägung in aufsteigender Reihenfolge aufaddiert, sprich kumuliert.

Um es nicht langweilig zu machen und da das Ganze recht intuitiv ist, starten wir mit einem Beispiel, bevor wir überhaupt auf irgendwelche Formeln eingehen. In der nachfolgenden Tabelle sind für unser Dosenstecher-Beispiel neben den schon bekannten Klassenhäufigkeiten die zugehörigen Summenhäufigkeiten dargestellt. Es ergibt sich:

Tabelle: Klassenbildung und Summenhäufigkeit

Klasse	Intervall	Absolute Klassenhäufigkeit n_i	Relative Klassenhäufigkeit h_i	Absolute Summenhäufigkeit N_k	Relative Summenhäufigkeit H_k
1.	$1 \leq x < 2$	2	0.074	2	0.074
2.	$2 \leq x < 3$	5	0.185	7	0.259
3.	$3 \leq x < 4$	7	0.259	14	0.518
4.	$4 \leq x < 5$	6	0.222	20	0.740
5.	$5 \leq x < 6$	4	0.148	24	0.888
6.	$6 \leq x < 7$	2	0.074	26	0.972
7.	$7 \leq x < 8$	1	0.037	27	1.000

Das sind alle in der Statistik relevanten ~~Häufchen~~ Häufigkeiten für unser Beispiel. Seht ihr schon die Zusammenhänge zwischen Klassenhäufigkeit und Summenhäufigkeit? Ist ja nicht so schwer und auch auf die Gefahr hin, dass wir uns wiederholen: Es ist wirklich kein Hexenwerk[20].

So, um die obige Frage von Herrn Dr. Romberg zu beantworten, wie viele „Stecher" weniger als 4 Sekunden gebraucht haben, müssen wir also einfach die Häufigkeiten aller Klassen unter 4 Sekunden aufaddieren. Es ergibt sich dann im Falle absoluter Häufigkeiten mit

$$n_1 + n_2 + n_3 = 2 + 5 + 7 = 14,$$

dass 14 Zeiten (oder relativ gesehen 51.8 %) unter 4 Sekunden geblieben sind. Das solltet ihr auch so in der Tabelle finden.

Um dies auf andere Aufgaben übertragen zu können, müssen wir jetzt leider wieder formeltechnisch aktiv werden. Die Summe der absoluten Häufigkeiten aller Stichprobenwerte, die kleiner oder gleich einem Wert x_k sind, ergibt die Summenhäufigkeitsfunktion

---

[20] Auch wenn Herr Dr. Oestreich während seiner Studienzeit in Clausthal-Zellerfeld im Harz bei so mancher Walpurgisnacht beobachtet worden sein soll!

$$N_k = n_1 + n_2 + \cdots + n_k = \sum_{x_i \leq x_k} n_i = \sum_{i=1}^{k} n_i.$$

Entsprechend ergibt sich die Summenhäufigkeitsfunktion der relativen Häufigkeiten zu

$$H_k = h_1 + h_2 + \cdots + h_k = \sum_{x_i \leq x_k} h_i = \sum_{i=1}^{k} h_i.$$

Somit ist die kumulierte Häufigkeit H_1 identisch mit der einfachen Häufigkeit h_1, die kumulierte Häufigkeit H_2 identisch mit der Summe $h_1 + h_2$ der einfachen Häufigkeiten, die kumulierte Häufigkeit H_3 identisch mit der Summe $h_1 + h_2 + h_3$ der einfachen Häufigkeiten usw.

Die graphische Darstellung der Summenhäufigkeit über den Klassen ergibt dann eine sogenannte Treppenfunktion (Abb. 4.4). Wie ihr sehen könnt, entspricht die Stufenhöhe zwischen den einzelnen Klassen dabei jeweils der Höhe der entsprechenden Häufigkeit h_i. Um das Thema Summenhäufigkeit zu vervollständigen, bleiben wir noch ein wenig in den Gewässern der Mathematik. Die mathematische Beschreibung der kumulierten Häufigkeit bezeichnet man als **empirische Verteilungsfunktion**. Sie ist ganz allgemein definiert als

$$F(x) = \begin{cases} 0 & x < x_0' \\ H_i & x_{i-1}' \leq x < x_i' \quad (i = 1, \ldots, k-1). \\ 1 & x > x_{k-1}' \end{cases}$$

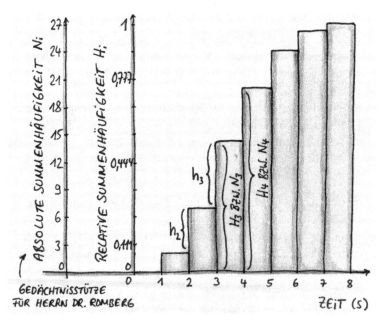

Abb. 4.4 Relative Summenhäufigkeit für Zeiten beim Dosenstechen

Das Tolle ist nun[21], dass diese Funktion für jeden Wert x definiert ist. Außerdem ist diese Funktion immer steigend; es wird ja immer was dazuaddiert, und der Mathematiker spricht dann auch von monoton steigend. Nach dem letzten Sprung, der letzten Treppenstufe, erreicht die Funktion den Endwert 1. Für unser Dosenstecher-Beispiel ergibt sich die empirische Verteilungsfunktion nun zu:

$$F(x) = \begin{cases} 0 & x < x_0' = 1 \\ H_1 = h_1 = 0.074 & x_0' = 1 \leq x < x_1' = 2 \\ H_2 = h_1 + h_2 = 0.259 & x_1' = 2 \leq x < x_2' = 3 \\ \vdots & \vdots \\ 1 & x > x_6' = 7 \end{cases}$$

Ihr solltet das alles mal ganz in Ruhe mit Hilfe der Dosenstecher-Stichprobe nachvollziehen und alles sauber aufschreiben. Dann habt ihr es garantiert verstanden. Mit Hilfe dieser Funktion kann man nun durch Auswertung der entsprechenden Gleichungen und einfachen Zusatzüberlegungen sehr einfach wichtige Fragen beantworten, z. B.:

• Wie viele Dosenstecher tranken unter 4 Sekunden?

$$F(x < 4)$$

• Wie viele Dosenstecher benötigten zwischen 3 und 5 Sekunden?

$$F(x < 5) - F(x < 3)$$

• Wie viele Dosenstecher benötigen 5 oder mehr Sekunden?

$$1 - F(x < 5)$$

• Nach wie vielen Sekunden haben 88.8 % die Dose geleert?

$$F(x) = 0.888$$

Na, ist doch relativ interessant, was man so alles mit Statistik machen kann, oder? Mit dem einfachen Dosenstecher-Beispiel haben wir hier schon mal Häufigkeiten und das Prinzip der Verteilungsfunktion erklärt.[22] Und glaubt uns, sofern ihr noch einige Details vermisst, das wird später wesentlich klarer, wenn es in die Wahrscheinlichkeitsrechnung geht. Die Verteilungsfunktion zusammen mit der Dichte sind das A und O der Statistik und Wahrscheinlichkeitsrechnung, und es macht wirklich Spaß[23], sich damit zu befassen.

---

[21] So sehen es jedenfalls die echten Mathematiker.

[22] Herr Dr. Oestreich gibt zu, dass auch er es jetzt mal endlich richtig verstanden hat.

[23] Herr Dr. Romberg wirft an dieser Stelle ein, dass Herr Dr. Oestreich wohl noch nie das Telefonbuch von Kassel auswendig gelernt hat und daher nicht weiß, was richtig Spaß macht!

4.4   Mann, sieht die gut aus – graphische Darstellung

Okay, neben der Darstellung als Histogramm und Summenhäufigkeit gibt es natürlich auch noch andere graphische Darstellungen, um die Daten „sprechen" zu lassen. Die meisten davon habt ihr sicherlich bereits mal irgendwo in den Medien, bei eurem Professor, eurem Chef oder in den Geheimunterlagen des industriellen Wettbewerbs gesehen. Sehen heißt aber nicht verstehen, und deshalb wollen wir hier ein wenig darauf eingehen. Außerdem ist es auch im späteren Beruf, wenn es dann heißt, wie Herr Hallmacken-Reuther Leistung zu bringen und Karriere zu machen (und alles andere dabei möglichst zu vergessen), ganz cool, wenn man das mit den Graphiken drauf hat.

Bei so einer Graphik wird über das Auge direkt Information vermittelt. Stets gilt die oberste Regel [12]:

> *Eine Graphik ist dann gut, wenn die relevante Information deutlich hervortritt und die Darstellung keine zusätzlichen Informationen und Assoziationen vermittelt, die nicht in den Daten enthalten sind.*

Eine gute Graphik[24] kann somit schlagkräftig sein, aber leider auch manchmal täuschen und in die Irre führen. Es besteht immer die Gefahr der Manipulation. Wir gehen hier auf

---

[24] Herr Dr. Oestreich weist darauf hin, dass es auch bestimmte andere gute graphische Darstellungen gibt, besonders solche, die wenig (oder gar keine!) Textilinformation beinhalten.

ein paar typische Darstellungen ein, die richtig angewendet informativ und effizient einen Überblick über die Daten geben können.

4.4.1   Bis sich die Balken biegen – Balkendiagramm

Balkendiagramme, oftmals auch Säulendiagramme genannt, sind auf den ersten Blick vom Aussehen her Histogrammen sehr ähnlich.[25] Das Balkendiagramm jedoch stellt unterschiedliche Ausprägungen eines Merkmals als Balken dar und eignet sich so für Daten aller Skalenniveaus. Die Höhe der Balken oder, wenn ihr wollt, Säulen ist entweder definiert durch die Anzahl der entsprechenden Merkmale in der Kategorie oder durch die entsprechenden Prozentanteile. Eine Lücke zwischen den Balken verdeutlicht dabei, dass die Kategorien unterschiedlich sind. Verschieden breite Balken sollten vermieden werden, da sie optisch einen falschen Eindruck vermitteln. Sofern eine Ordnung der Daten möglich ist, sprich, sofern wir es mit mindestens ordinalen (d. h. sortierbaren) Merkmalen zu tun haben, sind die Balken oftmals auch der Größe nach geordnet. Dies macht die Graphik vielfach deutlicher und einfacher zu verstehen. Auch wenn Balkendiagramme der Liebling der Medien sind, ist doch oftmals Vorsicht geboten: So können mit dem gewählten Maßstab bereits eine Beeinflussung und Irreführung hervorgerufen werden. Deshalb sollte man auch bei dieser Darstellung immer zunächst auf die Achsen der Graphik schauen und sich die Frage stellen, ob die Daten so die Aussage angemessen wiedergeben.

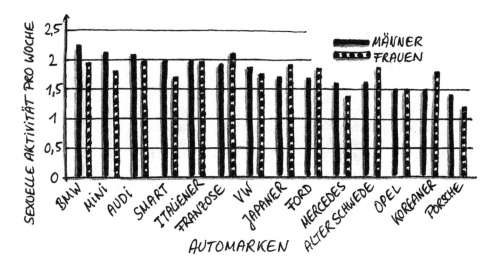

Abb. 4.5 Beispiel für ein Balkendiagramm

---

[25] Einige sprechen bei waagerechten Balken von einem Balkendiagramm und bei senkrechten von einem Säulendiagramm. Ist aber im Grunde identisch.

Unter dem Motto „Statistiken, die die Welt bewegen" haben die Autoren keine Mühen gescheut, ein wirklich interessantes Beispiel für ein Balkendiagramm zu finden. Habt ihr euch nicht immer schon gefragt, ob es einen Zusammenhang gibt zwischen dem Fahren einer Automarke und der Beischlaffrequenz? Ja, auch wir waren überrascht, wie sehr uns diese Frage in der Vergangenheit gequält hat. Antwort gibt das in Abb. 4.5 gezeigte Balkendiagramm, das die relevante Information deutlich und unverschlüsselt wiedergibt. Gemäß der einer Umfrage unter 2253 Autofahrern und Autofahrerinnen zwischen 20 und 50 Jahren zugrunde liegenden Statistik [2] sind BMW-Fahrer öfter dabei als Fahrer aller anderen Automarken! Und, meine Herren, euren Porsche lasst ihr lieber mal schön in der Garage! Bei den Frauen sieht das Bild etwas anders aus: Hier führen die sexuell aktiven Fahrerinnen französischer und italienischer Autos die Liste an. Interessant ist es, dass aber auch bei den Damen der Porsche absolut nicht als Garant für übermäßige sexuelle Aktivität steht.

4.4.2   Punkt, Punkt, Komma, Strich – Liniendiagramm

Liniendiagramme werden sehr häufig zur Visualisierung von sehr vielen Datenpunkten in einem Graph verwendet. Jeder hat sie wohl bereits mal als Darstellung von Börsen- oder Aktienverläufen gesehen oder mit gebogenen Achsen bei einem Fahrtenschreiber. Während auf der horizontalen Achse z. B. Zeiteinheiten wie Jahre oder Sekunden aufgetragen werden, sind auf der vertikalen Achse die gemessenen Daten eingetragen. Alle Punkte werden dann als Linie verbunden. Auch beim Liniendiagramm sollte man stets auf den gewählten Maßstab schauen, da dieser das Aussehen der Graphik – und damit den Leser – wesentlich beeinflussen kann. Das Liniendiagramm in Abb. 4.6 zeigt den Verlauf einer bekannten Aktie[26] bis zum Jahr 2005, dem Jahr, in dem Herr Dr. Romberg und Herr Dr. Oestreich sich aufgrund finanzieller ~~Proble~~ Erwägungen zu einem Statistikbuch entschlossen haben. Hätten sie vor vielen, vielen Jahren direkt nach ihrem Abitur nur umgerechnet 5000 € angelegt, wäre es wohl zu diesem Werk niemals gekommen.[27]

4.4.3   Und zum Kaffee: Kreis- oder Tortendiagramm

Unser Merkmal hat ja nun schon viel erlebt, aber jetzt wird's richtig gut. Wir kommen nämlich zu Herrn Dr. Oestreichs Lieblingsthema: Kuchen und Torten[28]. Während der Amerikaner das in Abb. 4.7 gezeigte Diagramm sehr treffend „Pie chart" nennt, spricht der Deutsche als Experte eher langweilig, aber stets ordnungsgemäß vom Kreisdiagramm. Diese Darstellung

---

[26] Nennen wir sie mal ... mmhh ... „Macrohard", um keine Schleichwerbung zu riskieren, was bzgl. des Originals auch wahrlich nicht nötig wäre.

[27] Herr Dr. Romberg weist an dieser Stelle darauf hin, dass er mit diesem Buch einen wesentlich höheren Gewinn als 235000 € erwartet.

[28] Gemeint sind hier Konditoreiprodukte.

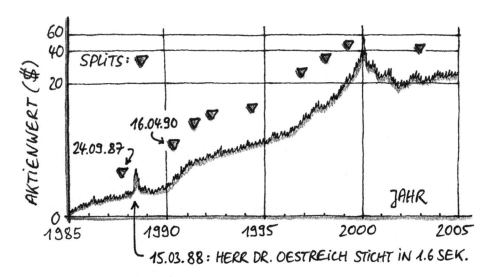

Abb. 4.6 Beispiel für ein Liniendiagramm

ist dabei einfach ein Kreis[29], unterteilt in Abschnitte oder „Tortenstücke", deren Größe die Prozentsätze von Ausprägungen des entsprechenden Merkmals repräsentieren. Der gesamte Kreis steht für „das Ganze" und sollte 100 % enthalten.

Die gute Nachricht für alle Merkmale da draußen in der harten, rauen Welt der Statistik ist, dass das Kreisdiagramm wirklich für Daten aller Skalenniveaus aufgebaut werden kann. Selbst nominalskalierte Merkmale, die man ja nicht mal ordnen kann, werden adäquat durch ein Kreisdiagramm vermittelt. Natürlich sollte man es nur mit wenigen Kategorien

Abb. 4.7 Beispiel für ein Kreisdiagramm

---

[29] Herr Dr. Oestreich denkt hier lieber an eine Schwarzwälder Kirsch- oder Harzer Käsetorte!

erstellen, da es sonst ziemlich verwirrend sein kann.[30] Deshalb findet man auch oft in Kreisdiagrammen die Kategorie „Sonstiges", in der Reste zusammengefasst sind. Skeptisch sollte man dann werden, wenn diese Kategorie größer ist als einige andere Kategorien. Das gezeigte Kreisdiagramm stellt die Ursachen für Wirbelsäulenverletzungen der letzten Jahre in anschaulicher Form dar. Es erklärt sich wohl fast von selbst.

Natürlich gibt es noch eine Vielzahl anderer graphischer Darstellungen, aber auf jede einzeln einzugehen, macht keinen Sinn. Für eine kleine PowerPoint-Show reicht es auf alle Fälle schon mal! Fakt ist, dass das Umsetzen von Tabellen in Graphiken eigentlich nur auf gesundem Menschenverstand beruht und keine Magie ist. Man sollte jedoch immer die gezeigten Daten und die Darstellung hinterfragen. Mit Maßstäben und Skalierungen wird leider viel zu oft vorsätzlich beeinflusst und Schindluder getrieben. Manchmal ist es aber auch sehr weise, einfach nur zunächst einen Draft zu erstellen und sich von jemandem Feedback zu holen.

Beschäftigen wir uns aber nun im nächsten Kapitel damit, wie man Daten mit statistischen Kennwerten beschreiben kann.[31]

---

[30] Der Winkel für jedes Kreissegment bestimmt sich dabei einfach durch Multiplikation der relativen Häufigkeit der entsprechenden Klasse mit 360 (ein Kreis hat bekanntlich 360^0). Es ist also $\alpha_j = h_j \cdot 360^0$ der Winkel des j-ten Kreissegments.

[31] Herr Dr. Romberg ist schon ganz aufgeregt, da wir jetzt endlich zu seinen geliebten Mittelwerten und Streuungen kommen.

Lage und Streuung

5

Na, wie ist die Lage? Geht's noch, oder streuen euch schon Tausende von Fragen und Graphiken durch den Kopf? Im vorhergehenden Kapitel haben wir ja gezeigt, wie man sich auf visuellem Wege schnell einen Überblick über die Daten verschafft. Wenn die Birne da schon glimmte, dann bringen wir sie jetzt zum Glühen. Es geht nämlich nun darum, bestimmte Eigenschaften von Daten eines Merkmals durch wenige Zahlen zu beschreiben. Solch *statistische Kennwerte,* die charakteristische Eigenschaften der Daten kennzeichnen, geben einen guten Einblick in die Datenstruktur. Für jeden Datensatz unterscheidet man zwei sehr wichtige Größen: die **Lage** und die **Streuung.** Die Lage gibt an, in welchem Bereich die Merkmale liegen und wo z. B. spezielle Werte wie der Mittelwert oder der Median liegen. Details kommen dann selbstverständlich später. Die Streuung macht im wahrsten Sinne des Wortes Aussagen über die Streuung der Daten, ob also z. B. die Ergebnisse breit gestreut sind. Nur um euch mal ein erstes Gefühl zu geben, worum es geht, könnt ihr hier die beiden fiktiven, sprich erfundenen Histogramme als Beispiel sehen:

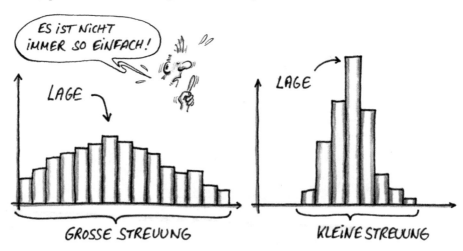

Scheint ja nicht so schwer zu sein, denkt ihr jetzt. Richtig! Man muss nur verstehen, wann die Berechnung welchen Wertes möglich ist und Sinn macht. Auch bei diesem Thema ist natürlich wieder das Skalenniveau wichtig, und wie ihr sehen werdet, ist die Auswahl an statistischen Kennwerten groß. Die Zusammenfassung von Daten in nur wenigen Kennwerten ist zwar schön, hat aber auch den Nachteil, dass sich aus diesen Kennwerten die ursprünglichen Daten und deren Verteilung in der Regel nicht mehr rekonstruieren lassen. Stellt euch einfach vor, dass ihr aus eurer Abinote auch nicht mehr ersehen könnt, welche Note ihr z. B. im Fach Englisch hattet.[1] Wenn also die ursprünglichen Daten nicht mehr aus den statistischen Kennwerten Lage und Streuung zurückgeholt werden können, ist es umso wichtiger, dass man möglichst genau und sorgfältig bei der Berechnung der charakteristischen Werte vorgeht. Dabei kommt es oft auf jeden einzelnen Datenkrümel an!

5.1   Wie ist die Lage?

Die **Lage** oder auch **zentrale Tendenz** gibt im Allgemeinen an, in welchem Bereich sich die Daten häufen.[2] Die Statistiker und speziell unsere Freunde „die Mathematiker" sprechen auch gern vom **Lagemaß.** Dabei handelt es sich nicht etwa, wie Herr Dr. Romberg zuerst dachte, um einen stammverwandten bayerischen Ausdruck für einen Liter Bier, der

---

[1] Herr Dr. Oestreich weist an dieser Stelle darauf hin, dass speziell dies ja nun auch wirklich niemanden zu interessieren hat!

[2] Der technisch Interessierte spricht hier auch von der Bestimmung des Schwerpunktes der Daten, während der parteipolitisch interessierte Soziologe auch gern von der Bestimmung des Zentrums redet. Herr Dr. Romberg hingegen bevorzugt hier den Begriff Mittelwert.

horizontal in einem Liegestuhl konsumiert wird. Das Lagemaß nimmt vielmehr „Maß von der Lage", sprich, die Lage wird gemessen. Dies kann man auf verschiedene Arten und Weisen machen, und als wichtigste Kennwerte (Lagemaße) unterscheidet man zwischen Modus, Median und Mittelwert. Das gehen wir jetzt mal der Reihe nach durch, und ihr werdet sehen, *Das kleine Latinum* ist dabei endlich auch mal nützlich.

5.1.1 Erst mal den Modus festlegen

Ha, reingelegt! Hier geht es nämlich gar nicht um die Durchführungsweise eines sportlichen Wettbewerbs, und auch nicht um eine modale, diatonische, heptatonische, hiatuslose Klangfolge im Halbtonraum. Der **Modus** oder auch **Modalwert** ist in der Statistik diejenige Merkmalsausprägung, die in der Urliste am häufigsten auftritt, also der Wert mit der größten Wahrscheinlichkeit. Es bietet sich natürlich an, das Ganze wieder mit unserem Dosenstecher-Beispiel aus dem vorherigen Kapitel zu erklären. Mit der bereits bekannten Urliste ist hier $x_{mod} = 3.7$ der Modus der Daten, da dieser Wert als Einziger zweimal und somit am häufigsten auftritt.

Tabelle: Zeiten Dosenstechen (in Sekunden)

4.5	2.2	2.9	3.1	3.9	4.1	4.3	4.6	5.1
5.3	6.1	6.8	1.6	2.5	3.6	3.7	4.2	2.8
7.4	5.7	4.7	3.7	3.3	2.0	1.9	3.2	5.5

Okay, das ist zugegebenermaßen ein relativ plumpes Beispiel, aber der Modus kann speziell bei nominalskalierten Merkmalen (wie z. B. bei den Merkmalen Augenfarbe oder Geschlecht) als einziges sinnvolles Lagemaß manchmal sehr hilfreich sein.[3] So ist z. B. für das Merkmal Blutgruppe mit seinen Merkmalsausprägungen 0+, A+, B+, 0−, A−, AB+, B− und AB+ der auf die gesamte Weltbevölkerung bezogene Modus $x_{mod} = 0+$, sprich, 0+ ist die am häufigsten vorkommende Blutgruppe auf der Erde.[4] Was ist noch wichtig zu wissen bzgl. des Modus? Sofern mehrere Werte die gleiche Häufigkeit haben, gibt es auch mehrere Modalwerte. Wurde bereits eine Klasseneinteilung vorgenommen, ist der Modus die (Modal-)Klasse mit der größten absoluten Klassenhäufigkeit. Es ist offensichtlich, dass die Aussagekraft des Modus sehr beschränkt ist. So werden beim Modus alle übrigen Merkmalsausprägungen weder der Höhe noch der Anzahl nach berücksichtigt. Aber manchmal ist er doch als erster Indikator sehr hilfreich.[5]

---

[3] Für diese Beispiele kann man sich ja auch keinen Mittelwert vorstellen!

[4] Herr Dr. Romberg weist an dieser Stelle darauf hin, dass dies auf anderen Planeten *unseres* Universums auch anders aussehen kann!

[5] Die Bestimmung des Modus steht immer dann auf dem Plan, wenn ihr z. B. auf eine Party geht! Hier geht es dann um den Modus fürs Geschlecht (z. B. männlich) oder um den Modus der im Weiteren verfügbaren Biersorte (z. B. Möwenbräu).

5.1.2   Median und Blödian

Sofern die Daten der Größe nach geordnet werden können, d. h., wenn die Daten zumindest das Skalenniveau ordinal haben, dann kann man den sogenannten **Median** bestimmen. Nimmt man z. B. 9 Bierflaschen unterschiedlicher Marken und stellt sie der Größe nach sortiert vor sich hin, so erlaubt der Median eine schnelle Aussage, welches Bier am besten die durchschnittliche Höhe der Bierflaschen repräsentiert. Der Median, manche sprechen auch von **Zentralwert** oder **Mittelpunkt** der Daten, ist der mittlere Wert und so schon ein wenig aussagekräftiger als der Modus. Im Falle des Dosenstecher-Beispiels ergibt die Sortierung der 27 Datenpunkte:

$$1.6 \quad 1.9 \quad 2.0 \quad \ldots \quad 3.9 \quad 4.1 \quad \ldots \quad 6.1 \quad 6.8 \quad 7.4$$
$$x_{(1)} \quad x_{(2)} \quad x_{(3)} \quad \ldots \quad x_{(14)} \quad x_{(15)} \quad \ldots \quad x_{(25)} \quad x_{(26)} \quad x_{(27)}$$

Dabei sollen die $x_{()}$ mit den Indizes in Klammern die sortierte Liste darstellen. So ist z. B. $x_{(3)} = 2.0$ der drittkleinste Wert der geordneten Liste. Nach solch einer Sortierung spricht der Experte dann auch gern von einer sogenannten **Rangliste.**

So, der im Weiteren mit x_{med} bezeichnete Median ist der Wert, der eine Reihe von (geordneten) Werten in zwei gleiche Teile zerlegt. Somit sind 50 % der Werte kleiner und 50 % größer als der Median. Je nachdem, mit wie vielen Werten wir es nun zu tun haben, muss hier bei der Bestimmung des exakten Wertes aufgepasst werden: Bei einer ungeraden Anzahl von Messwerten/Elementen ist der Median der Wert des mittleren Elements. Haben wir z. B. 3 geordnete Werte, so ist der zweite Wert der Median, haben wir 5 geordnete Werte, so ist es der dritte, haben wir 27 geordnete Werte, so ist es der 14te usw. Somit ergibt sich für unser Dosenstecher-Beispiel der Median zu $x_{med} = x_{(14)} = 3.9$.

Haben wir es aber mit einer geraden Anzahl von Werten zu tun, so liegt der Median genau in der Mitte zwischen den beiden mittleren Werten. Nehmen wir mal einfach an, wir haben noch einen Wert mehr in unserem Dosenstecher-Beispiel mit $x_{(28)} = 10$[6], so wären dann $x_{(14)} = 3.9$ und $x_{(15)} = 4.1$ die beiden mittleren Werte, und der Median wäre dann genau in der Mitte und ergibt sich zu $x_{med} = \frac{1}{2} \cdot (x_{(14)} + x_{(15)}) = \frac{1}{2} \cdot (3.9 + 4.1) = 4.0$.

Das kann man natürlich auch wieder ein bisschen allgemeingültiger ausdrücken. Es gilt:

$$x_{med} = \begin{cases} x_{\left(\frac{n+1}{2}\right)} & \text{, falls } n \text{ ungerade} \\ \frac{1}{2} \cdot (x_{\left(\frac{n}{2}\right)} + x_{\left(\frac{n}{2}+1\right)}) & \text{, falls } n \text{ gerade} \end{cases}.$$

Überzeugt euch bitte zur Übung selbst, dass diese allgemeine Formel auch das richtige Ergebnis für unser Dosenstecher-Beispiel liefert. Erinnert euch daran, dass die Klammern an den x genau die Position in der geordneten Liste verraten. Wir erklären das „Rezept zur Ermittlung des Medians" mal anschaulich in der folgenden Tabelle.

Tabelle: Vorgehensweise zur Ermittlung des Medians

Schritte	Gerade Anzahl Werte	Ungerade Anzahl Werte
1. Messung (z. B.)	3, 6, 1, 4, 5, 8, 7, 7	4, 5, 7, 4, 1, 2, 7, 3, 2
2. Ordnung	1, 3, 4, 5, 6, 7, 7, 8	1, 2, 2, 3, 4, 4, 5, 7, 7
3. Bestimmung n	$n = 8$ (gerade)	$n = 9$ (ungerade)
4. Position	$x_{med} = \frac{1}{2} \cdot (x_{\left(\frac{n}{2}\right)} + x_{\left(\frac{n}{2}+1\right)})$ $= \frac{1}{2} \cdot (x_{\left(\frac{8}{2}\right)} + x_{\left(\frac{8}{2}+1\right)})$ $= \frac{1}{2} \cdot (x_{(4)} + x_{(5)})$	$x_{med} = x_{\left(\frac{n+1}{2}\right)}$ $= x_{\left(\frac{9+1}{2}\right)}$ $= x_{(5)}$
5. Ablesen	1, 3, 4, $\boxed{5, 6}$, 7, 7, 8	1, 2, 2, 3, $\boxed{4}$, 4, 5, 7, 7
6. Einsetzen	$x_{med} = \frac{1}{2} \cdot (x_{(4)} + x_{(5)})$ $= \frac{1}{2} \cdot (5 + 6)$	$x_{med} = x_{(5)}$ $= 4$
7. Ergebnis	$x_{med} = 5.5$	$x_{med} = 4$

---

[6] Herr Dr. Oestreich merkt an, dass es sich bei dieser Zeit nur um einen seeehr unerfahrenen, untrainierten Dosenstecher handeln kann.

Der Median ist also wirklich sehr einfach zu bestimmen. Das Schöne ist dabei, dass der Median zumindest robust gegen Ausreißer in den Daten ist. Wir hätten nämlich auch unseren zusätzlichen Zahlenwert $x_{(28)}$ extrem groß machen können, und der Median hätte sich nicht geändert. Ein Ausreißer wie z. B. $x_{(28)} = 104.2$ ändert also nichts an der Berechnung[7] des Medians. Natürlich schöpft auch der Median die in den Daten enthaltenen Infos bei Weitem nicht voll aus, aber er hat manchmal seine Vorteile. So haben die Mediziner z. B. bei Überlebenszeitstudien den Vorteil, dass sie bereits den Median berechnen können, nachdem die Hälfte der Studienteilnehmer verstorben ist. Ist doch klasse, oder? Für einen „traditionellen" Mittelwert, den wir gleich noch genau kennen lernen werden, müssten unsere medizinischen Freunde warten, bis alle Teilnehmer tot sind. Und das könnte ja ziemlich lange dauern!

5.1.3   Latein für Anfänger: Quantile, Quartile, Dezile, Perzentile

Dies ist nun die Stelle, wo wir zur Freude der Mediziner mal einen kleinen Abstecher ins „Lateinische" machen. Errare humanum est. Einer der wenigen lateinischen Sätze, die ihr wohl fast alle kennt. Um euch aber die Vielfalt dieser „Sprache" noch etwas näherzubringen, kommen jetzt noch ein paar mehr Vokabeln auf dem Weg zum kleinen Latinum dazu.

Wie wir gesehen haben, ist der Median der 50/50-Wert. 50 % der Werte liegen links, und 50 % der Werte liegen rechts vom Median. Was ist nun aber, wenn man den 20/80- oder den 75/25-Wert finden möchte? Ihr vermutet bereits richtig, auch hierfür haben sich unsere Freunde „die Mathematiker" natürlich was ausgedacht. Man spricht hier in der Statistik von **Quantilen.** Das Quantil ist der Wert, der eine Verteilung in bestimmte Segmente aufteilt.

Lasst uns dazu ein paar Beispiele anschauen:

---

[7] Herr Dr. Oestreich ist hierüber wirklich entsetzt und vermutet, dass sich solch eine Zeit nur mit dem Umfüllen des Doseninhalts in eine Schnabeltasse erklären lässt!

- Das 0.10-Quantile $x_{Q0.10}$ ist der Wert, der die unteren 10 % der Daten von den oberen 90 % der Daten trennt.
- Das 0.25-Quantile $x_{Q0.25}$ markiert den Wert, der die unteren 25 % der Daten von den oberen 75 % der Daten trennt.
- Das 0.99-Quantile $x_{Q0.99}$ trennt die unteren 99 % der Daten von dem kleinen Rest.

Den Median, unseren 50/50-Wert, kann man also auch als das 0.5-Quantil $x_{Q0.5} = x_{med}$ bezeichnen. Na, das Prinzip schon verstanden? Ist nicht so schwer, oder?

Aber wir haben euch ja noch ein paar mehr Vokabeln versprochen. Dabei sind dies nur Spezialfälle unserer Quantile. So bezeichnet man mit einem **Quartil** (mit r wie Rhododendron oder Rhabarber) die Werte, die einen geordneten Datensatz in vier gleiche Teile teilen, so dass jeder Teil ein Viertel der Daten repräsentiert. $x_{Q0.25}$ ist das untere Quartil und $x_{Q0.75}$ das obere Quartil. Quartile (vom Lateinischen für „Viertelwerte") sind die in der Statistik am häufigsten verwendete Form der Quantile.

Durch **Quintile** (vom Lateinischen für „Fünftelwerte") wird die Verteilung in 5 gleiche Teile zerlegt. Unterhalb des ersten Quintils, d. h. des Quantils $x_{Q0.2}$, liegen 20 % der Daten, unterhalb des zweiten Quintils (Quantil $x_{Q0.4}$) 40 % der Daten usw.

Durch **Dezile** (vom Lateinischen für „Zehntelwerte") wird die Verteilung in 10 gleiche Teile zerlegt. Entsprechend liegen dann z. B. unterhalb des sechsten Dezils (Quantil $x_{Q0.6}$) 60 % der Daten.

Okay, wenn ihr jetzt denkt, dass das ja schon ziemlich abgefahren ist, und euch fragt, wann das endlich aufhört, dann müssen wir euch noch ein wenig vertrösten. Eine geht noch, eine geht noch rein![8] Manchmal wird euch vielleicht auch der Begriff der **Perzentile** (von Lateinischen für „Hundertstelwerte") über den Weg laufen. Durch Perzentile, manchmal auch **Prozentränge** genannt, wird die Verteilung mehr oder weniger in 100 gleich große Teile zerlegt. Perzentile teilen die Verteilung also in 1 %-Segmente auf. So ist dann z. B. das 97 %-Perzentil $x_{97\%}$ identisch mit dem 0.97-Quantil $x_{Q0.97}$, und unterhalb diese Punktes liegen 97 % der Daten. Wer jetzt aufgepasst hat, erkennt sofort, dass Perzentile identisch sind mit den entsprechenden Quantilen. Das Ganze ist nur eine Frage der Terminologie. Erinnert ihr euch? Die Multiplikation mit 100 ist für den Statistiker eine Standardprozedur, also kein Problem. Deshalb ist es letztlich egal, wie ihr es verwendet, nur den Unterschied und das Prinzip solltet ihr verstanden haben.

Okay, hier stoppen wir jetzt erst mal und machen eine Pause. Genug Latein gelernt. Geschafft! Schön aufs Ohr legen oder zurücklehnen, Augen zu und tief durchatmen. Nein, nein, nicht weiterlesen, noch mal durchatmen. 1, 2, 3, 4, ..., 22, 23, ..., 101, 102. Na geht doch. Jetzt Augen wieder auf und weiter geht's.

---

[8] Eine lateinische Vokabel in 'en Kopp (auch Birne, Rübe, Schädel, Dez)! Das Schwierige muss ins Runde!

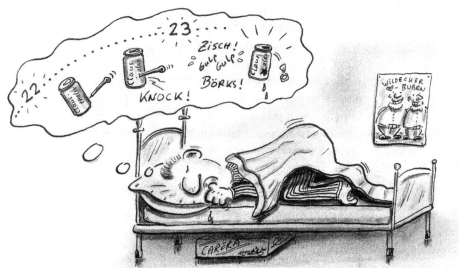

HERR DR. OESTREICH VERSUCHT EINZUSCHLAFEN...

5.1.3.1 Quantile – mit der Formel zum Erfolg

Bei all dem Latein habt ihr wahrscheinlich noch nicht bemerkt, dass wir ja noch gar keine Anstalten gemacht haben, Quantile zu bestimmen. Ihr wisst zwar, was es ist, aber noch nicht, wie man sie bekommt! Diese werden wie der Median durch Auszählen aus einer geordneten Liste bestimmt. Ist p ein Wert zwischen 0 und 1, also $0 \leq p \leq 1$, dann zerlegt ein p-Quantil x_{Qp} eine sortierte Liste so, dass mindestens $p \cdot 100\%$ der Werte kleiner oder gleich und mindestens $(1 - p) \cdot 100\%$ größer oder gleich x_{Qp} sind. Wenn euch der vorherige Satz zu kompliziert war, lest ihn ruhig noch mal durch und ersetzt p z. B. mit 0.25. Dann wird es wirklich klar!

Das x_{Qp}-Quantil ist für eine geordnete Liste $x_{(1)}, x_{(2)}, \ldots, x_{(n)}$ definiert als

$$x_{Qp} = \begin{cases} x_{(k)} & \text{, mit } k \text{ als der nächsten ganzen Zahl nach } n \cdot p \\ \frac{1}{2} \cdot (x_{(k)} + x_{(k+1)}), & \text{falls } k = n \cdot p \text{ eine ganze Zahl ist.} \end{cases}$$

Um es noch mal deutlich zu machen: Wenn $n \cdot p$ keine ganze[9] Zahl ist, ist k die auf $n \cdot p$ folgende ganze Zahl. Falls $n \cdot p$ eine ganze Zahl ist, so ist $k = n \cdot p$. Am besten, wir erklären das mal wieder an unserem beliebten Dosenstecher-Beispiel. Mit $p = 0.5$ sollte man mit dieser Formel natürlich den Median erhalten. Bei 27 gemessenen Zeiten ergibt

---

[9] Zur Erinnerung an die Schule: Eine ganze Zahl kann man auch durch ganze Äpfel ausdrücken, also 1, 2, 3, ..., 10, ..., k. Die Menge der ganzen Zahlen nennt man übrigens auch $\mathbb{N}$. Das ist Schulstoff der 5. Klasse (Bremen: 9. Klasse)!

sich $n \cdot p = 27 \cdot 0.5 = 13.5$. Dies ist keine ganze Zahl, und somit ergibt sich in diesem Fall gemäß der Formel $k = 14$ als nächste größere Zahl und $x_{Q0.5} = x_{(14)} = x_{med} = 3.9$ (siehe Urliste). Stimmt also, und das ist auch gut so! Berechnen wir das 0,25-Quantil (oder, wenn ihr so wollt, das 25%-Perzentil), so ist $n \cdot p = 27 \cdot 0.25 = 6.75$. Also ist mit unserer Formel $x_{Q0.25} = x_{(7)} = 2.9$. Jetzt können wir also jedes beliebige Quantil berechnen. Bei eurem Professor oder auch in der Fachliteratur ist euch eventuell schon mal eine leicht modifizierte Formel über den Weg gelaufen. Das kann schon sein und muss euch nicht beunruhigen. Das, was euer Professor sagt, ist natürlich Gesetz, wir haben uns hier für diese Variante entschieden. Speziell wenn es um eine große Datenmenge geht, liefern verschiedene Quantil-Formeln nur kleine Unterschiede.

5.1.3.2 Quantile – mit der Graphik zum Erfolg

Jetzt wollen wir aber noch den in vielen Fällen besten und anschaulichsten Weg zur Bestimmung von Quantilen und dem Rest der lateinischen Vokabeln erklären. Erinnern wir uns noch mal an die relative Summenhäufigkeit, auch genannt empirische Verteilungsfunktion, vom vorhergehenden Kapitel. Sie hat ja Werte zwischen 0 und 1 und summiert die Anzahl der Daten relativ zur Gesamtanzahl auf. Nehmen wir mal eine beliebige fiktive (ausgedachte, frei erfundene, aus der Luft gegriffene, aus den Fingern gesaugte, vom Himmel gefallene,[10] ...) Verteilungsfunktion her, wie in unserer Graphik unten zusammen mit dem zugehörigen Histogramm gezeigt. Wer an dieser Stelle nicht weiß, welches der Graph der Verteilungsfunktion und welches das Histogramm ist, dem empfehlen wir – gemeinsam mit Herrn Dr. Romberg –, doch noch einmal zurückzublättern. Für alle anderen kann es dann wohl weitergehen! - Wenn ihr auf der x-Achse an einem beliebigen Wert senkrecht nach oben geht, so gibt der Wert der Funktion an dieser Stelle genau den Anteil der Merkmalsträger an, die den vorher gewählten Wert x nicht überschreiten. Diesen Wert könnt ihr auf der y-Achse entsprechend ablesen. Umgekehrt kann man aber auch auf der y-Achse starten und z. B. den Wert 0.25 wählen, um herauszufinden, bis zu welchem Wert 25 % der Merkmalsträger vorliegen, sprich, wo das 0.25-Quantil $x_{Q0.25}$ liegt. Das Ganze ist in unserer Beispielgraphik anschaulich erklärt. Das heißt nun, dass im Grunde allgemein ein p-Quantil auch als der Punkt bezeichnet werden kann, für den mit einer Verteilungsfunktion

---

[10] ... von Herrn Dr. Oestreich kreierte.

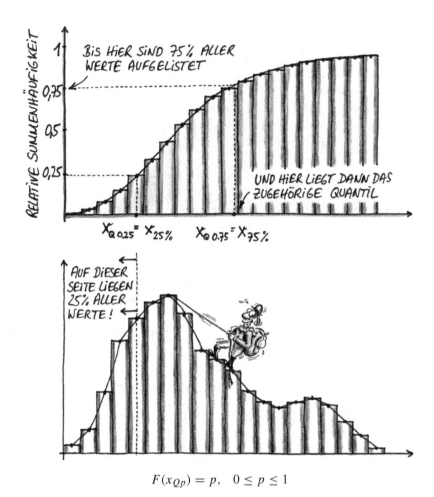

$$F(x_{Qp}) = p, \quad 0 \le p \le 1$$

ist. Lasst uns das gleich mal überprüfen! Für das 0.25-Quantil $x_{Q0.25}$ gilt $F(x_{Q0.25}) = 0.25$, oder für das 0.75-Quantil $x_{Q0.75}$ gilt $F(x_{Q0.75}) = 0.75$. Verstanden? Man kann also einfach, wenn der Graph für F vorliegt, durch Ablesen der Abszisse und Ordinate[11] das Quantil bestimmen. Das ist natürlich enorm hilfreich und wird in der Statistik sehr oft verwendet. Hat man aber die Funktion F noch nicht, dann sind unsere Formeln und Erklärungen natürlich „the way to go"!

Es gibt noch eine ganze Reihe anderer Regeln, Details müssen aber nur Spezialisten kennen. Wir verweisen hier elegant auf die Literatur.

---

[11] Wer sich immer wieder fragen muss, welche von beiden Achsen verdammt noch mal die Abszisse und welche die Ordinate ist, der merke sich ein für alle Mal, dass die Ordinate nach o (wie oben) geht und die Abszisse in die a (wie andere) Richtung.

5.1.4 Minimus Maximus

Zwei Werte, die ganz spezielle Lagen mindestens ordinalskalierter Daten definieren, sind das Minimum und Maximum. Das **Minimum** x_{min} ist der kleinste Wert unseres Datensatzes, während das **Maximum** x_{max}, ihr ahnt es schon, der größte Wert ist. Beide Werte sind fast immer von Interesse bei der Untersuchung einer Menge von Daten, da sie die Daten an den Rändern begrenzen. Außerdem sind sie auch sehr gut für eine grobe Plausibilitätsprüfung der Daten geeignet, um offensichtliche Messfehler oder Tippfehler bzgl. verschobener Nachkommastellen zu erkennen.[12]

5.1.5 Ab durch die Mitte – Mittelwert

Herr M. Itte kommt aus dem Mittelstand. Er fährt mittwochs wie jeden Werktag mit seinem Mittelklassewagen zur Arbeit. Autobahn, ... mittlere Spur. Rechts die großen (Lastwagen), links die kleinen (Raser). Er ist mittleren Alters, sieht mittelmäßig aus und ist zufrieden.[13] Postbeamter in der mittleren Laufbahn, mit mittlerer Reife. So lebt Herr M. Itte halt mittendrin! Er liebt Statistik, speziell alles, was mit der „Mitte" zu tun hat. Er weiß, dass der Median die Mitte markiert. Aber er beschäftigt sich auch gern mit sogenannten Mittelwerten. Dann geht es ihm richtig super!

---

[12] Herr Dr. Oestreich möchte an dieser Stelle noch mal darauf hinweisen, das $x_{min} = 1.6$ aus der Dosenstecher-Urliste definitiv(!) kein Messfehler ist.

[13] ... und froh, dass er nicht Thomas mit Vornamen heißt.

5.1.5.1 Arithmetischer Mittelwert

Der arithmetische Mittelwert wird auch oft als Durchschnitt bezeichnet und ist wohl der bekannteste und gebräuchlichste Mittelwert.

> *Zwei Männer, ein Antialkoholiker und ein Vegetarier, sitzen im Wirtshaus: Der eine verdrückt zwei ganze Kalbshaxen, der andere trinkt zwei Maß Bier. Statistisch gesehen ist das für jeden ein Maß Bier und eine Haxe, aber der Antialkoholiker hat zu viel gegessen, und der Vegetarier ist betrunken.*[14]

Man berechnet diesen Mittelwert, indem man die Summe der Merkmalswerte aller Daten bestimmt und durch die Gesamtanzahl teilt. So ergibt sich beispielsweise die durchschnittliche Wassertiefe des 50-m-Beckens in Herrn Dr. Rombergs Muckibude durch Aufaddieren von 50 Wassertiefen im Abstand von einem Meter entlang des Beckens zu 1.5 m.[15] In vielen Fällen reicht dieses gewöhnliche arithmetische Mittel völlig aus. Einfach Addition der Werte, Teilen durch die Gesamtzahl der Werte, und schon haben wir den arithmetischen Mittelwert. Das geht aber natürlich nicht für nominale oder ordinale Merkmale, da ja für diese die Addition nicht möglich ist.[16] Formal sieht der arithmetische Mittelwert nun folgendermaßen aus:

$$\bar{x} = \frac{1}{n} \cdot \sum_{i=1}^{n} x_i = \frac{x_1 + x_2 + \ldots + x_n}{n}. \tag{5.1}$$

Wir bezeichnen diesen Mittelwert dabei mit $\bar{x}$ (wird gesprochen: x quer). Die Werte $x_1, x_2, \ldots, x_n$ sind hier wieder die Werte aus unserer Urliste. Für unsere 27 Zeiten vom Dosenstechen ergibt sich durch Addition der Mittelwert zu

$$\bar{x} = \frac{1}{n} \cdot \sum_{i=1}^{n} x_i = \frac{4.5 + 2.2 + \ldots + 5.5}{27} = \frac{108.7}{27} = 4.03.$$

Wie ihr seht, geht in die Berechnung des Mittelwertes jede Merkmalsausprägung selbst ein, und somit wird hier die vorliegende Information komplett ausgenutzt. Ein Nachteil ist allerdings, dass genau dies den Mittelwert auch so anfällig auf Extremwerte bzw. Ausreißer macht. Wenn z. B. ein Wert zum Rest extrem unterschiedlich ist, dann hat das einen wesentlichen Einfluss. Beispiel gefällig? Herr Dr. Oestreich und Herr Dr. Romberg fahren mit 8 anderen Personen im Bus nach Wuppertal, um dort mit dem Papst eine Herrenboutique zu eröffnen. Jeder Passagier hat ein Jahresgehalt von 75000 €; somit ist das durchschnittliche Gehalt, sprich der Mittelwert, 75000 €. In Höxelövede steigt nun eine Person aus, und Theo

---

[14] Herr Dr. Romberg wirft ein, dass er nur eine „männliche" Person kennt, die nach zwei Maß Bier schon betrunken ist: Herr Dr. Oestreich!

[15] Herr Dr. Romberg wundert sich gerade, warum er dann nicht überall stehen kann. Lassen wir ihn mal ein wenig darüber nachdenken! (Der Hinweis, seine Körpergröße sei unter 1.50 m, ist falsch!)

[16] Versucht doch mal, die Summe aus „hübsch" und „hässlich" zu bilden!

Albrecht (einer vom Aldi[17]-Klan) steigt ein. Das durchschnittliche Gehalt aller Passagiere ist nun plötzlich weit über mehrere Millionen. Können sich Herr Dr. Oestreich und Herr Dr. Romberg nun freuen? Nein, natürlich nicht! Der „extreme Ausreißer", der Herr Albrecht, hat zwar den Mittelwert durch sein Einsteigen angehoben, aber das macht unsere Herren Doktoren noch lange nicht zu Millionären. Das Beispiel macht aber deutlich, wie empfindlich der Mittelwert gegenüber Ausreißern ist, d. h. Werten, die weit vom Zentrum der Daten weg liegen. Erinnert euch bitte, das war beim Median nicht so, und der hätte sich hier immer noch zu wesentlich realistischeren 75000 € ergeben.[18]

Eine anschauliche und plausible Art, den arithmetischen Mittelwert zu erklären, kommt als Analogie von den Ingenieuren, speziell aus der Mechanik. Der arithmetische Mittelwert balanciert nämlich quasi die Merkmalswerte aus, und deshalb kann man sich das Ganze auch als eine Waage vorstellen. Nehmen wir als Beispiel an, dass Herr Dr. Oestreich Dosenbier auf einem Tablett servieren will. Bei der Verteilung der Biere auf dem Tablett an den Stellen 3, 3, 11 und 15 bleibt alles in der Waagerechten genau beim Mittelwert $\bar{x} = 8$. Man spricht deshalb auch oft im wahrsten Sinne des Wortes vom Schwerpunkt der ~~Dosen~~ Daten.

5.1.5.2 Gewichteter Mittelwert

Ein **gewichteter Mittelwert** erlaubt, mehr Gewicht (oder „Wichtigkeit") auf bestimmte Werte und weniger Gewicht auf andere zu legen. So bewirkt man, dass relevantere Faktoren einen größeren Einfluss auf das Ergebnis haben. Irgendwie ist euch dieser Mittelwert sicherlich auch schon mal über den Weg gelaufen. So setzt sich beispielsweise die Abinote aus den Ergebnissen verschiedener Prüfungsblöcke zusammen, die dann auch zusätzlich noch unterschiedlich gewichtet werden. Natürlich gibt es da je nach Schulordnung und Bundesland Unterschiede[19], und so gehen wir mal der Einfachheit halber davon aus, dass die Abinote sich aus einer Kombination aus Grundkursen, Leistungskursen und der Abiturprüfung zusammensetzt. Wird nun jeder Prüfungsblock gemäß der untenstehenden Tabelle gewichtet, so berechnet sich die Abinote, indem man einfach die Formel für den gewichteten Mittelwert verwendet. Im Gegensatz zum arithmetischen Mittelwert, bei dem ja durch die Anzahl aller Datenpunkte geteilt wird, wird hier durch die Summe aller Gewichte geteilt. Es gilt ganz allgemein

---

[17] Aldi ist übrigens das einzige Wort in der deutschen Sprache, wo die Präposition „bein" angewendet wird. Es heißt: „Ich, du, er, sie, es, wir, ihr, Sie war(en) gestern bein Aldi."

[18] Herr Dr. Oestreich möchte anmerken, dass ein anderes Beispiel die Geschichte von der Rentnerin, der Nonne und der Hochschwangeren in einem Zugabteil ist. Im Mittel sind hier alle drei im dritten Monat schwanger!

[19] Herr Dr. Romberg kennt sich besonders gut im Bremer „Schulsystem" aus.

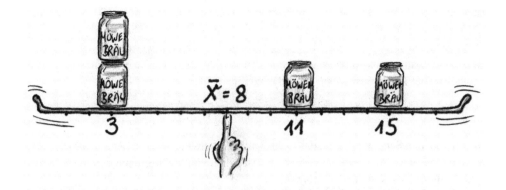

Tabelle: Wichtung beim Abi!

Prüfungsblock	Bewertung	Wichtung
Grundkurse	7	1
Leistungskurse	7	3
Abiturprüfung	13	4

$$\overline{x}_W = \frac{\sum_{i=1}^n w_i \cdot x_i}{\sum_{i=1}^n w_i} = \frac{w_1 \cdot x_1 + w_2 \cdot x_2 + \ldots + w_n \cdot x_n}{w_1 + w_2 + \ldots + w_n}, \tag{5.2}$$

wobei die w_i die Gewichte der einzelnen Datenpunkte x_i sind und $\sum_{i=1}^n w_i$ die Summe der einzelnen Gewichte ist. Für die Berechnung der Abinote aus unserem Beispiel ergibt sich so

$$\overline{x}_W = \frac{(1 \cdot 7) + (3 \cdot 7) + (4 \cdot 13)}{1 + 3 + 4} = 10.$$

Mit dem arithmetischen Mittel hätte sich hier ein geringerer Wert von $\overline{x} = 9$ ergeben. In diesem Fall war es also gut, dass die Abiturprüfung mehr Gewicht und damit mehr Einfluss hat, und man so das Endresultat noch positiv beeinflussen konnte.

Übrigens ist im Falle, dass beim gewichteten Mittel alle Gewichte identisch sind (z. B. $w_i = 1$ für alle i), dieser Mittelwert identisch mit dem arithmetischen Mittel. So gesehen ist also der arithmetische Mittelwert ein Spezialfall des gewichteten Mittelwertes. Das soll dann aber erst mal reichen zum gewichteten Mittelwert, da wir uns später damit noch mehr beschäftigen werden. Das Konzept sollte aber jetzt schon klar sein.

5.1.5.3 Geometrischer Mittelwert

Ein etwas spezieller Fall von Mittelwert, der aber auch wichtig ist, wenn man es zu etwas bringen will[20], ist das **geometrische Mittel.** Hierzu müssen mindestens verhältnisskalierte

---

[20] So wie Herr Dr. Oestreich.

Daten vorliegen, und so können durchschnittliche Wachstumsraten wie Bevölkerungswachstum, Verzinsung von Kapital oder auch Wachstum von Unternehmen berechnet werden. Im Unterschied zum arithmetischen Mittelwert werden die Merkmalswerte nicht aufsummiert, sondern miteinander multipliziert, und dann wird aus dem Ergebnis die n-te Wurzel gezogen (n = Anzahl der Merkmalsträger). Es gilt ganz allgemein:

$$\overline{x}_G = \sqrt[n]{x_1 \cdot x_2 \cdots x_n} = \sqrt[n]{\Pi_{i=1}^n x_i}.$$

Jetzt bloß keinen Schock kriegen, das neue Symbol ist ein Produktzeichen (gesprochen Pi) und funktioniert wie das Summenzeichen, nur dass hier halt die Werte mit dem Index $i = 1$ bis n multipliziert anstatt addiert werden.

Fangen wir mal wieder mit einem einfachen Beispiel an. Bei Frequenzberechnungen in der Tontechnik berechnet sich die sogenannte Mittenfrequenz mit dem geometrischen Mittel. Im Hi-Fi-Hörbereich zwischen $f_1 = 20$ Hz und $f_2 = 20$ kHz ergibt sich die Mittenfrequenz zu

$$\overline{x}_G = \sqrt[2]{f_1 \cdot f_2} = \sqrt[2]{20 \cdot 20000} = \sqrt[2]{400000} = 632.5 \text{ Hz}.$$

Warum wendet man hier das geometrische und nicht das arithmetische Mittel an? Eine gute Frage, die wir schnell beantworten werden. Im vorliegenden Beispiel sind nämlich durch die Bestimmung des geometrischen Mittelwertes die Verhältnisse der Grenzfrequenzen zur Mittenfrequenz (dem geometrischen Mittel) gleich, d. h. $\frac{f_1}{\overline{x}_G} = \frac{\overline{x}_G}{f_2}$.

Ganz allgemein hat das geometrische Mittel eine Bedeutung für den Fall, dass sich der Unterschied zweier Merkmalswerte sinnvoller durch Quotienten als durch Differenzen beschreiben lässt. Voraussetzung zur Verwendung dieses Mittelwertes ist dabei, dass nur positive Merkmalswerte vorliegen, da es sonst mit der Berechnung der Wurzel „imaginäre" Probleme gibt.

Na, ihr seid noch nicht überzeugt, dass man das geometrische Mittel wirklich braucht? Okay, nun ein Beispiel aus dem wirklichen Leben, bei dem man wirklich besser das geometrische Mittel verwenden sollte. Es geht um durchschnittliche Zuwachsraten (auch Zinsen, Renditen, ...), also um Kohle. Nehmen wir an, Herr Dr. Romberg hat 1000 € in Aktien der Brauerei „Möwenbräu" investiert (Abb. 5.1). In zwei aufeinanderfolgenden Jahren verzeichnet er Zuwachsraten von 16 % und 30 %. Im dritten Jahr wird „Möwenbräu" von der mexikanischen Brauerei „Sierra!" aufgekauft und ein Verlust von 40 % muss verkraftet werden. Die relativen Änderungen oder, wenn ihr so wollt, Wachstumsfaktoren, der einzelnen Jahre betragen dann $x_1 = 1.16(+16\%)$, $x_2 = 1.30(+30\%)$ und $x_3 = 0.60(-40\%)$, und daraus ergibt sich eine mittlere Zuwachsrate von

$$\overline{x}_G = \sqrt[3]{1.16 \cdot 1.3 \cdot 0.6} = \sqrt[3]{0.905} = 0.967.$$

Das heißt, durchschnittlich hat Herr Dr. Romberg pro Jahr $100\% - 96.7\% = 3.28\%$ seines investierten Geldes verloren. Ihr könnt es ja mal nachrechnen, aber mit dem arithmeti-

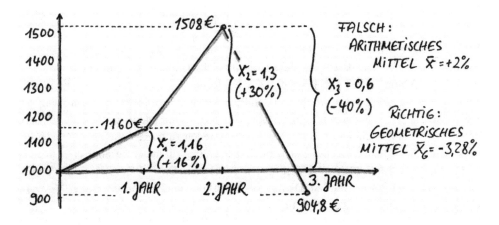

Abb. 5.1 Verlauf der Möwenbräu-Investition

schen Mittel hätte er fälschlicherweise noch gedacht, dass er zumindest im Durchschnitt 2 %
plus erwirtschaftet hat. Das ist nun die Stelle, wo ihr besser gleich mal nachschaut, ob die
Gewinne eurer Aktien wirklich Gewinne waren! Allgemein könnt ihr euch merken: Werden
relative Änderungen einer Größe durch Faktoren (z. B. Wachstums- oder Aufzinsungsfakto-
ren) und damit in Prozenten beschrieben, so muss der durchschnittliche Faktor und damit die
durchschnittliche Prozentzahl mit dem geometrischen anstelle dem arithmetischen Mittels
berechnet werden!

5.1.5.4 Harmonischer Mittelwert

So, um die Sache mit den Mittelwerten abzurunden, wollen wir euch noch einen anderen
wichtigen Wert vorstellen, den harmonischen Mittelwert. Auch dieser wird hin und wieder
in so mancher Klausur „gesichtet". Wenn man z. B. vom Ort A zu dem 100 km entfernten
Ort B mit der Geschwindigkeit $v_1 = 100$ km/h fährt, so benötigt man für die Strecke genau
1 Stunde. Fährt man nun bei der Rückfahrt von B nach A nur noch mit der Geschwindigkeit
$v_2 = 50$ km/h, so braucht man hierzu 2 h. Insgesamt wurden also 200 km in 3 h zurückgelegt;
somit ist die durchschnittliche Geschwindigkeit 66.67 km/h, und das entspricht genau dem
harmonischen Mittelwert $v_H = \frac{2}{\frac{1}{v_1} + \frac{1}{v_2}} = \frac{200}{3}$ zwischen v_1 und v_2. Der arithmetische Mittelwert der beiden Geschwindigkeiten $\frac{100+50}{2}$ hätte hier fälschlicherweise 75 km/h ergeben.

Der **harmonische Mittelwert** ist immer dann als Durchschnitt zu verwenden, wenn bei
einem verhältnisskalierten Merkmal (im vorliegenden Fall ja die Kilometer pro Stunde)
die Zählergröße (das, was über dem Bruch steht, hier die Kilometer) konstant und die
Nennergröße (das, was unter dem Bruch steht, bei der Geschwindigkeit dementsprechend
die Zeit in Stunden) variabel ist. Ganz allgemein berechnet sich der harmonische Mittelwert
für n Werte aus

$$\overline{x}_H = \frac{n}{\sum_{i=1}^{n} \frac{1}{x_i}} = \frac{n}{\frac{1}{x_1} + \frac{1}{x_2} \cdots + \frac{1}{x_n}}. \tag{5.3}$$

Ganz schön viele Brüche, nicht wahr? Um alles noch deutlicher zu machen, schauen wir uns das noch mal an einem anderen Beispiel an, das ihr sicherlich auch in eurem Freundeskreis bei Zeiten mal zum Besten geben könnt. Herr Dr. Romberg ist einer von denjenigen, die immer an der Tanke für genau (exakt, auf den Punkt genau, nicht mehr und nicht weniger) 20 € tanken[21]. Das hat er sich in seiner Studienzeit angewöhnt und ist noch heute so. Leider zwingt ihn dies auch des Öfteren dazu, an Tankstellen zu tanken, die nicht gerade die attraktivsten Preise haben. Bei seinen letzten drei 20 € Tankfüllungen bezahlte er 2 €/Liter, 3 €/Liter und 2 €/Liter. Man fragt sich nun, wie viel Herr Dr. Romberg eigentlich so im Durchschnitt pro Liter bezahlt hat. Da die Ausgaben im Nenner konstant sind (20 € werden pro Tankfüllung[22] ausgegeben) und die getankten Liter im Zähler variieren, ist das harmonische Mittel zu verwenden, und es ergibt sich der durchschnittliche Literpreis zu

$$\overline{x}_H = \frac{3}{\frac{1}{2} + \frac{1}{3} + \frac{1}{2}} = \frac{3}{\frac{3+2+3}{6}} = \frac{18}{8} = 2.25 \text{ €/Liter.}$$

Auch hier hätte das arithmetische Mittel wieder zum falschen Ergebnis geführt[23,24]. Abschließend ist anzumerken, dass das harmonische Mittel also zur Anwendung kommen kann bei Verhältniszahlen (Brüchen) wie den schon erwähnten Weg/Zeit (= Geschwindigkeit) und Ausgaben/Preis (= Menge), aber auch bei Kapital/Arbeit (= Kapitalintensität), Produktion/Arbeitseinsatz (= Arbeitsproduktivität), Umsatz/Zeit und Stückzahl/Zeit. Und entsprechende Fragestellungen kommen hin und wieder schon mal vor.

5.1.6 Na, wo liegen sie denn? – Vergleich zur Lage

Wie ist die Lage? Könnt ihr das jetzt beantworten? Kommt darauf an, worum es geht, das ist klar. Seid ihr z. B. schwanger, so könnte die Antwort „Mit dem Kopf nach unten!" lauten. Oder wenn ihr aus einem kleinen Ort in Nordrhein-Westfalen kommt, könntet ihr darüber philosophieren, wie die Lage in Lage ist! Wenn es um Statistik geht, solltet ihr jetzt aber gut vorbereitet sein und die Antwort parat haben. Wir wollen das mit den unterschiedlichen

---

[21] Herr Dr. Oestreich möchte hervorheben, dass dies bei seinem Wagen im Amiland leider nicht funktioniert, da hier der 12-Gallonen-Tank bereits bei umgerechnet 19.38 € überläuft!

[22] Es sei darauf hingewiesen, dass es sich hier eigentlich nicht um eine Tankfüllung handelt, sondern nur um eine Tankbefeuchtung, da Herr Dr. Romberg in Deutschland mit 20 € wohl kaum den Tank füllt.

[23] Herr Dr. Oestreich fragt sich gerade, ob er schon erwähnt hat, dass bei seinem Wagen der 12 Gallonen Tank bereits bei umgerechnet 19.38 € überläuft?

[24] Herr Dr. Romberg möchte noch anmerken, dass er seinen Tank nur zweimal im Jahr „befeuchtet", weil er aufgrund der übersichtlichen Entfernungen in der alten Welt fast alles mit dem Fahrrad erledigt!

Lagemaßen wie Median, Modus, Quantilen und Mittelwerten aber doch noch mal kurz zusammenfassen, da es wichtig ist!

Der Modus ist der häufigste Wert, der Median der mittlere Wert und das arithmetische Mittel der klassische Durchschnitt. Der gewichtete Mittelwert betont die „Wichtigkeit" bestimmter Daten, das geometrische Mittel ist für Daten, die relative Änderungen (wie Prozente) darstellen, und das harmonische Mittel dient u. a. für Verhältnisse mit konstantem Zähler. Bei all diesen Werten geht es um eine *Reduktion* der ursprünglichen Daten. Natürlich können dabei nicht all diese Werte berechnet werden, sofern die Daten dies nicht hergeben. Deshalb ist es wichtig, sich immer bewusst zu sein, mit welchem Skalenniveau man es bei seinen Daten zu tun hat. Außerdem ist es wichtig, ein Gefühl dafür zu entwickeln, welches Lagemaß gerade sachlich korrekt ist (erinnert euch z. B. an die Sache mit der Tanke) und inwieweit Ausreißer in der Berechnung eine Rolle spielen (wie bei der Busfahrt mit dem Herrn Albrecht). Die in Abb. 5.2 gezeigte Darstellung fasst noch mal anschaulich die unterschiedlichen Lagemaße und deren Zusammenhang mit dem Skalenniveau zusammen. Natürlich spielt im Alltag der arithmetische Mittelwert eine wichtige Rolle. Ein Grund dafür ist, dass man ihn allein mit der Summe der Datenwerte und ihrer Anzahl berechnen kann, ohne auch nur einen einzigen Wert aus der Verteilung zu kennen! Aber auch der geometrische und der harmonische Mittelwert sind nicht ganz unwichtig und werden oft vergessen. Interessant ist dabei noch, dass zwischen arithmetischem $\overline{x}$, geometrischem $\overline{x}_G$ und dem harmonischen Mittel $\overline{x}_H$ die Beziehung $\overline{x}_H \leq \overline{x}_G \leq \overline{x}$ gilt, d. h., das arithmetische Mittel ist immer der größte der drei Mittelwerte. Ihr könnt das ja noch mal an den Beispielen der letzten Seiten nachprüfen. Manchmal ist diese Abschätzung ganz nützlich.

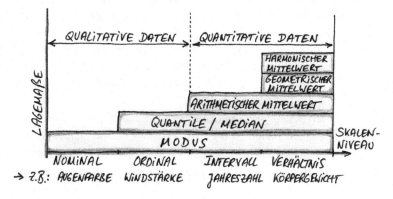

So, wenn ihr jetzt in Zukunft mal eine Referenz zu einem Mittelwert oder einem der anderen Lagemaße irgendwo findet, fragt euch stets, ob dies so auch Sinn macht. Wenn ihr nämlich wisst, was wann verwendet werden sollte, dann seid ihr ganz weit vorn. Ähnlich wie die Leute, die die Existenz Schwarzer Löcher mathematisch vorhergesagt haben, lange bevor sie astronomisch nachgewiesen wurden.

IN DER NÄHE DES SCHWARZEN LOCHES H-28-ß17
GESCHIEHT DAS UNFASSBARE : DER MENSCH VER-
SCHWINDET IN SEINEM EIGENEN HINTERN...

Abb. 5.2 Zusammenhang möglicher Lagemaße zum Skalenniveau

5.1.6.1 Graphisch zusammengefasst: Box-Whisker-Plot

Für die Sache mit den Quantilen gibt es auch noch ein sehr nützliches Instrument der
beschreibenden Statistik, den sogenannten **Box-Whisker-Plot.** Dieser Graph, in Kurzform
auch **Boxplot** genannt, macht durch die Darstellung mehrerer Charakteristika das Datenmaterial überschaubarer und aussagekräftiger. Dabei ist der Boxplot, wenn man sich erst
einmal damit vertraut gemacht hat, oftmals übersichtlicher als die Häufigkeitsverteilung.
Zunächst wird ein Teil des Datensatzes durch eine rechteckige Box repräsentiert, die durch
das untere 0.25-Quantil $x_{Q0.25}$ und das obere 0.75-Quantil $x_{Q0.75}$ begrenzt wird und so
50 % aller Werte beinhaltet. Innerhalb der Box wird nun der Median = x_{med} = $x_{Q0.50}$
gekennzeichnet und in einigen Fällen, wenn man es mag, auch der arithmetische Mittelwert
(der muss aber nicht zwingend innerhalb der Box liegen). Die sogenannten Whiskers (vom
Englischen für „Schnurrhaare"[25]) markieren nun als Linien z. B. das 0.1-Quantil (10 %) und
das 0.9-Quantil (90 %).[26] Alle anderen Werte außerhalb dieser Grenzen werden individuell
mit einem Kreuz markiert. Dies ist für unser Dosenstecher-Beispiel in Abb. 5.3 dargestellt.

---

[25] Das kann man sich gut merken, wenn man weiß, dass Herr Dr. Romberg nach dem fünften Whiskey
anfängt zu schnurren.

[26] In der Literatur findet ihr verschiedenste Vorgehensweisen zur Erstellung eines Boxplots. So müssen die Grenzen nicht unbedingt bei 10 % und 90 % liegen. Am einfachsten wird der Boxplot natürlich,
wenn man als Grenzen das Minimum und Maximum verwendet.

Zur Verdeutlichung der Zusammenhänge seht ihr in der unteren Hälfte der Abbildung die
entsprechende Verteilung, die ihr bereits aus Kap. 4 kennt.

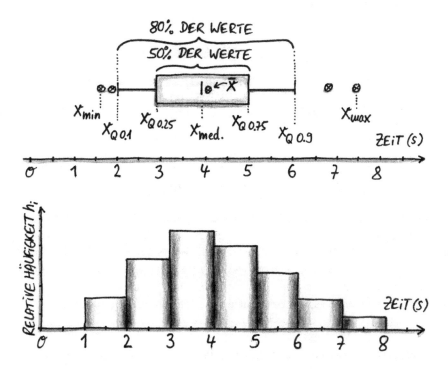

Abb. 5.3 Der Boxplot zum Dosenstechen

Der Boxplot zeigt also wichtige Lage- und Streuungsparameter einer Verteilung an. Das
ist besonders interessant, wenn man verschiedene Verteilungen vergleichen will. Wir haben
solch einen Vergleich hier für ein eher „langweiliges" Beispiel zur Körpergröße zwischen
Frauen und Männern dargestellt. Wie ihr seht, bekommt man aus dem Vergleich der beiden
Boxplots sofort ein gutes Bild über die Lage der Mediane, der Mittelwerte, die Verteilung
der zentralen 50 % der Daten und der Quantile. Auf die Details verzichten wir hier, aber der
Grundgedanke und der Vorteil sollten doch schon klar sein. Man erhält wirklich sehr schnell
einen ersten visuellen Eindruck.

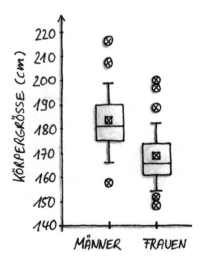

Wesentlich interessanter wäre es natürlich, wenn man als Beispiel die Dosenstech-Zeiten der kleinen Gruppe Clausthal-Zellerfelder Studenten mit den Dosenstech-Zeiten einer Gruppe von Studentinnen für Sozialpädagogik der Uni Höxelövede vergleichen könnte. Leider lagen den Autoren aber dazu keinerlei Daten vor, wie übrigens auch von keiner anderen Universität, und deshalb wird solch ein Vergleich hier nicht gezeigt. Aber dies ist sicherlich etwas für spätere Auflagen, sofern entsprechende Daten von euch bereitgestellt werden![27]

5.2 Nun noch eine Prise Streuungen

Habt ihr euch schon mal gefragt, warum ein klassischer Salzstreuer mehr Öffnungen hat als ein klassischer Pfefferstreuer? Wir nämlich auch! Wenn ihr Details wisst, lasst es uns bitte wissen. Klar ist nur, dass das Salz aus dem Salzstreuer viel besser und breiter streut als der Pfeffer aus dem Pfefferstreuer. Mehr Öffnungen stehen hier für eine größere Streuung[28]. Ähnlich ist es in der Statistik, nur dass wir – statt über die Anzahl der Öffnungen – versuchen, das Thema Streuungen mit einem statistischen Kennwert wie bei den Mittelwerten zu beschreiben. In der Statistikerpraxis ist es unerlässlich, auch die Streuung der Daten zu berücksichtigen. So haben beispielsweise die Beischlaffrequenzen 28, 30 und 32 eines Doktors über die letzten drei Monate denselben arithmetischen Mittelwert $\overline{x} = 30$ wie die Beischlaffrequenzen 1, 1 und 88 eines anderen Doktors, aber die Streuung der Daten und

---

[27] Bitte beim Sammeln der Daten beachten, dass die Autoren eine ordentliche Datenerfassung (mit vielen „aussagekräftigen" Bildern) erwarten!

[28] Herr Dr. Oestreich merkt an, dass man die größte Streuung erzielen kann, indem man den Deckel losschraubt und dann den Salzstreuer zurück auf den Tisch stellt! Sofern dann jemand das Salz benutzt, kann man anschließend auch noch schlau darauf hinweisen, dass der Salzberg auf dem Teller nun annähernd normalverteilt ist!

somit die Gesamtstruktur der Daten sind doch sehr unterschiedlich[29]. Und genau so etwas wird mit sogenannten Streuungsmaßen in Form eines Zahlenwertes festgehalten. Streuungsmaße sind also statistische Kennwerte, die etwas über die Variation (oder auch Streuung) in einer Verteilung aussagen sollen. Ist die Verteilung eines metrischen Merkmals sehr breit, so ist seine Streuung groß (denkt an den Salzstreuer), ist sie eher schmal, so ist seine Streuung klein (wie beim Pfefferstreuer). Dabei gilt auch hier, wie wir es schon bei den Lagemaßen gesehen haben, dass die Eignung verschiedener **Streuungsmaße** von dem Skalenniveau der betrachteten Merkmale abhängt. Aber dazu erst im weiteren Verlauf mehr!

5.2.1 Spannweite

Fangen wir mal wieder mit etwas Einfachem an: Die Spannweite misst im Flugzeugbau den Abstand der Tragflächenspitzen voneinander oder aber den Abstand zwischen zwei Seilbahnstützen. In der Statistik kann man bei metrischen Merkmalen die **Spannweite** einer Verteilung aus der Differenz zwischen dem maximalen Wert x_{max} und dem minimalen Wert x_{min} bestimmen. Da dieses sehr einfache und grobe Streuungsmaß

$$R = x_{max} - x_{min}$$

unabhängig von der Stichprobengröße nur auf der Kenntnis zweier Werte beruht und somit nur einen kleinen Teil der in den Daten vorhandenen Information ausnutzt, vermittelt es nur ein sehr vages Bild von der Verteilung. Aus der Spannweite eines Flugzeugs könnt ihr ja auch nicht gleich den Flugzeugtyp bestimmen. Außerdem ist dieser Wert nicht robust gegenüber Ausreißern, d. h., wenn ein Wert extrem aus der Reihe tanzt, kann dies sofort die Spannweite beeinflussen. Die meisten von euch haben aber sicherlich bereits, wenn vielleicht auch unbewusst, für unser Dosenstecher-Beispiel die Spannweite bestimmt. Es ergibt sich $R = x_{max} - x_{min} = x_{(27)} - x_{(1)} = 7.4 - 1.6 = 5.8$. Die Spannweite zu

---

[29] Ganz zu schweigen von den damit verbundenen körperlichen Anstrengungen.

bestimmen, ist oft ein intuitiver Schritt, der nie schaden kann, um ein erstes Gefühl für die Daten zu bekommen![30]

5.2.2 Quartilsabstand

Ein weiteres einfaches Streuungsmaß ist die Differenz des oberen und unteren Quartils und wird als **Quartilsabstand** oder auch **Interquartilsabstand** bezeichnet. Hier dient der Wert

$$R_{Q0.50} = x_{Q0.75} - x_{Q0.25}$$

als Maß der Streuung und ist durch die Verwendung von Quartilen schon robuster gegen Ausreißer. Man hat ja sozusagen links und rechts schon mal das Gröbste aussortiert[31], nämlich jeweils 25 %. Innerhalb des Quartilsabstands liegen hier, wie bereits bekannt sein sollte, 50 % aller Messwerte. Beim Dosenstecher-Beispiel ergibt sich $R_{Q0.50} = x_{Q0.75} - x_{Q0.25} = x_{(21)} - x_{(7)} = 2.2$. Wir haben diesen Abstand ja auch schon im Box-Whisker-Plot auf Seite 79 zur Abgrenzung unserer Box verwendet.

5.2.3 Mittlere Abweichung vom Median

Okay, alles, was wir bisher bzgl. Streuungen gesehen haben, nutzt nicht wirklich die gesamte Information in den Daten aus. Was ist schon die Verwendung von zwei Werten, wenn wir 27 Dosen gestochen haben? Dann wäre ja all unser aufopferungsvolles Engagement zum Sammeln vieler Daten vergebens gewesen. Ein erster Schritt in die richtige Richtung stellt die **mittlere Abweichung** MA_x **vom Median** dar. Dieses Streuungsmaß wird mit dem Median als Lagemaß verwendet und berechnet sich zu

$$MA_x = \frac{1}{n} \cdot \sum_{i=1}^{n} |x_i - x_{med}| . \tag{5.4}$$

Es wird also für jeden Datenpunkt der Abstandsbetrag, symbolisiert durch die vertikalen Striche, zum Median bestimmt und dann durch die Gesamtzahl n der Daten geteilt. Für unser Dosenstecher-Beispiel mit den 27 Messwerten und dem Median $x_{med} = 3.9$ ergibt sich

$$MA_x = \frac{1}{n} (|x_1 - x_{med}| + |x_2 - x_{med}| + \cdots + |x_{27} - x_{med}|) = 1.18.$$

Immerhin sind so alle Werte[32] Teil der Berechnung, wenngleich auch hier noch einige Experten wieder Zweifel an der Nützlichkeit dieses Wertes haben.[33] Der Wert ist zwar

---

[30] Aber Herr Dr. Oestreich, man hat doch keine Gefühle für Daten!

[31] Auch der Ausreißer von Herrn Dr. Oestreich, nämlich seine angeblichen 1.6 s, sind hier aussortiert!

[32] Übrigens wurde den Autoren kürzlich mit einer Klage gedroht, sofern sie den Namen des Verursachers von x_{27} in diesem Buch nennen.

[33] Man kann es aber wirklich auch nicht allen recht machen.

einfach zu berechnen, aber noch nicht das Beste. Deshalb wollen wir uns mit der mittleren Abweichung vom Median auch nicht lange aufhalten und gleich zur Sache kommen, zum König der Streuungsmaße. Wozu hätten wir uns auch sonst vorher all die Mühe mit den Mittelwerten gemacht?

5.2.4 Varianz und Arroganz

Die Varianz und die im Weiteren daraus abgeleitete Standardabweichung sind in jedem Fall von enormer Bedeutung für die Prüfung, selbst wenn ihr keine größeren Pläne für eine Statistikerkarriere habt.

Die **Varianz** ist ein Maß für die Streuung, welches die quadratische Abweichungen der Stichprobenwerte vom Mittelwert quantifiziert.[34] Als Abweichung (oder, wenn ihr so wollt, als Abstand) nimmt man hier das Quadrat der Differenz $(\overline{x} - x_i)^2$ für alle n Daten aus unserer Urliste $x_1, x_2, \ldots, x_n$. Dies ist in der nachfolgenden Abbildung für das Dosenstecher-Beispiel mit Hilfe zweier Punkte dargestellt. Für jeden einzelnen Punkt der Daten werden sozusagen diese (Abstands-)Quadrate zum Mittelwert bestimmt, dann alle Ergebnisse aufaddiert und durch die Anzahl aller Werte n minus 1 geteilt. Ganz allgemein berechnet sich so die Varianz zu

$$s^2 = \frac{1}{n-1} \cdot \sum_{i=1}^{n} (\overline{x} - x_i)^2. \qquad (5.5)$$

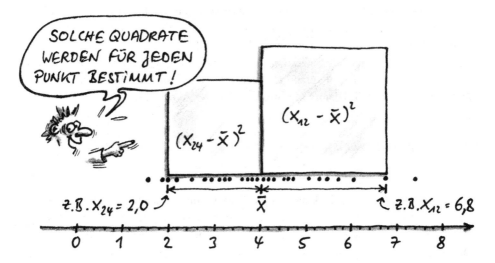

---

[34] Na, das hört sich doch wieder expertenmäßig an!

Warum man hier durch $n - 1$ teilt anstatt durch n, hat mit dem sogenannten Schätzen von Parametern zu tun (kommt später, versprochen!). Glaubt uns, das ist nur was für Experten, und nähere Details wollt ihr hierzu noch nicht wissen. Die Formel sieht zwar heftig aus, ist aber nicht so schwer. Nehmen wir mal als Beispiel wieder die Stichprobe mit den bekannten Beischlaffrequenzen 28, 30 und 32 mit dem Mittelwert $\overline{x} = 30$, so ergibt sich die Varianz zu

$$s^2 = \frac{(\overline{x} - x_1)^2 + (\overline{x} - x_2)^2 + (\overline{x} - x_3)^2}{n - 1}$$
$$= \frac{(30 - 28)^2 + (30 - 30)^2 + (30 - 32)^2}{2} = \frac{4 + 0 + 4}{2} = \frac{8}{2} = 4.0.$$

Eine wichtige, wenngleich vielleicht nicht sofort offensichtliche Vereinfachung der Formel für die Varianz ist ziemlich nützlich in Klausuren. Man kann nämlich zeigen, dass die Varianz identisch ist mit

$$s^2 = \frac{1}{n - 1} \cdot \left[\sum_{i=1}^{n} x_i^2 - n\overline{x}^2 \right] \tag{5.6}$$

und dies ist gerade bei größeren Datensätzen oft einfacher und schneller zu berechnen. Für unser Koitus-Beispiel ist so z. B.

$$s^2 = \frac{1}{n - 1} \left(x_1^2 + x_2^2 + x_3^2 - n\overline{x}^2 \right) = \frac{1}{2} \left(28^2 + 30^2 + 32^2 - 3 \cdot 30^2 \right) = \frac{8}{2} = 4.0.$$

Ihr seht, sofern man hier das 1 x 1 beherrscht, geht das doch schon wesentlich schneller.[35]

Analog kann man auch die Varianz für unser Dosenstecher-Beispiel berechnen. Wenn ihr es nachrechnet, ergibt sich $s^2 = 2.22$ sek^2, und da sieht man auch schon den wesentlichen Nachteil der Varianz. Durch all das Quadrieren haben wir leider den direkten Bezug zu den Ursprungsdaten verloren. Die Dimension (in diesem Fall die Sekunden) ist durch die Varianz quadriert worden und nicht mehr wirklich anschaulich und nur schwer zu interpretieren. Nur gut, dass der Statistiker auf die grandiose Idee gekommen ist, einfach die Wurzel aus der Varianz zu ziehen und dies dann **Standardabweichung** zu nennen!

5.2.5 Standardabweichung

Jetzt können wir auch eine euch sicher schon seit Langem quälende Frage beantworten. Warum haben diese Herren Doktoren die Varianz schon die ganze Zeit mit s^2 (sprich s-Quadrat) bezeichnet? Zum einen, um sicherzustellen, dass ihr euch auch ja bewusst seid, dass es hier um Quadrate geht. Das vergisst man nämlich leicht, besonders im Stress einer Klausur. Und zum anderen, da wir so die Standardabweichung nun einfach s nennen können. Wie ja schon erwähnt, ist die Standardabweichung s die Wurzel der Varianz s^2, d. h. $s = \sqrt{s^2}$.

---

[35] Herr Dr. Romberg merkt an, dass man hier nicht nur das 1 x 1 braucht, sondern auch das 28 x 28, 30 x 30 und 32 x 32!

Ein wirklich brillantes Manöver, nicht wahr? Nun macht plötzlich alles wieder Sinn. Etwas fürs Mathematikerauge ist die Formel für die Standardabweichung:

$$s = \sqrt{s^2} = \sqrt{\frac{1}{n-1} \cdot \sum_{i=1}^{n}(\overline{x} - x_i)^2}$$

Zum Berechnen der Standardabweichung muss man also zuerst die Varianz berechnen und dann die Quadratwurzel ziehen. Nichts einfacher als das! Noch Fragen? Falls ihr was nicht versteht, fragt ruhig, aber Vorsicht: Entgegen einer allgemeinen Dozentenmeinung gibt es sehr wohl dumme Fragen. Wie schon angedeutet, hat die Standardabweichung wieder die gleiche Dimension wie unsere Daten und ist somit wieder für jedermann[36] interpretierbar. Wie das gemeint ist, kann man an dem Dosenstecher-Beispiel sehen, für das sich $s = \sqrt{2.22} = 1.49$ sek. ergibt, was eben die mittlere Abweichung vom Mittelwert bedeutet! Cool, oder? Da dieser Wert die Einheit Sekunden hat, genau wie der Mittelwert, kann man damit schon wesentlich mehr anfangen. So werden nun unsere 27 gestochenen Zeiten mit Hilfe von Mittelwert und Standardabweichung auch einfach durch $\overline{x} \pm s = (4.02 \pm 1.49)$ sek. beschrieben. Ja, das ist natürlich nicht so gut, wie wenn man alle Daten hat, aber es ist eine gute Zusammenfassung und gibt doch schon einen gewissen Eindruck über die Verteilung unserer Daten. Und das Ganze mit nur zwei Zahlenwerten! Genau das, was wir die ganze Zeit wollten.

Da sind noch ein paar Dinge, die ihr euch merken solltet, weil sie wirklich wichtig sind. Die Standardabweichung ist das wichtigste Maß für die Streuung der Werte in einer Stich-

---

[36] Auch für Herrn Dr. Romberg.

probe. Die Standardabweichung ist ebenso wie der Mittelwert nur bei quantitativen, sprich intervall- oder verhältnisskalierten Merkmalen sinnvoll. Sie ist, aufgrund der Addition von Quadraten, nie negativ (wird ja auch als Entfernung interpretiert) und nur im Falle, dass alle Werte identisch[37] sind, gleich 0. Wie schon beim Mittelwert, der ja in die Berechnung der Standardabweichung eingeht, besteht allerdings auch hier die Gefahr einer Beeinflussung durch Ausreißer. Extrem große oder kleine Werte im Verhältnis zum Rest können die Standardabweichung stark verändern.

Aber das ist noch nicht alles. Wie wir später noch im Detail sehen werden, ist die Standardabweichung speziell dann von besonderem Interesse, wenn man von sogenannten **normalverteilten** Daten ausgeht. Erstaunlicherweise ist dies in der Natur sehr oft der Fall. Das bedeutet, sofern die Verteilung der Daten die Gestalt einer Glocke hat, dass die meisten Daten um den Mittelpunkt angeordnet sind. Man kann sich die Form einer solchen Kurve einfach auch als einen symmetrischen Sandhaufen vorstellen, wie er bei einer Sanduhr entsteht[38]. Daten mit solch einer Verteilung erlauben die Aussage, dass 68 % der Daten im Fenster $\overline{x} \pm s$ liegen, 95 % der Daten im Bereich von $\overline{x} \pm 2s$ und 99.7 % der Daten im Bereich von $\overline{x} \pm 3s$. Das Ganze ist in Abb. 5.4 anschaulich dargestellt. Die Erkenntnis ist von extrem großer Bedeutung für die Wahrscheinlichkeitsrechnung und wird uns im Weiteren noch viel beschäftigen. Für die Dosenstecher-Daten zeigt unser Histogramm, dass wir hier, wenn auch nur angenähert, eine solche „Glockenform" vorliegen haben. Lasst uns einfach mal für einen Moment annehmen, dass die Zeiten wirklich normalverteilt sind, so bedeutet dies, dass bereits 95 % unserer Daten im Fenster von $\overline{x} \pm 2s = (4.02 \pm 2.98)$, sprich im Intervall [1.04, 7.00], liegen. Und das ist, wie ihr ja wisst, schon eine verdammt gute Beschreibung für unsere Daten, da in der Tat nur der Wert 7.4 sek. mit diesem Fenster nicht abgedeckt ist. Details hierzu sparen wir uns aber an dieser Stelle und verweisen auf später.

Wir haben es ja schon gesagt, aber es ist wichtig, dass ihr das mit der Standardabweichung verstanden habt. Statistik ohne Standardabweichung ist wie Autofahren ohne Führerschein[39], und wer macht das schon gerne?

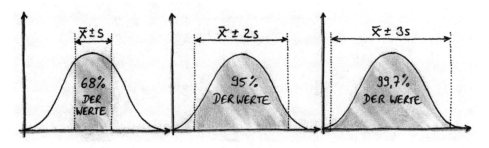

Abb. 5.4 Zur Bedeutung der Varianz bei einer Normalverteilung

---

[37] Logisch, dann weicht ja auch kein Wert vom Mittelwert ab.

[38] Oder bei einem Salzstreuer mit losgeschraubtem Deckel.

[39] Oder wie Dosenstechen ohne Herrn Dr. Oestreich.

5.2.6   Variationskoeffizient

Wer von euch hatte nicht schon einmal das Problem, dass bei irgendwelchen Berechnungen am Ende die Einheiten nicht mehr gestimmt haben? Jeder hat das wohl schon einmal mitgemacht! Es ist ja auch ziemlich lästig, wenn man neben all der Rechnerei auch noch auf so etwas aufpassen muss. Deshalb wird euch das Folgende gefallen. Bis hierher waren ja alle Streuungsmaße nicht dimensionslos, d. h., es machte z. B. einen Unterschied, ob Dosenstecher-Zeiten in Sekunden oder Minuten, Beischlaffrequenzen pro Monat oder pro Tag oder Nasenlängen in Zentimeter oder Millimeter angegeben wurden. Der sogenannte **Variationskoeffizient** ist nun ein Streuungsmaß, das die Einheiten verschwinden lässt und somit dimensionslos ist. Dies geschieht, indem man das Streuungsmaß (Standardabweichung) durch ein geeignetes Lagemaß, z. B. den arithmetischen Mittelwert, dividiert. So erhält man den Variationskoeffizienten

$$v = \frac{s}{\overline{x}}, \quad \overline{x} \neq 0.$$

Da die Dimension sowohl im Nenner als auch im Zähler auftaucht, kürzt sie sich weg, und wir haben wirklich eine dimensionslose Größe. Dieses Streuungsmaß wird insbesondere in technischen Anwendungen häufig zur Angabe der relativen Genauigkeit einer Messung angegeben, es ist aber auch sonst öfter mal anzutreffen.

Der dimensionslose Variationskoeffizient erlaubt nun, sofern $\overline{x}$ nicht genau 0 ist, bei unterschiedlicher Dimension und/oder unterschiedlicher Größenordnung der Daten trotzdem einen Vergleich der Streuungen. Er ist prozentual interpretierbar. Beim Dosenstecher-Beispiel ergibt er sich zu

$$v = \frac{s}{\overline{x}} = \frac{1.49}{4.02} = 0.3706 = 37.06\,\%.$$

Auch diesen Wert würden wir liebend gerne mit Dosenstecher-Zeiten anderer Universitäten vergleichen, leider liegen uns hierzu aber immer noch keine ~~Bilder~~ Daten vor.[40]

5.2.7   Na, wie streuen sie denn? – Vergleich zur Streuung

So, zum Abschluss lasst uns das noch mal zusammenfassen. Wie ihr seht, ist das mit der Streuung nicht ganz so komplex wie mit der Lage. Das liegt hauptsächlich daran, dass man zur Ermittlung einer Streuung meist auch ein Skalenniveau benötigt, welches das Addieren, Subtrahieren, Multiplizieren und Dividieren erlaubt. Und das ist ja bekanntlich nur bei intervall- und verhältnisskalierten Daten der Fall. Zwar haben sich ein paar schlaue Köpfe auch für nominal- und ordinalskalierte Merkmale Gedanken zur Streuung gemacht, aber

---

[40] Bitte nicht vergessen: Beim Sammeln der Daten beachten, dass die Autoren eine ordentliche Datenerfassung (mit vielen „aussagekräftigen" Bildern) erwarten!

diese wirklich eher theoretischen Überlegungen haben wir hier lieber mal ausgelassen. Nur so viel sei von unserer Seite dazu gesagt: Es gibt keine sinnvollen Streuungsmaße für Daten mit lediglich nominalem oder ordinalem Skalenniveau, weil man auf diesen Niveaus doch gar keine Abstände berechnen kann! Oder könnt ihr die Differenz aus „Romberg-Rüssel" minus „Oestreich-Ömme" bilden?[41]

Wichtig ist, wie es sich bisher auch durch das ganze Buch zieht, dass man sich über das vorliegende Skalenniveau bewusst sein sollte, sonst nützt euch all das Gelernte nichts! Die Standardabweichung ist hier schon das Wichtigste, wenn es um die Charakterisierung einer größeren Datenmenge bzgl. Streuung geht. Diese, zusammen mit dem Mittelwert, bilden ein wirklich gutes Team. Nur zusammen sind sie wirklich aussagekräftig. Wenn ihr in der Praxis irgendetwas über einen Mittelwert lest, solltet ihr sofort skeptisch werden, wenn nichts über die Streuung angegeben ist. Umgekehrt gilt dies übrigens auch!

Abschließend sei noch darauf hingewiesen, um auch noch alle Theoretiker zu beruhigen, dass es auch sogenannte Formmaße gibt. Diese beschäftigen sich mit der Form einer Verteilung und erlauben mit einem Zahlenwert Aussagen über **Schiefe** und **Wölbung.** Schließlich ist nicht immer alles so normalverteilt wie ein gleichmäßig gestreuter Sandhaufen (Glocke). Manche Verteilungen sind unsymmetrisch oder schief, fallen z. B. nach dem Mittelwert steiler ab als davor usw. Wir haben uns aber entschieden, euch diese Feinheiten zu ersparen, und verweisen bei Interesse auf die Fachliteratur.[42]

---

[41] Herr Dr. Romberg möchte betonen, dass in diesem Fall die – auch wenn noch so theoretische – Differenz *IMMER* positiv ist!

[42] Gut so, sonst kommen wir ja nie zur Wahrscheinlichkeitsrechnung!

Es war zweimal ein Merkmal

6

Nun ja, bis hierher haben wir uns immer nur mit einem Merkmal einzeln beschäftigt. Klar aber, dass es das allein ja nicht sein kann. Oft hat man es mit zwei oder noch mehr Merkmalen gleichzeitig zu tun, und genau aus diesem Grund werden wir in diesem Kapitel für solche Fälle die damit verbundenen wichtigsten Darstellungs- und Analysemöglichkeiten erläutern. Dabei ist es von besonderem Interesse, nicht nur die Merkmale einzeln zu betrachten, sondern zusätzlich auch deren Zusammenhang. Das ganze Thema, in Fachkreisen oft auch zur absichtlichen Verwirrung der Studenten **bivariante** oder **multivariante Statistik** genannt, gehört zum Standard so mancher Prüfung. Auch bei der Untersuchung mehrerer Merkmale hängt vieles wieder vom Skalenniveau ab, und es entscheidet darüber, was u. a. an mathematischen Operationen[1] geht und was nicht! Wenn es so weit ist, werden wir an den entsprechenden Stellen darauf wieder im Detail hinweisen.

Aber gleich vorab zur Beruhigung: Wir beschränken uns bei den nachfolgenden Betrachtungen immer nur auf zwei Merkmale. Das ist diesbezüglich sowieso alles, was ihr in einer Prüfung wirklich braucht! Der Rest, also die Analyse mehrerer Variablen, ist viel zu kompliziert.[2] Außerdem, hat man das Prinzip für zwei Merkmale erst einmal verstanden, geht es auch für mehrere Merkmale leicht von der Hand.

Für zwei Merkmale betrachten wir folgende Möglichkeiten:

- Tabellarische (und graphische) Darstellung
- Korrelation, zur Bestimmung der Stärke des Zusammenhangs
- Regression, zur Bestimmung der Form des Zusammenhangs

---

[1] Damit ist übrigens keine theoretische Blinddarmextraktion gemeint.

[2] Denn kein Prüfer (auch nicht der eine, der das mit $n + 1$ Merkmalen beherrscht) hat Lust auf damit verbundene, schrecklich aufwendige Klausurkorrekturen!

© Springer-Verlag GmbH Deutschland, ein Teil von Springer Nature 2022
M. Oestreich und O. Romberg, *Keine Panik vor Statistik!*,
https://doi.org/10.1007/978-3-662-64490-4_6

Seid versichert, es ist alles halb so wild![3] Auch hier gilt, nur nicht aufregen, wenn ihr mal was nicht sofort versteht, und vor allem: keine Rachefantasien gegenüber den Prüfern! Die können doch meistens auch nichts dafür.

IRGENDWANN KONNTE RÜDIGER SEINE RACHEFANTASIEN NICHT MEHR UNTERDRÜCKEN...

6.1   Von Kontinenztabellen und anderen Problemen

Fangen wir erst mal ganz theoretisch an. Für das Merkmal X sind die zugehörigen Merkmalsausprägungen x_1, x_2, x_3, ..., x_l und für das Merkmal Y entsprechend die Werte y_1, y_2, y_3, ..., y_m. Stellt euch einfach für einen Moment mal vor, dass das eine Merkmal X = „Haarfarbe" mit den Merkmalsausprägungen blond, rot, brünett und schwarz ist, und das andere Merkmal Y = „Oberweite" mit den ~~Körbchengrößen~~ Merkmalsausprägungen A, B, C, D, DD und F[4]. Ihr könnt euch sicherlich denken, dass man entsprechende Paare von Merkmalswerten mit z. B. $(x_3, y_4) = $ (brünett, D) oder $(x_4, y_6) = $ (schwarz, F) findet. Untersucht man nun beispielsweise eine Gruppe von Studentinnen auf diese beiden Merkmale, so bestimmt man mit den Ergebnissen sehr ähnlich wie im Falle nur eines vorhandenen Merkmals die entsprechenden Häufigkeiten.

---

[3] Auch wenn ihr nicht – wie Herr Dr. Romberg – gegen Prüfungsdurchfall versichert seid.

[4] Herr Dr. Romberg stellt sich das dauernd vor.

Für zwei Merkmale ist die absolute Häufigkeit der in der Kombination (x_i, y_j) auftretenden Punktepaare definiert als

$$n_{ij} = n(x_i, y_j), \quad i = 1, \ldots, l \quad \text{und} \quad j = 1, \ldots, m.$$

Dabei ist l die Anzahl der Merkmalsausprägungen für X und m die entsprechende Anzahl für Y. Bitte überprüft, dass für unser Beispiel entsprechend $l = 4$ und $m = 6$ gilt. So ist nun z. B. $n_{23} = n(x_2, y_3) = $ n(rot, C) die Anzahl der rothaarigen Frauen mit Körbchengröße C.[5]

Ganz entsprechend definiert sich die auf die Anzahl aller Merkmalspaare bezogene relative Häufigkeit

$$h_{ij} = h(x_i, y_j) = \frac{n_{ij}}{n}.$$

Ihr seht, außer dass man beide Merkmale gemeinsam betrachtet, die absolute wie auch die relative Häufigkeit für zwei Merkmale sind ganz analog definiert wie für nur ein Merkmal.

Hat man die Häufigkeiten erst einmal bestimmt, werden diese in eine sogenannte **Kontingenztabelle** eingetragen. Eine Kontingenztabelle ist nichts anderes als eine Häufigkeitstabelle für zwei Merkmale. Dabei können sowohl absolute wie auch relative Häufigkeiten dargestellt werden. Im Zentrum der Tabelle stehen die Häufigkeiten der Merkmalsausprägungen (x_i, y_j). Das sieht dann etwas abstrakt so aus:

X	Y y_1 y_2 $\ldots$ y_m	Summe
x_1	h_{11} h_{12} $\ldots$ h_{1m}	$h_{1.}$
x_2	h_{21} h_{22} $\ldots$ h_{2m}	$h_{2.}$
$\vdots$	$\vdots$ $\vdots$ $\vdots$ $\vdots$	$\vdots$
x_l	h_{l1} h_{l2} $\ldots$ h_{lm}	$h_{l.}$
Summe	$h_{.1}$ $h_{.2}$ $\ldots$ $h_{.m}$	1

Randhäufigkeiten

Nun aber bitte keine Aufregung! Jedoch versteht ihr vielleicht jetzt, warum mehr als zwei Merkmale normalerweise nicht in einer Prüfung auftauchen. Wenn ihr euch beruhigt habt, dann geht es jetzt weiter. Neben den Häufigkeiten enthält die Kontingenztabelle noch die sogenannten Randhäufigkeiten. Diese ergeben sich, wenn die in einer Zeile bzw. Spalte stehenden Häufigkeiten aufaddiert werden. Um dies deutlich zu machen, haben wir bei der Zeilen- und Spaltensumme einen Punkt gesetzt, wenn über diesem Index summiert wird. So gibt z. B.

$$h_{l.} = h_{l1} + h_{l2} + \ldots + h_{lm} = \sum_{i=1}^{m} h_{li}$$

an, mit welcher Häufigkeit die l-te Merkmalsausprägung des Merkmals X gemessen wurde, d. h. z. B. die Anzahl blonder Frauen, ohne Rücksicht auf andere Werte ... Das Merkmal

---

[5] Herr Dr. Oestreich favorisiert übrigens $i = 1, j = 5$.

Y bleibt also vollkommen unberücksichtigt. In einigen Fachbüchern wird auch anstelle des Punktes ein komplett neuer Buchstabe verwendet, aber wir empfanden das als noch verwirrender.

Die Gesamtheit der Randsummen $h_{1.}, h_{2.}, \ldots, h_{l.}$ bilden die Häufigkeitsverteilung für X und entsprechend $h_{.1}, h_{.2}, \ldots, h_{.m}$ für Y. Die Summe der relativen Randhäufigkeiten für X bzw. für Y ist auch hier genau 1.

Das Ganze schreit natürlich geradezu nach einem Beispiel. Hier kommt es! Auch auf die Gefahr hin, dass einige von euch jetzt enttäuscht sind, verabschieden wir uns mal von „Haarfarbe und Körbchengröße" und wenden uns einem seriösen und langweiligen Beispiel zu. Nehmen wir mal an, nach einer Umfrage unter genau 100 Personen aus bestimmten Personengruppen ergab sich die folgende mit relativen Häufigkeiten dargestellte Kontingenztabelle (Quelle: [23]) zum Sexualverhalten.

	Y (Sex pro Woche)				
X (Personengruppe)	≤ 1	≤ 3	≤ 6	≥ 7	Summe
Pornodarsteller	0.01		0.04	0.14	0.19
Patentanwälte	0.16		0.01	0.01	0.18
Doktoren[6]	0.03	0.14		0.02	0.19
Studis (1.–4. Semester)	0.21	0.01			0.22
Studis ($\geq$ 5. Semester)	0.01	0.02	0.02	0.17	0.22
Summe	0.42	0.17	0.07	0.34	1

Interessante Tabelle, nicht wahr? Plötzlich ist die fade Theorie von vorhin vergessen, und alles macht Sinn. Wer aufgepasst hat, kann aus der Tabelle natürlich sofort auch die absoluten Häufigkeiten bestimmen.[7] Obwohl die Tabelle fast für sich spricht und ziemlich selbsterklärend ist, lasst uns mal ein paar Werte der Kontingenztabelle betrachten. So besagt z. B. das Feld (2,1) mit der relativen Häufigkeit $h_{21} = 0.16$, dass 16 % aller befragten Personen nur bis zu einmal Sex pro Woche haben und Patentanwälte sind. Hingegen besagt das Feld (3,4) mit $h_{34} = 0.02$, dass hier immerhin 2 % aller befragten Personen mehr als siebenmal Sex pro Woche haben und Doktoren sind. Als Beispiel zur Interpretation der Randhäufigkeiten betrachten wir die erste Zeile mit $h_{1.} = 0.19$, die besagt, dass 19 % aller befragten Pornodarsteller sind.[8]

Hoffentlich habt ihr das Prinzip und den Aufbau der Kontingenztabelle verstanden. Wenn ja, könnt ihr euch mal ein paar andere Felder entsprechend anschauen und versuchen, diese zu interpretieren. Solch eine Kontingenztabelle, wie im Beispiel gezeigt, ist natürlich für so manchen Journalisten ein gefundenes Fressen. Ohne sich um die Herkunft, Seriosität

---

[6] Hinweis: Promovierte Pornodarsteller und Patentanwälte wurden hier nicht zu der Gruppe der Doktoren gezählt!

[7] Kleiner Tipp von Herrn Dr. Oestreich: Es ist einfach, da wir aus gutem Grund genau 100 Personen befragt haben!

[8] Übrigens, die 19 Pornodarsteller für diese Befragung ausfindig zu machen, wurde erst einfacher, als ein gewisser Herr Doktor endlich seine dubiosen Nebeneinkünfte offenlegte und seine heimlichen „Kollegen aus der textilfreien Filmbranche" outete.

und Hintergründe Gedanken zu machen, kann man mit ein wenig Sensationsjournalismus
schnell zu markanten Schlagzeilen kommen.

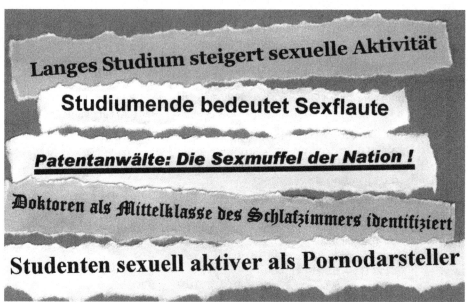

Bei der Kontingenztabelle ist es nicht unbedingt immer optimal, dass die Prozentwerte nur
auf den gesamten Stichprobenumfang bezogen sind. Vielmehr ist es manchmal inhaltlich
sinnvoll, die Prozentwerte auch auf die jeweiligen Merkmalsausprägungen, sprich auf die
Zeilen bzw. Spalten, zu beziehen. Nur als ein Beispiel gilt für unsere 22 befragten Studenten
($\geq$ 5. Semester) dann:

X (Personengruppe)	Y (Sex pro Woche)				Summe
	≤ 1	≤ 3	≤ 6	≥ 7	
Studis ($\geq$ 5. Semester)	0.05	0.09	0.09	0.77	1

Ihr seht, 77 % haben in dieser Gruppe mehr als siebenmal Sex pro Woche.[9] Graphisch geht
natürlich, speziell bei nur zwei Merkmalen, auch noch eine Menge. Neben Betrachtungen
und Darstellungen jedes Merkmals für sich getrennt, vergleichenden Graphen der Merkmale
z. B. mittels des Boxplots, wie in Abschn. 5.1.6.1 gezeigt, kann man hier dann auch noch
die Kontingenztabelle in einem dreidimensionalen Säulendiagramm sichtbar machen. Dabei
repräsentieren die Höhen der einzelnen Säulen die zugehörigen Häufigkeiten. Das Ganze

---

[9] Unklar ist an dieser Stelle, ob bei den männlichen Studenten die beliebte One-Man-Show „Fünf
gegen einen" mit berücksichtigt wurde …

verlangt allerdings gutes 3-D-Vorstellungsvermögen und ist nicht so einfach von Hand zu erstellen, geschweige denn zu verstehen. Wir verzichten an dieser Stelle mal darauf und überlassen das eurer Fantasie.

Lasst uns aber noch mal hervorheben, dass Kontingenztabellen wichtig für die Prüfung sind und leider allzu oft unberechtigt „auf Lücke" gesetzt werden. Mit ein wenig Grundverständnis kommt man hier schon wirklich weit. Verdammt praktisch ist dabei auch, dass man Kontingenztabellen, egal ob nominale, ordinale oder metrische Daten vorliegen, unabhängig vom Skalenniveau immer erstellen kann. In so manchem „Fachschinken" wird auf der Basis des vorliegenden Skalenniveaus auch oft noch zwischen den Begriffen „Kontingenz" (nominale Daten), „Assoziation" (ordinale Daten) und „Korrelation" (metrische Daten) unterschieden. Ihr solltet zumindest vorbereitet sein, wenn euch das mal so über den Weg läuft.

6.2 Korrelu, Korreli, Korrelation

Jetzt wird es noch spannender, weil es nun um Fragestellungen geht, *wie* und *ob* ein Merkmal in Zusammenhang und Abhängigkeit mit einem oder mehreren anderen Merkmalen steht. Manchmal ist es ja ziemlich klar, dass ein solcher Zusammenhang besteht, wie beispielsweise zwischen dem Merkmal „Anzahl gestochener Dosen" und dem Merkmal „Alkoholgehalt im Blut". Je mehr Dosen an einem Abend von einer Person gestochen wurden, desto größer ist auch der Alkoholgehalt im Blut.[10] Man spricht in solch einem Fall in der Statistik davon, dass die beiden Merkmale miteinander korrelieren, sprich *in Zusammenhang* stehen. Andere, mehr aus dem richtigen Leben gegriffene Beispiele für Zusammenhänge (Korrelationen) zwischen Merkmalen, sind „Fernsehdiagonale" mit „Verkaufspreis", „Abinote" mit „Studiendauer" oder aber das in fast jedem Fachbuch zitierte Beispiel „Körpergröße" mit „Gewicht". Zwar gibt es bei diesen Arten von Zusammenhängen sehr wohl mal kleine Abweichungen, aber die allgemeine Tendenz weist auf einen Zusammenhang hin.

Vorsicht aber an dieser Stelle! Nicht jeder Trend ist notwendigerweise eine Korrelation zwischen zwei Merkmalen. Manchmal kann dies auch einfach konstruiert sein oder reiner Zufall[11], und deshalb solltet ihr dies immer schön nach Plausibilität hinterfragen.[12] In der Statistik ist die falsche Verwendung und die Fehlinterpretation solcher Korrelationen ein häufiger Fehler. So hat z. B. Herr Dr. Romberg mal vor längerer Zeit gelesen, dass es eine eindeutige Korrelation zwischen Hubraum von Pkws und einem signifikanten Männer-

---

[10] Herr Dr. Romberg weist an dieser Stelle berechtigt darauf hin, dass dies nicht bei alkoholfreiem Dosenbier oder Cola gilt.

[11] „Mein Name ist Reiner Zufall." „Macht nichts, sagen Sie ihn mir trotzdem!".

[12] Das solltet ihr jetzt eigentlich sowieso schon im Blut haben!

merkmal gibt! Demnach haben Männer mit eher kurzen signifikanten Männermerkmalen Fahrzeuge mit viel Hubraum und umgekehrt. Selbstverständlich fand Herr Dr. Romberg diesen Artikel als langjähriger VW-Polo-Fahrer äußerst seriös. Was auch immer in diesem Artikel im Detail stand, so ist eine Korrelation eher anzuzweifeln; man spricht auch von einer Schein- oder Zufallskorrelation.[13] Wahrscheinlicher ist es, dass ein Zusammenhang zwischen der Länge des signifikanten Männermerkmals und der umgebenden Wassertemperatur besteht.[14]

Lasst uns jetzt aber mal im Detail die Sache mit der Korrelation betrachten. Ein erster Schritt zur Untersuchung eines möglichen Zusammenhangs zwischen qualitativen Merkmalen ist in den meisten Fällen die Anfertigung eines sogenannten Streudiagramms. Solch ein Streudiagramm ist eine graphische Darstellung von zwei Merkmalen, wobei das eine Merkmal auf der x-Achse und das andere auf der y-Achse eines x-y-Koordinatensystems aufgetragen wird. So treten bei zwei verschiedenen Merkmalen mit n Merkmalsträgern jetzt Paare von Merkmalswerten mit z. B.

$$(x_1, y_1), \ (x_2, y_2), \ (x_3, y_3), \ \ldots, \ (x_n, y_n)$$

---

[13] Herr Dr. Romberg wirft ein, dass Herr Dr. Oestreich mit seinem „5.9L V8 Jeep Grand Cherokee" die Wahrheit wohl nicht vertragen kann!

[14] Außer ein paar persönlichen Erfahrungswerten liegen aber keine konkreten Daten vor.

auf. Jedes dieser Punktepaare wird im Streudiagramm als Punkt entsprechend seines x- und
y-Wertes eingetragen, und man erhält eine Art Punktwolke. So weit die Theorie. Aber ihr
wisst ja, Ordnung muss sein! Ein Beispiel, wie so etwas konkret aussieht, kommt jetzt.
Nehmen wir mal einfach ein paar typische Personenmerkmale wie in der unten gezeigten
Tabelle. Ihr findet für das Merkmal X = „Körpergröße" und das Merkmal Y = „Gewicht"
die entsprechenden Datenpaare.[15]

Tabelle: Personenmerkmale

Person	A	B	C	D	E	F	G	H	I
Körpergröße [cm]	170	180	167	187	175	195	185	203	163
Gewicht [kg]	72	76	64	103	80	92	84	111	68
Person	J	K	L	M	N	O	P	Q	R
Körpergröße [cm]	194	177	190	187	183	198	175	179	173
Gewicht [kg]	100	74	95	85	85	96	65	85	73

Trägt man jedes dieser „Pärchen", wie auf der nächsten Seite gezeigt, als Punkt in das
Streudiagramm ein, so veranschaulicht dies prinzipiell den Zusammenhang zwischen den
Merkmalen X (der Körpergröße) und Y (dem Gewicht). Für den sichtbaren Trend kann man
sich auch gut zusätzlich eine, mit der Körpergröße ansteigende, Gerade denken. Trotzdem
ist aber eigentlich nur folgende Aussage möglich: „Im Wesentlichen kann man sagen, dass
größere Personen im Allgemeinen auch mehr wiegen als kleine – dass also die angenommene Beziehung gilt –, aber halt nicht immer und nicht so ganz, aufgrund der einen oder
anderen Ausnahme." Diese Aussage gibt zwar gut den vermuteten Trend wieder, ist aber
offensichtlich recht unscharf. Die stets ~~scharfen~~ genauen Mathematiker[16,17] stehen auf
solch unscharfe Aussagen natürlich absolut nicht und haben sich deshalb überlegt, wie man
diese Unschärfe messbar machen kann. Dies erlaubt dann, die Stärke eines Zusammenhangs
zweier Merkmale zu quantifizieren.

---

[15] Herr Dr. Oestreich möchte betonen, dass er seiner Meinung nach hier viel interessantere Merkmale
vorgesehen hatte, die aber leider so nicht durch die Zensur gekommen sind.

[16] Herr Dr. Oestreich bedauert noch immer die absolute Häufigkeit ($\rightarrow 0$) von scharfen Mathemati-
kerinnen während seines Studiums.

[17] Herr Dr. Romberg ist der Meinung, dass dieser Umstand ausschließlich auf den Studienort
Clausthal-Zellerfeld im Harz zurückzuführen sei, und weist auf neueste geologische Theorien hin,
welche den Harz als nordwestliche Ausläufer der Karpaten identifizieren!

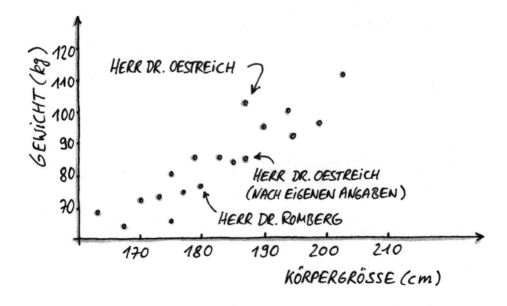

6.2.1   Der Korrelationskoeffizient von Bravais-Pearson

Sofern die Daten das Berechnen von Abständen erlauben, wenn also mindestens intervallskalierte Daten vorliegen, dann kann man den sogenannten **Korrelationskoeffizienten**
berechnen. Allerdings macht das nur Sinn, wenn der Zusammenhang zwischen den Merkmalen annähernd linear ist. Dies bedeutet, man kann in unserem Streudiagramm die Punktwolke durch eine Gerade (mit einem Lineal gezogen) relativ gut annähern. Alle Punkte
liegen dann mehr oder weniger in der Nähe dieser Geraden, wie beispielsweise auch gerade
gesehen bei dem Streudiagramm zu Körpergröße und Gewicht. Wir werden das später noch
bei der Bestimmung dieser sogenannten Regressionsgeraden im Detail erklären, aber den
Grundgedanken solltet ihr schon verstanden haben.[18] Die Stärke des Zusammenhangs hängt
also im Prinzip davon ab, wie stark sich die Punktwolke einer Geraden annähert.

Zur Untersuchung der Daten bzw. der Punktwolke, können wir zunächst einmal separat
für das Merkmal X und für das Merkmal Y die arithmetischen Mittelwerte (den klassischen
Durchschnitt) aus

$$\overline{x} = \frac{1}{n} \cdot \sum_{i=1}^{n} x_i = \frac{x_1 + x_2 + \ldots + x_n}{n} \quad \text{und} \quad \overline{y} = \frac{1}{n} \cdot \sum_{i=1}^{n} y_i = \frac{y_1 + y_2 + \ldots + y_n}{n}$$

---

[18] Bitte merkt euch: Der bei Studenten oftmals Panik verursachende Begriff „linear„ ist nicht ohne
Grund verwandt mit dem Lineal!

berechnen.[19] Auch die Varianz, also das Quadrat der mittleren Abweichung vom Mittelwert, der einzelnen Merkmale X und Y kann bestimmt werden und ergibt sich aus

$$s_x^2 = \frac{1}{n-1} \cdot \sum_{i=1}^{n} (x_i - \overline{x})^2 \quad \text{und} \quad s_y^2 = \frac{1}{n-1} \cdot \sum_{i=1}^{n} (y_i - \overline{y})^2.$$

Die Verbindung der beiden Merkmale wird nun mit der sogenannten **Kovarianz** bestimmt. Sie ergibt sich unter Verwendung der Mittelwerte aus

$$s_{xy} = \frac{1}{n-1} \sum_{i=1}^{n} (x_i - \overline{x})(y_i - \overline{y})$$

und ist ein Maß für die *lineare Abhängigkeit* zweier Merkmale. Die Formel für die Kovarianz ist dabei, wie ihr hoffentlich schon erkannt habt, genauso aufgebaut wie die Formel zur Berechnung der Varianz eines Merkmals, nur dass hier das durchschnittliche Produkt der Abweichungen der einzelnen Merkmale X und Y mit $(x_i - \overline{x}) \cdot (y_i - \overline{y})$ erfasst wird. Lasst uns das mal für unser Körpergröße-Gewicht-Beispiel durchrechnen. Zuerst einmal muss man die Mittelwerte für X = „Körpergröße" und Y = „Gewicht" berechnen. Dieses kleine Detail überlassen wir euch an dieser Stelle, denn ein wenig Praxis kann nicht schaden.[20] Dann ergibt sich die Kovarianz unter Verwendung der Mittelwerte und aller Datenpunkte:

Tabelle: Bestimmung der Kovarianz ($\overline{x} = 182.28$, $\overline{y} = 83.78$)

i	Körpergröße x_i	Gewicht y_i	Abweichung		Kovarianz
			$x_i - \overline{x}$	$y_i - \overline{y}$	$(x_i - \overline{x}) \cdot (y_i - \overline{y})$
1	187	103	4.72	19.22	90.77
2	180	76	−2.28	−7.78	17.72
⋮	⋮	⋮	⋮	⋮	⋮
18	173	73	−9.28	−10.78	99.99
				Summe $\Sigma_{i=1}^n$	2316.11
		Geteilt durch $n-1$ (hier $n-1 = 17$) ergibt			$s_{xy} = 136.24$

Schaut euch die Tabelle bitte sorgfältig an! Startend mit den beiden Merkmalen bestimmt man einfach ein paar Hilfsgrößen, und nach ein wenig Multiplikation, Addition und einer simplen Division kommt unten dann die Kovarianz raus. Was aber bedeutet das Ergebnis?

---

[19] Solche Formeln können den Laien doch ziemlich beeindrucken, obwohl sie eigentlich einfach sind, oder?

[20] Tipp der Redaktion: Auf Seite 101 stehen die Werte in der Tabelle; wer lesen kann, ist hier klar im Vorteil!

Was sagt uns der Wert $s_{xy} = 136.24$? Für sich allein gestellt, nicht viel! Nachteil der Kovarianz ist nämlich, dass sie beliebig groß werden kann und von der Dimension (hier von Zentimeter und Kilogramm) abhängt, so dass man mit Hilfe der Kovarianz nicht angeben kann, ob ein Zusammenhang stark oder schwach ist. Deshalb *normiert* man die Kovarianz mit den Varianzen der einzelnen Merkmale und erhält dann letztlich den Korrelationskoeffizienten

$$r = \frac{s_{xy}}{s_x \cdot s_y}. \tag{6.1}$$

„Schön" ist nun, dass der Korrelationskoeffizient dimensionslos ist, nur Werte zwischen -1 und $+1$ annehmen kann und dass x und y vertauscht werden können, ohne den Wert zu ändern. Diese Symmetrie ist natürlich ziemlich praktisch! Die Formel für den Korrelationskoeffizienten sieht ja auch einfach aus, nicht wahr? Wir[21] können aber auch anders! Hinter der Formel verbirgt sich nämlich das folgende ziemlich beeindruckende Geschnörkel:

$$r = \frac{\sum\limits_{i=1}^{n}(x_i - \overline{x})(y_i - \overline{y})}{\sqrt{\sum\limits_{i=1}^{n}(x_i - \overline{x})^2} \cdot \sqrt{\sum\limits_{i=1}^{n}(y_i - \overline{y})^2}}. \tag{6.2}$$

Zwar kann man mit dieser Version mehr vom Leder ziehen, aber lasst euch bloß nicht schocken, denn ihr braucht wirklich nur die vorher erwähnte Kurzform. Aber es kann in keinem Fall schaden, wenn man sich bewusst ist, was sich im Grunde hinter dem kurzen Ausdruck alles verbirgt!

Jetzt wollen wir erst mal, solange die Erinnerung an die Kovarianz und den Korrelationskoeffizienten noch frisch ist, das Beispiel abschließen. Wenn ihr alle für die Berechnung von r benötigten Werte ermittelt und es nachrechnet[22], ergibt sich folgende Tabelle.

Tabelle: Kennwerte für Körpergröße und Gewicht

Kennwert		Zahlenwert
Mittelwert (Größe)	$\overline{x}$	182.28
Mittelwert (Gewicht)	$\overline{y}$	83.78
Varianz (Größe)	s_x^2	122.33
Varianz (Gewicht)	s_y^2	184.65
Kovarianz	s_{xy}	136.24
Korrelationskoeffizient	r	0.906

---

[21] Im Speziellen Herr Dr. Oestreich.

[22] Und das solltet ihr tun, denn Übung macht den Meister-Statistiker!

Der Korrelationskoeffizient $r = 0.906$ besagt nun, dass wir es mit einer positiven, relativ großen Korrelation zu tun haben, d. h., die Datenpunkte liegen ziemlich nah an einer Geraden mit positiver Steigung. Endlich ist unser Trend, dass Körpergröße und Gewicht korrelieren, mit einem Zahlenwert belegt!

Wechseln wir jetzt zu einem anderen Beispiel. Herr Dr. Oestreich hat ja sowieso genug von diesen eher langweiligen Werten. Lasst uns lieber mal alternativ statistisch folgender Weisheit nachgehen:

> *Die dimensionale Optimierung der subterranen Knollenfrucht relativiert sich reziprok zum Intelligenzquotienten des Agrarökonoms.*

Das ist die wissenschaftlich-arrogante Version der alten Regel:

> *Die dümmsten Bauern ernten die dicksten Kartoffeln.*

Wir gehen dem Zusammenhang zwischen dem Merkmal X = „Intelligenzquotient" und dem Merkmal Y = „Kartoffeldicke" im Folgenden nach. Das hat den Vorteil, dass wir sehr anschaulich und für fast jeden verständlich das Prinzip der Korrelation erklären können.

Oh, oh, oh! Jetzt schlagen ein paar Professoren, Statistiker und andere Exoten schon wieder die Hände über dem Kopf zusammen. Es wird nämlich im Zusammenhang mit Korrelation immer vor konstruierten oder rein zufälligen oder sogenannten Scheinkorrelationen gewarnt. Und genau das sehen viele humorlose Experten jetzt kommen. Und sie haben sogar recht! Aber jeder wird bald sehen, dass mit unserem Beispiel das Prinzip der Korrelation schön deutlich wird. Und das ist es schließlich, worauf es ankommt! Ihr solltet dabei übrigens immer brav mitrechnen. Nur so versteht ihr es wirklich.

Also, wenn der dümmste Agrarökonom tatsächlich die dicksten Kartoffeln ernten würde, könnte es wie hier für unsere fünf „Vorzeigeagrarökonomen" dargestellt aussehen:

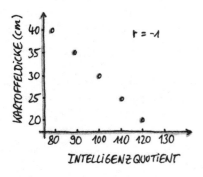

Tabelle: Negative Korrelation

Agrarökonom	IQ	Kartoffeldicke
Sepp	80	40
Anton	90	35
Horst	100	30
Jorsch	110	25
Hinnarck	120	20

Je dümmer der Bauer, desto dicker die Kartoffeln. Hier ist die Welt noch in Ordnung, und das Sprichwort stimmt. Die Berechnung der Korrelation ergibt in diesem Fall $r = -1$, und es handelt sich somit um eine absolut negative Korrelation. Bitte nachrechnen!

Anders sieht es aus, wenn Wissen und eine gute Ausbildung auch mit richtig dicken Kartoffeln belohnt werden. Dann stimmt zwar unser Sprichwort nicht mehr, aber wir haben es mit einer absolut positiven Korrelation $r = +1$ zu tun.

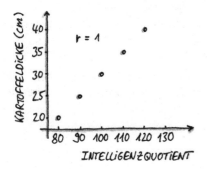

Tabelle: Positive Korrelation

Agrarökonom	IQ	Kartoffeldicke
Sepp	80	20
Anton	90	25
Horst	100	30
Jorsch	110	35
Hinnarck	120	40

Wenn hingegen kein linearer Zusammenhang zwischen dem IQ und der Kartoffeldicke besteht, dann zeigt sich dies auch im Korrelationskoeffizienten mit einem Wert nahe bei 0 wie im Folgenden mit $r = +0.02$.

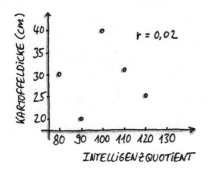

Tabelle: Keine Korrelation

Agrarökonom	IQ	Kartoffeldicke
Sepp	80	30
Anton	90	20
Horst	100	40
Jorsch	110	31
Hinnarck	120	25

Man kann auch wirklich keinen Zusammenhang im hier gezeigten Beispiel sehen. In Fachkreisen spricht man dann davon, dass die beiden Merkmale *unkorreliert* sind.

Erinnert ihr euch noch daran, als wir am Anfang dieses Abschnitts darauf hingewiesen haben, dass der Korrelationskoeffizient nur für lineare Zusammenhänge wirklich Sinn macht? Hier die Erklärung: Manchmal kommt es vor, dass r in der Nähe von 0 liegt, aber sehr wohl ein Zusammenhang besteht. Nur ist es dann kein linearer Zusammenhang, sondern ein nichtlinearer. Da kommt man also mit einem Lineal nicht weit.[23] Aber seht doch selbst im folgenden Beispiel

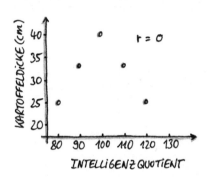

Tabelle: Keine Korrelation![a]

Agrarökonom	IQ	Kartoffeldicke
Sepp	80	25
Anton	90	33
Horst	100	40
Jorsch	110	33
Hinnarck	120	25

[a] Zumindest keine lineare.

Fassen wir nun mal zusammen, wie man den Korrelationskoeffizienten interpretiert. Es gilt ganz allgemein:

- Der Korrelationskoeffizient ist dimensionslos und nimmt nur Werte zwischen -1 und $+1$ an, d. h. $-1 \leq r \leq +1$.
- Für $r = -1$ besteht ein maximal reziproker Zusammenhang, d. h., die Y-Werte nehmen tendenziell ab, wenn die Werte des Merkmals X zunehmen. Die Punktepaare liegen auf einer Geraden mit der Steigung -1; man spricht von absolut negativer Korrelation.
- Für $r = 0$ besteht kein linearer Zusammenhang zwischen den Merkmalen. Es kann aber sehr wohl ein anderer, nichtlinearer (sprich „krummer") Zusammenhang bestehen, wie beim obigen Beispiel, in dem die Durchschnittsbauern die dicksten Kartoffeln ernten und die ganz klugen und die ganz dummen jeweils mickrige Kartoffeln einfahren.
- Für $r = +1$ nehmen Y-Werte tendenziell zu, wenn auch die Werte des Merkmals X zunehmen. Hier liegen die Punktepaare auf einer Geraden mit der Steigung $+1$, und man spricht von absolut positiver Korrelation.

Das bedeutet, je weniger r von $+1$ oder -1 abweicht, desto stärker ist der lineare Zusammenhang und umso besser können wir die Punkte durch eine Gerade annähern. Liegt hingegen r

---

[23] Hier wird dann ein sogenanntes Kurvenlineal benötigt, für krumme Linien.

nahe bei 0, wenn z. B. die Punkte wild über das ganze Spektrum verteilt sind, so ist zumindest ein linearer Zusammenhang nicht vorhanden.

Nachteil des Korrelationskoeffizienten ist, wie wir es auch schon bei der Varianz im vorhergehenden Kapitel gesehen haben, dass er empfindlich gegenüber Ausreißern ist. So kann es aufgrund eines einzigen Punktes, der weit von der Punktwolke entfernt liegt, zu einer hohen Korrelation kommen. Auch die gemeinsame Betrachtung von zwei sehr unterschiedlichen Gruppen kann fälschlicherweise zu einer hohen Korrelation führen, auch wenn jede Gruppe für sich eine deutlich geringere Korrelation aufweist. Deshalb ist das Streudiagramm der Daten so wichtig. Wenn immer möglich[24], solltet ihr das Streudiagramm zwecks Suche nach Ausreißern, Mustern (wie einer „versteckten" Nichtlinearität) oder Gruppenbildungen erstellen und sorgfältig betrachten.

Wenn ihr dann später den Statistikschein in der Tasche habt, das Studium geschafft habt und einem geregelten Leben nachgeht, werdet ihr festellen, dass der Korrelationskoeffizient eines der am häufigsten, leider oft auch (absichtlich) falsch, eingesetzten Maße in der Statistik ist. Korrelationen sind kein Beleg für eine kausale Beziehung, sondern lediglich ein Hinweis darauf, dass eine kausale Verbindung vorliegen *könnte*. Deshalb merkt euch bitte: Korrelationen lassen nicht unmittelbar kausale Schlüsse zu!

Was heißt das? Ein hoher Zusammenhang zwischen dem Merkmal X und dem Merkmal Y bedeutet nicht automatisch, dass X sich auf Y auswirkt. Es kann sich genauso gut Y auf X auswirken, oder aber es ist möglich, dass X und Y von einem unbekannten Merkmal Z (der sogenannten Drittvariablen) abhängen, das gar nicht Gegenstand der Untersuchung ist. So korrelieren zwar X = „Wortschatz eines Kindes" und Y = „Körpergröße eines Kindes", aber nur aufgrund des Merkmals Z = „Alter eines Kindes". In Fachkreisen wird dann auch wieder von einer Scheinkorrelation gesprochen. Man kann aufgrund der Korrelation also wirklich nicht sagen, ob und wie sich X und Y beeinflussen.[25] Trotzdem stolpert man immer wieder über Aussagen und Leute, die es trotzdem tun. Ein anderes schönes Beispiel ist das

---

[24] Und das ist es fast immer!

[25] Für die technisch Interessierten: Vergleicht man z. B. zwei Messverfahren mittels Korrelation, so ist ein Korrelationskoeffizient nahe 1 auch hier noch kein Maß für Übereinstimmung. Ein Korrelations-

in der Presse oft zu findende „Rauchen macht dumm!". Hier hat jemand aus einer wohl vorhandenen Korrelation mal wieder eine auf Verkaufszahlen orientierte Schlagzeile gemacht. Diese suggeriert, dass Rauchen den IQ verringert. Vielleicht nicht gänzlich falsch, aber ist es nicht vielmehr auch so, dass intelligentere Menschen aufgrund der damit verbundenen Gefahren eventuell eher nicht oder zumindest weniger rauchen? Fakt ist, die Schlagzeile ist so nicht korrekt. Hütet euch vor so etwas, es taucht täglich in den Medien auf, und man lässt sich davon fälschlicherweise beeinflussen. Man sollte dann später ruhig den Mut aufbringen, solche Aussagen anzuzweifeln, anstatt diese einfach hinzunehmen oder, noch schlimmer, sogar damit weiterzuarbeiten!

6.2.2   Der Rangkorrelationskoeffizient von Spearman

Wenn mindestens eines von zwei Merkmalen nur ordinalskaliert ist, d. h., wenn man das Merkmal nur ordnen kann, dann ist die Formel für den Korrelationskoeffizienten r nicht anwendbar. Das ist einleuchtend, da ja für ordinale Merkmale keine Abstände und somit kein arithmetischer Mittelwert und keine Varianz berechnet werden können. Aber ordinale Merkmale wie der Schweregrad einer Krankheit oder die Kreditwürdigkeit treten in Fragestellungen nach einem Zusammenhang immer wieder auf. Und genau deshalb, ihr könnt es euch sicherlich denken, haben sich ein paar schlaue Köpfe auch dafür wieder etwas ausgedacht: den **Rangkorrelationskoeffizienten**.

Dabei werden die entsprechenden Merkmalsausprägungen in eine sogenannte Rangliste umgewandelt, indem die einzelnen Beobachtungen zunächst der Größe nach geordnet werden. Der kleinste Wert erhält dann den Rang 1 bis hin zum größten, der den Rang n bekommt. Ihr habt das bestimmt schon mal beim einfachen Codieren des Alphabets gesehen, bei dem man statt Buchstaben die Zahlenränge $A = 1$, $B = 2$, $C = 3$ usw. verwendet.

Im Falle, dass mehrere Merkmalsausprägungen identisch sind, wird ein sogenannter (arithmetischer) Durchschnittsrang ermittelt, indem man die Ränge der entsprechenden Merkmalsausprägung addiert und durch die Anzahl dividiert.

Etwas allgemeiner und mathematischer ausgedrückt definiert der Rang R_{xi} des Merkmals x_i, an welcher Stelle in der geordneten Liste der Wert x_i steht. Der Index am Rang R macht deutlich, dass er sich auf die i-te Merkmalsausprägung der Urliste des Merkmals X bezieht. Lasst uns jetzt einfach mal ein kleines, aber feines Beispiel durchspielen, bei dem Werte auch vom Standpunkt des Beobachters abhängen können.

---

koeffizient nahe 1 wird nämlich auch dann erreicht, wenn z. B. beim Vergleich zweier Verfahren zur Blutzuckermessung das eine Verfahren doppelt so hohe Werte liefert wie das andere. Also aufgepasst!

Ein Kreditinstitut hat das ordinale Merkmal X = „Kreditwürdigkeit" von fünf Statistikern wie folgt eingestuft:

$$x_1 = \text{„stark"}, x_2 = \text{„schwach"}, x_3 = \text{„stark"}, x_4 = \text{„gleich null"}, x_5 = \text{„mittel"}.$$

Ihr seht, es ist von allem etwas dabei. Die kleinste Beobachtung ist die Kreditwürdigkeit $x_4 = $ „gleich null", also ist der Rang $R_{x4} = 1$. Die Beobachtung x_4 war ursprünglich als vierte Beobachtung in unserer Liste und rutscht nach dem Sortieren auf den ersten Platz. Vielleicht zu Anfang etwas verwirrend, aber eigentlich nicht schwierig. Schaut euch einfach noch den zweitkleinsten Wert $x_2 = $ „schwach" der sortierten Liste an; es ist dann $R_{x2} = 2$, da er zufällig auch in der Urliste an zweiter Stelle steht. Für den nächsten Wert $x_5 = $ „mittel" ist $R_{x5} = 3$. Was aber ist mit x_1 und x_3, die beide eine „starke" Kreditwürdigkeit haben? Sie belegen ja eigentlich die Ränge 4 und 5. Hier bildet man den bereits kurz erwähnten (arithmetischen) Durchschnittsrang, d. h., es sind $R_{x1} = \frac{4+5}{2} = 4.5$ und $R_{x3} = \frac{4+5}{2} = 4.5$. Aus der ursprünglich ordinalen Urliste ist nun die Rangliste mit

$$R_{x1} = 4.5, R_{x2} = 2, R_{x3} = 4.5, R_{x4} = 1, R_{x5} = 3$$

geworden, und – ohne vorgreifen zu wollen – damit kann man wieder „richtig" rechnen!

Das zweite Merkmal, für das wir einen Zusammenhang zur Kreditwürdigkeit unserer Statistiker untersuchen wollen, ist Y = „Schuhgröße". Obwohl dies sogar ein intervallskaliertes Merkmal ist, muss man aus den Schuhgrößen

$$y_1 = 45, y_2 = 39, y_3 = 48, y_4 = 39, y_5 = 41$$

auch wieder eine Rangliste mit den entsprechenden Rängen R_{yi} bestimmen. Es müssen nämlich zum weiteren Rechnen immer beide Merkmale in eine Rangliste transformiert werden. Für die Schuhgröße überlassen wir euch das als kleine Übung. Das Tolle ist, dass man damit die bereits bekannte Gl. 6.1 auf Seite 101 für den Korrelationskoeffizienten verwenden kann, sobald man die Ranglisten für beide Merkmale zusammen hat. Hierzu ersetzt man die ursprünglichen arithmetischen Mittelwerte $\overline{x}$ und $\overline{y}$ mit den arithmetischen Mittelwerten $\overline{R_X}$ und $\overline{R_Y}$ der Ranglisten der Merkmale X und Y und ganz entsprechend die Werte x_i und y_i durch die Rangzahlen R_{xi} und R_{yi}, und es ergibt sich:

$$r_{sp} = \frac{s_{R_{xy}}}{s_{R_x} \cdot s_{R_y}} = \frac{\sum_{i=1}^{n}(R_{xi} - \overline{R_X})(R_{yi} - \overline{R_Y})}{\sqrt{\sum_{i=1}^{n}(R_{xi} - \overline{R_X})^2} \cdot \sqrt{\sum_{i=1}^{n}(R_{yi} - \overline{R_Y})^2}}. \tag{6.3}$$

Da man auf Umwegen die bereits bekannte Formel verwendet, liefert natürlich auch hier der Korrelationskoeffizient für die Ränge nach Spearman nur Werte zwischen -1 und $+1$. Ein Vorteil bei diesem Korrelationskoeffizienten ist, dass er nicht ganz so empfindlich auf Ausreißer reagiert. Hingegen ist ein erwähnenswerter Unterschied, dass dieser Korrelationskoeffizient ein Maß für die Stärke eines monotonen Zusammenhangs darstellt, der nicht unbedingt nur linear sein muss. So bedeutet ein Wert $r_{sp} = +1$, dass ein gleichsinniger, streng monotoner Zusammenhang besteht. Ansonsten ist das Ganze aber sehr vergleichbar.

Zurück zum Beispiel der Statistiker mit den Merkmalen X = „Kreditwürdigkeit" und Y = „Schuhgröße". Nach Ermittlung der entsprechenden Ränge ergibt sich die hier dargestellte Tabelle mit der zugehörigen graphischen Darstellung im Streudiagramm:

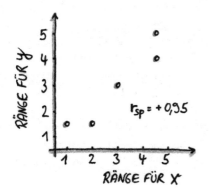

Tabelle: Rangkorrelation

	Originaldaten		Ränge	
i	x_i	y_i	R_{xi}	R_{yi}
1	„stark"	45	4.5	4
2	„schwach"	39	2	1.5
3	„stark"	48	4.5	5
4	„gleich null"	39	1	1.5
5	„mittel"	41	3	3

Wenn ihr es nachrechnet, ergibt sich der Rangkorrelationskoeffizient zu $r_{sp} = +0.95$, was auf einen gewissen positiven Zusammenhang hindeutet. Man könnte mehr oder weniger hieraus schließen, dass Statistiker wie z. B. Herr Dr. Oestreich kreditwürdig sind.[26] So was kann schon mal rauskommen, wenn man nur fünf Datenpaare untersucht!

Jetzt noch ein wichtiger Hinweis für so manche Klausur: Sofern alle Ränge verschieden sind, kann man die Formel für r_{sp} sogar noch wesentlich vereinfachen: Verschieden heißt, dass alle Zahlen von 1 bis n als Rang für X und Y auftreten. Damit vereinfachen sich dann u. a. die arithmetischen Mittelwerte $\overline{R_X} = \overline{R_Y} = \frac{n+1}{2}$ und nach etwas Rechnerei, ihr könnt es ruhig nachprüfen, ergibt sich der Rangkorrelationskoeffizient zu

$$r_{sp} = 1 - \frac{6 \sum_{i=1}^{n} d_i^2}{n \cdot (n^2 - 1)} \quad \text{mit} \quad d_i = R_{xi} - R_{yi}. \tag{6.4}$$

Dabei ist d_i lediglich eine abgekürzte Schreibweise für die Differenz aus R_{xi} und R_{yi}. Für kleinere Datensätze kann man mit dieser Formel in einer Prüfung relativ schnell etwas ausrechnen. Weiß man das aber nicht, und darauf bauen die Prüfer manchmal, dann kann man sich bei der vielen Rechnerei ziemlich verheddern. Also, wenn alle Ränge verschieden sind, bitte die Kurzform verwenden!

Auch für normalskalierte Merkmale gibt es eine Möglichkeit, Zusammenhänge über den sogenannten Kontingenzkoeffizienten zu bestimmen. Das ersparen wir euch und uns aber und verweisen, wenn ihr es euch wirklich so richtig geben wollt, auf die Fachliteratur!

6.3 Regression

Nach all der Korrelation bleibt jetzt nur noch eine Sache offen. Wie kann man einen eventuell gefundenen Zusammenhang mit einer Gleichung der Form $y = f(x)$ beschreiben? Der Vorteil einer solchen Funktion sollte klar sein: Sofern es eine funktionale Beschreibung gibt, kann man aus den x-Werten einer als unabhängig angesehenen Variablen (z. B. Alter) eine ziemlich genaue Vorhersage einer abhängigen Variablen (z. B. Gehalt) machen. Die Ermittlung eines solchen Zusammenhangs ist das Ziel der **Regressionsanalyse**. Bei der Lösung dieser Problematik hatten einige Mathematiker[27] wirklich sehr gute Ideen. Schade nur, dass solche Lösungen manchmal nicht genauso patentiert sind wie irgendwelche technische Erfindungen.

Es gibt, wie ihr euch sicherlich vorstellen könnt, natürlich alle möglichen Arten von Zusammenhängen. In manchen Fällen ist es zweckmäßig, die gegebenen Daten durch eine quadratische Funktion, Exponentialfunktion o. Ä. zu beschreiben. Man spricht dann von

---

[26] Herr Dr. Romberg wirft ein, dass dieser Zusammenhang wohl in der Tatsache begründet ist, dass Herr Dr. Oestreich tatsächlich auf großem Fuß lebt ($y_3 = 48$) und aufgrund dessen mit Geld um sich schmeißen sollte!

[27] Im Speziellen ein gewisser Herr Gauß, der global gesehen übrigens aus der Nähe von Clausthal-Zellerfeld stammt!

quadratischer Regression bzw. exponentieller Regression. Das ist aber in der Regel nicht Prüfungsstoff! Deshalb, und auch weil es in der Praxis am häufigsten vorkommt, beschränken wir uns im Folgenden auf die einfache **lineare Regression.**

DURCH DiE ZUNEHMENDE VER-
BREiTUNG VON ViDEO-SCREEN-
KONFERENZEN KONNTE SiCH
DAS VON HERRN DR. ROMBERG
PATENTiERTE iTALiENiSCHE
MULTiMEDiA-TELEFON DER MARKE
„EXPLAiNiNG GiOVANNi" LEiDER
NiCHT DURCHSETZEN ...

Die klassische lineare Regression erfordert, dass beide Merkmale zumindest intervallskaliert sind und somit die Berechnung von Abständen zwischen den einzelnen Merkmalsausprä-gungen möglich ist. Für solche Daten ist ja der zugehörige Korrelationskoeffizient ein Maß für den linearen Zusammenhang, d. h. wie gut die Punktwolke aus dem Streudiagramm mit einer Geraden (linear, also mit einem Lineal gezogen) angenähert werden kann. Bei der linearen Regressionsanalyse geht es darum, wie genau diese Geradengleichung, die mög-lichst nah an *allen* Werten anliegt, im Detail aussieht. Gesucht wird also eine Gerade der Form $y = a \cdot x + b$. Vielleicht kennt ihr ja so eine Gleichung noch aus Schulzeiten[28] und erinnert euch, dass eine Geradengleichung zwei Parameter benötigt: Der Parameter a reprä-sentiert die Steigung der Geraden und wird auch oft als Regressionskoeffizient bezeichnet. Der Parameter b hingegen gibt an, wie groß y ist, wenn x den Wert null annimmt. Ihr denkt vielleicht, dass man jetzt viel rechnen muss, aber das ist absolut nicht der Fall. Wir wollen euch auch gar nicht lange mit Umformungen nerven und lassen die Katze gleich aus dem Sack. Es gilt ganz einfach[29]

$$a = r \cdot \frac{s_y}{s_x} = \frac{s_{xy}}{s_x^2} \tag{6.5}$$

und

$$b = \overline{y} - a\overline{x}. \tag{6.6}$$

Das heißt, wir können unsere Geradengleichung ganz einfach aus den bekannten Größen der Kovarianz s_{xy}, der Streuung s_x^2 und den Mittelwerten $\overline{x}$ und $\overline{y}$ bestimmen! Das ist natürlich sehr praktisch, weil man all diese Werte sowieso schon zur Berechnung des Korrelations-koeffizienten bestimmt hat. Man schlägt also sozusagen zwei Fliegen mit einer Klappe.

Ermitteln wir mal die Geradengleichung für unser bereits früher betrachtetes Beispiel zum Zusammenhang zwischen Körpergröße und Gewicht. Mit den Werten aus der Tabelle auf Seite 101 ergibt sich

---

[28] Lehrstoff Mathematik 8. Klasse („Bundesland" Bremen: 12. Klasse).

[29] Das kann jeder nachrechnen, der dazu Lust hat oder – wie im Falle des Herrn Dr. Oestreich – dabei sogar Lust verspürt.

$$a = \frac{s_{xy}}{s_x^2} = \frac{136.24}{122.33} = 1.11 \text{ und } b = \overline{y} - a\overline{x} = 83.78 - 1.11 \cdot 182.28 = -119.23.$$

Somit lautet die Gleichung für die Regressionsgerade zum Zusammenhang zwischen Körpergröße und Gewicht

$$y = 1.11 \cdot x - 119.23.$$

~~Interessierte Leser~~ ~~Strebsame Studenten~~ Heißdüsen, die sich vielleicht doch fragen, wie man denn eigentlich auf die Parameter a und b kommt, sei nur kurz so viel gesagt: Im Grunde legt man ganz viele verschiedene Geraden in die Punktwolke, und die richtige ist dann diejenige, bei der die Summe aller quadrierten y-Abstände minimal wird. Wir haben das hier mal für ein paar Punkte im Streudiagramm mit der Regressionsgeraden angedeutet. Mit dieser Geraden kann man sehr einfach und schnell einen Anhaltswert dafür erhalten, wie schwer *statistisch gesehen* z. B. ein 229 cm großer chinesischer Basketballspieler[30] ist. Hierzu setzt man einfach die 229 für das x in der Gleichung ein, und es ergibt sich y zu 134.96 kg. Und das ist von dem uns bekannten wirklichen Gewicht von 140.6 kg nicht so weit weg!

Man muss sich aber stets bewusst sein, dass durch Ermitteln eines funktionalen Zusammenhangs, wie hier in Form einer Geraden, Informationen verloren gehen. Solch ein Modell kann die Realität meist nur unvollkommen beschreiben, da es ja nicht jedes Detail berücksichtigt. Aber ihr werdet sehen, in vielen Anwendungen der Technik, Medizin, Soziologie usw. erweist sich dies trotzdem als enorm sinnvoll und hilfreich.

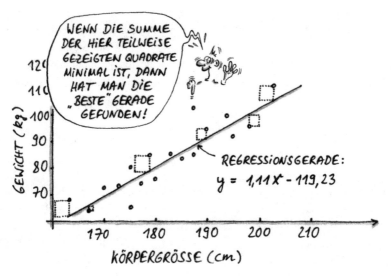

Nun seid ihr für eine Klausur, eine Prüfung oder aber auch einfach nur fürs Leben bzgl. der gleichzeitigen Untersuchung mehrerer Merkmale und deren Zusammenhänge gut gerüstet.

---

[30] Für unsere Kreuzworträtselfreunde: Früher in den USA spielender chinesischer Basketballspieler mit sieben Buchstaben (Vor- und Nachname, erster Buchstabe Y)?

Wenn es darum geht, sollten bei quantitativen Merkmalen Korrelation und Regression auf dem Plan stehen. Für ordinale Merkmale geht man den Umweg über die Rangkorrelation, und nominale Merkmale, sowie mehr als zwei in Zusammenhang stehende Merkmale sind nur was für Experten.

An dieser Stelle ist die beschreibende Statistik abgeschlossen, d. h., wenn ihr Daten vorliegen habt, solltet ihr jetzt in der Lage sein, diese ausführlich zu beschreiben und zu charakterisieren. Im Weiteren steigen wir nun in die Wahrscheinlichkeitsrechnung und die beurteilende Statistik ein, die u. a. dann die Zuverlässigkeit der aus der beschreibenden Statistik erkennbaren Trends beurteilt.

Teil II

DIE SACHE MIT DER WAHRSCHEINLICHKEIT

Nun, wo ihr hoffentlich alle die Welt der beschreibenden Statistik verinnerlicht habt, widmen wir uns dem faszinierenden Thema der Wahrscheinlichkeit und des Zufalls. Uns ist natürlich bewusst, dass dieses Thema bei vielen Studenten und auch anderen Lebewesen oft Schwindelanfalle und Panikattacken auslöst.[1] Wenn man dann zusätzlich auch noch auf den Zusammenhang mit der allseits beliebten Mengenlehre hinweist, reduziert das nicht gerade die Ausschüttung des Stresshormons Adrenalin. Ihr werdet aber im Weiteren schnell feststellen, dass auch beim Thema der Wahrscheinlichkeit wieder nur mit Wasser gekocht wird und wirklich (fast) kein Grund für eine erhöhte Herzfrequenz besteht.

Stellt euch Folgendes vor: Wie wäre es, wenn wir euch mit 100 % Wahrscheinlichkeit versprechen konnten, dass es die nächsten fünf Tage nicht regnet, dass der VFL Osnabrück die nächsten sechs Spiele in der 2. 3. 2. 3. 2. 3. 2. 3. Bundesliga gewinnt oder dass ihr die nächste Statistikprüfung mit voller Punktzahl besteht? Das wäre ja wohl ein echter Hammer, oder? Aber auch auf die Gefahr hin, ein paar von euch vor den Kopf zu stoßen, ist das doch wohl alles etwas zu optimistisch. Nichts im Leben ist absolut sicher![2] Ihr hättet eventuell ja sowieso schon so einen Verdacht, oder?

Die Wahrscheinlichkeit sagt etwas über die Sicherheit oder auch Unsicherheit für das zufällige Eintreten eines Ereignisses aus. Dabei geht es um die Bestimmung eines Zahlenwertes als quantitatives Maß. So kann man z. B. beim Hochwerfen einer Münze die Wahrscheinlichkeit $p = 0.5$ für das Auftreten von „Kopf" oder auch „Zahl" angeben. In der Wahrscheinlichkeitsrechnung versucht man, die Realität durch ein statistisches Modell zu beschreiben, um Gesetzmäßigkeiten in Zufallserscheinungen zu erkennen und zu erfassen. Wir werden darauf und auch auf die Methoden und Verfahren zur

---

[1] Da hilft Folgendes: Kurz das Buch zuschlagen und mehrfach die ersten beiden Wörter des Titels lesen!

[2] Und ganz speziell nichts, was mit dem VFL Osnabrück zu tun hat.

Beschreibung und Analyse solcher Zufallsvorgänge eingehen. Bevor es aber losgeht, noch ein paar mehr Worte, wozu man das Ganze braucht.

Zum einen stellt die Wahrscheinlichkeitsrechnung eine wichtige Verbindung zwischen der beschreibenden Statistik und der später noch im Detail erklärten beurteilenden Statistik her. Dabei geht es darum, mit Hilfe der Wahrscheinlichkeitsrechnung von den auf der Basis einer Stichprobe gewonnenen Ergebnissen auf eine Grundgesamtheit zu schließen.

Zum anderen hat die Wahrscheinlichkeitsrechnung aber auch eine eigenständige Bedeutung. Als Paradebeispiel lebt z. B. eine Stadt wie Las Vegas im Grunde nur von der perfekten Umsetzung der Wahrscheinlichkeitstheorie auf Glücksspiele aller Art. Aber auch die Existenz der Jungs[3] von den Versicherungen basiert im großen Stil auf der Kenntnis der Wahrscheinlichkeit.

Summa summarum ist das Thema Wahrscheinlichkeit ein weiterer Baustein und Schlüssel zum Erfolg in Statistik. Die genaue Vorhersage der Wahrscheinlichkeit, mit der ein bestimmtes Ereignis eintritt, ist wichtig und kann wirklich weitreichende Konsequenzen haben. Wie ihr später sehen werdet, ist die Wahrscheinlichkeitstheorie in vielen Fällen vollkommen logisch. Aber wie überall gibt es auch hier Ausnahmen. Einfach immer schön den Regeln der Wahrscheinlichkeitsrechnung folgen, dann klappt es „wahrscheinlich" auch mit der Prüfung.

---

[3] Und Mädels.

Vom Rechnen mit dem Zufall

Überall wird nach denselben Regeln der Wahrscheinlichkeit gerechnet. Das zu wissen nutzt natürlich wenig, wenn man diese nicht kennt. Deshalb werden wir jetzt erst einmal die Grundregeln erklären und auch ein paar neue Fachbegriffe zum Mitreden in den Raum schmeißen.

7.1   Was ist Zufall?

Eine wirklich wichtige Frage für die Statistik. Üblicherweise bezeichnet man als **Zufall**[1] alles, was nicht notwendigerweise oder beabsichtigt geschieht. Wenn man vorher nicht weiß, welches von mehreren möglichen Ereignissen eintritt, spricht man auch von einem **Zufalls-vorgang** bzw. **Zufallsereignis.** So sind beim abendlichen Besuch der Kneipe eures Vertrauens mal sehr viele interessante Leute zu sehen, manchmal leider auch weniger. Manchmal lernt ihr jemanden kennen, aber oftmals auch nicht. Mal seid ihr beim Verlassen der Lokalität betrunken, mal angeheitert oder auch mal stocknüchtern[2]. Auch die Zeit, die ihr in der Kneipe verbringt, variiert immer wieder. Sieht man mal von einem „vorsätzlichen Komasaufen" nach einer bestandenen Prüfung ab[3], so sind all dies gute Beispiele für Zufallsvorgänge. Eher klassische Beispiele für Zufallsvorgänge sind das ein- oder mehrmalige Werfen

---

[1] Ob es überhaupt einen Zufall gibt, ist eine sehr interessante Frage: Herr A. Einstein hat die These „Gott würfelt nicht" mit ins Grab genommen, d. h., jedes Ereignis hängt von den Bedingungen vorher ab, wenn man das Universum – im Gegensatz zur Hose von Herrn Dr. Oestreich – als geschlossenes System betrachtet. Dieses Thema (nicht die Hose von Herrn Dr. Oestreich) wird in der Philosophie und in der Physik als „Laplace'scher Dämon" bezeichnet und heiß diskutiert, besonders wenn man bedenkt, was das für den „freien menschlichen Geist" bedeutet! Ein Ausweg aus dem Dilemma ist die Chaostheorie.

[2] Letzteres ist im Falle von Herrn Dr. Romberg nie vorgekommen.

[3] Mit anschließendem – für alle Beteiligten völlig überraschenden – Nickerchen auf unbequemer Sandsteintreppe, wie im Falle des Herrn Dr. Oestreich.

© Springer-Verlag GmbH Deutschland, ein Teil von Springer Nature 2022   115
M. Oestreich und O. Romberg, *Keine Panik vor Statistik!*,
https://doi.org/10.1007/978-3-662-64490-4_7

eines Würfels oder einer Münze, oder aber das Ergebnis eines Fußballspiels, natürlich nur sofern der Schiedsrichter nicht unter dem Einfluss eines kroatischen Wettsyndikats steht. Ganz allgemein ist ein Zufallsvorgang, in der Fachliteratur auch oft als **Zufallsexperiment** bezeichnet, dadurch gekennzeichnet, dass

- es (zumindest theoretisch) beliebig oft wiederholbar ist,
- es mehrere mögliche Ergebnisse gibt, und
- das konkrete Ergebnis nicht vorherzusagen ist.

So kann man im Falle der Münze das Experiment beliebig oft wiederholen, die möglichen Ergebnisse sind bekannt (Kopf oder Zahl), und doch ist es unmöglich, das konkrete Ergebnis vorab zu wissen. In der Fachliteratur werden die möglichen, sich aber gegenseitig ausschließenden Ergebnisse eines Zufallsexperiments auch als **Elementarereignisse** bezeichnet. Nimmt man alle möglichen Elementarereignisse zusammen, spricht man von der **Ergebnismenge** oder auch vom **Ereignisraum,** meist bezeichnet mit dem griechischen Buchstaben Ω, gelesen ~~Opel~~ Omega.

Aber lasst uns diese Begriffe doch einfach mal an einem Beispiel vertiefen. Natürlich sind hierzu Spiele wie Würfeln, Karten oder Roulette gut geeignet. Aber das Ego eines gewissen Doktors erlaubt es einfach nicht, sich auf so etwas Klassisches – und seiner Meinung nach Langweiliges – zu beschränken. Bei der in nachfolgender Abbildung dargestellten, sehr beliebten und einfachen Studentenversion des „Glücksrades" hängt das Ergebnis der Drehung, also die Anzahl der zu trinkenden Tequila, vom Zufall ab.[4] Bei einer Drehung des Rades wird stets eines der drei möglichen Ergebnisse (1 Tequila, 2 Tequila oder 3 Tequila) auftreten, welche in diesem Fall die schon angesprochenen Elementarereignisse sind. Es handelt sich also um ein Zufallsexperiment, da man das Drehen des Rades beliebig oft wiederholen kann, es mehrere mögliche „attraktive" Ergebnisse gibt und das konkrete Ergebnis nicht vorhersagbar ist. Die Gesamtheit aller Elementarereignisse ist der Ereignisraum $\Omega = \{1, 2, 3\}$. Wir haben hier zur Vereinfachung der Schreibweise das Wort „Tequila" weggelassen, was hoffentlich für niemanden ein Problem darstellt. Aber dann wird besser deutlich, dass für die Sozialpädagogen unter euch dieses Beispiel auch mit Holunderblütentee (ohne Zucker) funktioniert. Neben den Elementarereignissen gibt es aber auch noch kombinierte Ereignisse, wie beispielsweise das Ereignis A: „Man muss weniger als 3 Tequila trinken", geschrieben $A = \{1, 2\}$, das Ereignis B: „Man muss eine ungerade Zahl Tequila trinken", geschrieben $B = \{1, 3\}$, oder das Ereignis C: „Man muss mehr als einen Tequila trinken", geschrieben $C = \{2, 3\}$. Diese kombinierten Ereignisse sind ja offensichtlich Teilmengen der Ergebnismenge Ω, d. h., es gilt $A \subset \Omega$, $B \subset \Omega$ und $C \subset \Omega$, und setzen sich aus den Elementarereignissen zusammen. Spätestens jetzt wird euch sicherlich bewusst, dass wir uns bereits mitten in der Mengenlehre befinden. Nun aber nur nicht zurückschrecken und tapfer weiterlesen!

---

[4] Herr Dr. Oestreich möchte anmerken, dass die hier erläuterte Variante für Einsteiger sehr einfach gehalten ist. Er weist darauf hin, dass sehr wohl mit umfangreicheren Versionen experimentiert wurde. Der Fantasie sind hier keine Grenzen gesetzt!

Bis hierher sind uns beim Glücksrad-Zufallsexperiment drei Sorten von Ereignissen begegnet: die Elementarereignisse, die kombinierten Ereignisse mit je zwei Elementen und das sichere Ereignis nach dem Motto „In jedem Fall Tequila!", beschrieben mit $\Omega = \{1, 2, 3\}$. Ein Ereignis fehlt noch, nämlich das durch die leere Menge $\emptyset$ (auch geschrieben $\{\}$) repräsentierte sogenannte unmögliche Ereignis, beispielsweise E: „Ich hätte lieber eine Pizza ohne Artischocken!" In unserer Version des Glücksrades ist ja feste Nahrung nicht vorgesehen[5], damit also unmöglich. Ein Klassiker aus der Fachliteratur für ein unmögliches Ereignis ist übrigens das Würfeln einer 7 mit einem sechsseitigen Würfel. Mit dem unmöglichen Ereignis haben wir nun für unser Glücksrad alle, aber auch wirklich alle, überhaupt möglichen Ereignisse betrachtet. Wie wir das wissen? Ganz einfach! Aus der guten, alten Schulzeit ist von der Mengenlehre her vielleicht noch bekannt[6], dass zu einer Menge aus n (in unserem Glücksrad-Beispiel hier ist $n = 3$) Elementen 2^n Teilmengen existieren. Und wenn ihr sorgfältig nachzählt[7], haben wir es in der Tat mit $2^3 = 8$ Teilmengen, also Ereignissen, in unserem Beispiel zu tun.[8] Wie ihr seht, war also wirklich nicht alles umsonst, was man früher in der Schule so gelernt hat!

Die Begrifflichkeiten sollten bis hierher jetzt klar sein. Wenn nicht, einfach noch mal versuchen, das Ganze z. B. auf den Münzwurf zu übertragen. Da gibt es ja dann mit „Kopf" und „Zahl" auch nur zwei Elementarereignisse, einfacher geht es wirklich nicht! So steht es übrigens dann auch in so einigen Fachbüchern![9] Mit diesem Vorwissen steigen wir nun in

---

[5] Außer Zitronen oder Orangen.

[6] Und wenn nicht, ist es auch egal.

[7] Herr Dr. Romberg fasst nochmals zusammen: $\{\}, \{1\}, \{2\}, \{3\}, \{1, 2\}, \{2, 3\}, \{1, 3\}, \{1, 2, 3\}$

[8] Spätestens jetzt dürfte dem gebildeten Leser auch klar werden, warum unser Beispiel nur aus 3 Elementarereignissen besteht.

[9] Herr Dr. Romberg kann es gern aus Langeweile auch noch mit einem Stapel von 32 Karten versuchen.

die Wahrscheinlichkeitsrechnung ein. Sie versucht, die bei Vorgängen oder Experimenten, wie beispielsweise unserem Glücksrad, mit zufälligem Ausgang herrschenden Gesetzmäßigkeiten mathematisch zu beschreiben.

7.1.1 Von Laplace und anderen Zockern

Als man angefangen hat, sich mit Wahrscheinlichkeit zu beschäftigen, war ein gewisser Monsieur Laplace einer der Ersten. Er wollte seine Chancen bei Glücksspielen verbessern, indem er die Zufallsgesetze besser verstehen lernte. Er ging dabei davon aus, dass alle Ereignisse vorab bekannt sind und jedes Elementarereignis die gleichen Chancen hat. Er definierte die Wahrscheinlichkeit eines Ereignisses A durch das Verhältnis der Anzahl der günstigen Ereignisse, also aller Ereignisse, bei denen A eintritt, zu der Anzahl aller möglichen Ereignisse. So wird die Wahrscheinlichkeit eines bestimmten Ereignisses A mit

$$P(A) = \frac{\text{Anzahl der für } A \textbf{ g}\text{ünstigen Ereignisse}}{\text{Anzahl aller } \textbf{m}\text{öglichen Ereignisse}}, \quad \text{also} \quad P(A) = \frac{\text{g}}{\text{m}}$$

beschrieben. Dabei steht das P nicht etwa für Panik, sondern für den englischen Begriff „Probability", und $P(A)$ wird gelesen als P von A, also die Wahrscheinlichkeit P für das Auftreten des Ereignisses A. Mit dieser Definition wird jedem Ereignis eine Zahl zwischen 0 und 1 zugeordnet, weil m ja immer größer oder maximal gleich g ist! Es ist dabei wichtig, dass ihr euch für die Zukunft merkt: Nur wenn alle Ergebnisse gleich wahrscheinlich sind, geht es mit Laplace!

Kommen wir nun auf unser Glücksrad zurück, an dem man das Prinzip der Formel gut erklären kann. Da alle 3 Felder gleich groß und damit alle 3 Elementarereignisse gleich wahrscheinlich sind, können wir die Formel von Laplace anwenden. So ist die Wahrscheinlichkeit, 2 Tequila trinken zu ~~müssen~~ dürfen, also $P(\text{„2 Tequila"}) = \frac{\text{g}}{\text{m}} = \frac{1}{3}$. Während im Nenner der Umfang des Ereignisraumes steht, der hier 3 mögliche Ereignisse hat (nämlich die Anzahl der zu trinkenden Tequila 1, 2 oder 3), ist im Zähler die Anzahl der für dieses Ereignis günstigen Ereignisse zu finden. Analog ergibt sich z. B. für das Ereignis $A = \{1, 2\}$, dass man also weniger als 3 Tequila trinken muss, die Wahrscheinlichkeit nach Laplace zu $P(A = \{1, 2\}) = \frac{\text{g}}{\text{m}} = \frac{2}{3}$. In diesem Fall sind die günstigen Ereignisse genau die, bei denen entweder „1 Tequila" oder „2 Tequila" nach Drehung des Glücksrades zu trinken sind. Falls ihr noch nicht sicher seid, ob ihr das auch wirklich verstanden habt, machen wir es noch einen Schritt einfacher. Beim Werfen einer Münze gibt es 2 mögliche Ausgänge („Kopf" oder „Zahl") und nur 1 günstiges Ereignis tritt ein. Somit ist z. B. die Wahrscheinlichkeit $P(\text{„Kopf"}) = \frac{\text{g}}{\text{m}} = \frac{1}{2}$. Es ist dabei auch üblich, die Wahrscheinlichkeit in Prozent auszudrücken, und im Falle der Münze spricht man dann von 50 %iger Wahrscheinlichkeit („fifty, fifty") für das Auftreten von „Kopf".[10, 11]

Was sich Monsieur Laplace da ausgedacht hat, sollte wirklich keine große Überraschung sein. Es ist nicht schwer, und im Grunde kommt es nur auf das richtige Zählen der günstigen und möglichen Ereignisse an, und schon hat man die Wahrscheinlichkeit auf diesem Wege bestimmt. Die Definition von Laplace ist wirklich super einfach, kann aber nur angewendet werden, und das bitte nie vergessen, wenn alle Ereignisse gleich wahrscheinlich sind.

Damit ihr aber nicht denkt, dass Wahrscheinlichkeiten mit Laplace immer super einfach sind, versetzen wir euch noch einen kleinen Dämpfer! Denn, wie ihr euch vielleicht noch erinnert, ist das mit dem Zählen ja leider nicht immer so trivial. Denkt beispielsweise einfach mal zurück an Abschn. 3.5.2 im Kombinatorik-Kapitel, wo wir die Anzahl aller möglichen Kombinationen, also m, für die Lottozahlen 6 aus 49 mit dem Binomialkoeffizienten bestimmen mussten. Hier ergaben sich $\binom{49}{6} = 13983816$ mögliche Ereignisse. Somit ist die Wahrscheinlichkeit, dass das eine Kästchen auf eurem Lottoschein, also g, ein Volltreffer ist, leider nur $P(A = 6 \text{ Richtige}) = \frac{g}{m} = \frac{1}{13983816} = 0.0000000715$. Fakt ist aber, wer das mit dem Zählen verstanden hat, ist bei Laplace klar im Vorteil!

Übrigens wird in der Fachliteratur die Definition nach Laplace auch oftmals als klassische Wahrscheinlichkeit bezeichnet. Falls wir es noch nicht erwähnt haben, ist es dabei wichtig, zuerst einmal zu klären, ob auch wirklich alle Ereignisse gleich wahrscheinlich sind. Am Anfang der Bestimmung einer Wahrscheinlichkeit mit Laplace ist stets zu überprüfen, ob gleiche Chancen vorliegen. Nur dann funktioniert's! Ist z. B. unser Glücksrad nicht mit gleich großen Feldern versehen, hilft das zwar, schneller betrunken zu werden[12], aber es liegt dann auch kein Zufallsexperiment nach Laplace vor! Es ist ja wohl ziemlich offensichtlich, dass eines der Ergebnisse eine wesentlich höhere Wahrscheinlichkeit hat. Auch bei anderen Glücksspielen muss man aufpassen. Ist z. B. ein Würfel „präpariert", damit die Sechs öfter kommt als alle anderen Zahlen, so haben nicht alle Ergebnisse die gleichen Chancen, wie von Laplace gefordert. Aber das ist dann noch lange kein Grund zur Sorge, da man in solch einem Fall mit der sogenannten empirischen Wahrscheinlichkeit arbeiten kann.

---

[10] Deshalb benutzt man ja auch oft eine Münze zur unvoreingenommenen Entscheidung zwischen zwei Alternativen, wie beispielsweise zur Seitenwahl beim Bier-Pong.

[11] Um den Sachverhalt doch noch etwas zu verkomplizieren, fragt Herr Dr. Romberg an dieser Stelle, wo denn hier das – zugegebenermaßen unwahrscheinliche – Ereignis „Münze steht auf Kante" berücksichtigt wird!

[12] Besonders praktisch, wenn man gleich klarstellen will, wer an diesem Abend *nicht* der Fahrer ist.

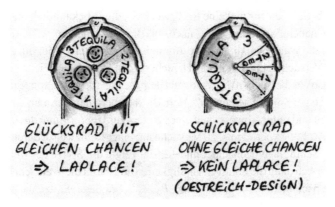

7.1.2 Empirische Wahrscheinlichkeit

Okay, wenn wir also vorab nicht wissen, ob alle Chancen gleich sind oder es einfach zu schwierig ist, die genaue Anzahl der günstigen oder möglichen Ausgänge eines bestimmten Zufallsexperiments zu bestimmen, dann müssen wir uns etwas anderes überlegen. Hoffentlich erinnert ihr euch noch an die relative Häufigkeit. Genau die wird nämlich in diesem Fall verwendet, und man spricht dann von der **empirischen Wahrscheinlichkeit,** also einer „gemessenen" Wahrscheinlichkeit. Diese Wahrscheinlichkeit wird bestimmt, indem der Wert der relativen Häufigkeit als Näherungswert für die Wahrscheinlichkeit verwendet wird. So ist dann die Wahrscheinlichkeit für das Auftreten eines Ereignisses A einfach

$$P(A) = \frac{\text{Anzahl der Versuche, bei denen } A \text{ eingetreten ist}}{\text{Anzahl der durchgeführten Versuche}}.$$

Wenn ihr mal zum Abschnitt über die relative Häufigkeit zurückblättert, werdet ihr sehen, dass wir diese dort als Bruch mit der absoluten Häufigkeit eines Ereignisses im Zähler und der Anzahl aller Stichprobenwerte im Nenner bestimmt haben. Hier machen wir nichts anderes, nur mit dem Unterschied, dass wir eine mehr auf die Wahrscheinlichkeit zugeschnittene Ausdrucksweise verwenden. Wichtig ist, dass man die relative Häufigkeit als Wahrscheinlichkeit interpretieren kann. Ist also z. B., natürlich rein hypothetisch, der Anteil der Frauen auf einer Studentenparty in Clausthal-Zellerfeld 3 % (sprich die relative Häufigkeit 0.03) und der Anteil der Männer 97 % (sprich die relative Häufigkeit 0.97), so ist ein zufällig ausgewählter Gast mit der Wahrscheinlichkeit 0.97 (oder 97 %) männlich.

Da es ziemlich wichtig ist, dass man das Prinzip der empirischen Wahrscheinlichkeit versteht und auch der Unterschied zu dem Vorgehen nach Laplace klar sein muss, wo ja alles auf gleichen Chancen basiert, noch einmal zum Mitschreiben in anderen Worten: Bei ungleichen Chancen führt man ein Zufallsexperiment mehrmals durch und notiert, wie oft insgesamt die Ereignisse A, B, C usw. eingetreten sind. Will man dann für ein erneutes Experiment einschätzen, mit welcher Wahrscheinlichkeit beispielsweise A eintritt, so benutzt man die relative Häufigkeit des Eintretens von A aus den früheren Experimenten als Einschätzung für die Wahrscheinlichkeit $P(A)$.

Als Beispiel betrachten wir mal eine Reißzwecke[13], die ja bekanntlich die unangenehme Eigenschaft hat, manchmal mit der Spitze nach oben liegen zu bleiben, wenn sie herunterfällt. Will man hierfür die Wahrscheinlichkeit bestimmen, so kann man das nur mit einer mehr oder weniger langen Versuchsreihe, da sicherlich nicht beide Ergebnisse gleiche Chancen haben. Man ermittelt also aus Versuchen die relativen Häufigkeiten für A = „Spitze nach oben" und für B = „Schräglage, Spitze nach unten". Herr Dr. Romberg hat hier mal, unter Ausschluss der Öffentlichkeit und unter Abwesenheit eines Notars zur Überprüfung des ordnungsgemäßen Ablaufs des Zufallsexperiments, 20 Versuche mit einer Reißzwecke durchgeführt. Dabei hat er 8 Mal die Schräglage beobachtet und 12 Mal zeigte die Spitze der Reißzwecke nach oben. So ergeben sich dann die relativen Häufigkeiten und damit die Wahrscheinlichkeiten zu $P(A = \text{„Spitze nach oben"}) = \frac{12}{20} = \frac{3}{5}$ und $P(= \text{„Schräglage, Spitze nach unten"}) = \frac{2}{5}$. Bei diesem Vorgehen basieren die empirischen Wahrscheinlichkeiten also auf 20 Versuchen. Es dürfte nun jedem klar sein, dass die Güte der relativen Häufigkeiten und damit die Güte der Wahrscheinlichkeiten steht und fällt mit der Anzahl der Versuche. Je mehr Vertrauen man in seine Versuche hat, umso besser kann man sich später auf das Ergebnis verlassen. Vergleicht das einfach mit einer Meinungsumfrage, die erfahrungsgemäß immer aussagekräftiger wird, wenn ihr mehr Leute interviewt.[14] Nun zurück zu unserem Beispiel! Wenn Herr Dr. Romberg erneut 20 Versuche macht, kommt er eventuell auf etwas andere Ergebnisse. Ihr könnt euch aber sicherlich vorstellen, wenn er 2000 Versuche macht, so nähert sich die relative Häufigkeit natürlich der wirklichen Wahrscheinlichkeit des Experiments viel besser an. Dieses Muster wird in Fachkreisen auch das **Gesetz der großen Zahlen** genannt.[15] Aber lasst uns ruhig noch mal zum besseren Verständnis dieses Gesetz mit einem anderen Beispiel verdeutlichen. Wirft man eine Münze nur 3 Mal und erhält jedes Mal als Ergebnis „Kopf", so ist in diesem Fall die empirische Wahrscheinlichkeit für das Ereignis „Kopf" 1, sprich 100 %. Das ist natürlich nicht korrekt, kann aber bei so wenig Würfen schon mal passieren. Wesentlich besser ist es da schon, wenn man die Münze 300 Mal wirft, da sich so die empirische Wahrscheinlichkeit wesentlich besser an die uns schon bekannte klassische Wahrscheinlichkeit von 50 % annähert.[16] Und natürlich erst recht, wenn man es 30000 Mal versucht!

---

[13] Auch bekannt unter dem Namen Reißnagel, Heftzwecke, Reißbrettstift oder norddeutsch einfach Pinne.

[14] Der eine aufmerksame Leser möchte betonen, dass dies natürlich nur im Falle einer repräsentativen Umfrage gültig ist. Für Details verweist er auf Kap. 2.

[15] Da ein frisch geschmiertes Marmeladenbrot, wenn es herunterfällt, immer mit der Marmeladenseite nach unten vom Frühstückstisch auf den Boden klatscht und eine Katze immer auf den Füßen landet, wenn sie irgendwo herunterfällt, ist Herr Dr. Romberg häufig dabei beobachtet worden, wie er seiner Katze ein frisch geschmiertes Marmeladenbrot auf den Rücken schnürte und sie dann immer wieder sanft vom Tisch herunterstieß. Welche Seite landet wohl oben? Ähnlich wie bei Schrödingers Katze gibt es auch bei Rombergs Katze kein physikalisch erklärbares Ergebnis, und es muss in den Bereich der Philosophie oder Religion verlegt werden!

[16] Herr Dr. Oestreich erinnert sich an sein Technomathematik-Studium und merkt an, dass man unter Experten dann auch von Konvergenz spricht.

7.1.3   Intuition, Erfahrung und subjektive Wahrscheinlichkeit

Eine ganz spezielle Stellung in der Statistik hat die subjektive Wahrscheinlichkeit, die verwendet wird, wenn klassische oder empirische Wahrscheinlichkeiten nicht zur Verfügung stehen. Die **subjektive Wahrscheinlichkeit** charakterisiert mehr oder weniger die Stärke der inneren Überzeugung, ob ein Ereignis eintritt oder nicht. In diesem Fall basiert die Wahrscheinlichkeit auf Erfahrung und Intuition und nicht auf irgendwelchen Rechenregeln und Versuchen!

Hier einige Beispiele aus dem Alltag, bei denen subjektive Wahrscheinlichkeit angewendet werden muss:

- Wie groß schätzt man die Chancen auf ein anschließendes Schäferstündchen ein, wenn man mit seiner Freundin/Frau/Geliebten das Liebesdrama *Titanic* schaut? (97 %)[17]
- Wie hoch ist die Wahrscheinlichkeit für ein missglücktes, unterkühltes Wochenende (mit Liebesentzug), nachdem ihr eurer Freundin/Frau/Geliebten gerade gesagt habt, dass sie viel zu dick ist? (99.99 %)[18]

---

[17] Wenn man vernachlässigt, dass die meisten Nicht-Frauen bei dem Film nach zehn Minuten eingeschlafen sind, nachdem sie stolz verkündet hatten, ohne den Film zu kennen, dass das Schiff am Schluss bestimmt untergeht.

[18] Herr Dr. Romberg wirft ein, dass die Wahrscheinlichkeit für ein missglücktes Wochenende in jedem Fall 100 % ist, wenn man den Vorschlag macht, es mit allen drei Damen gleichzeitig zu verbringen.

- Und wie sieht es mit der Schäferstündchen-Wahrscheinlichkeit aus, wenn ihr eurer Freundin/Frau/Geliebten unmittelbar nach den fast vier Stunden *Titanic* sagt, dass sie viel zu dick ist? (0%)[19]

Bei der subjektiven Wahrscheinlichkeit spielen also Wunschdenken, Lebenserfahrung und Gefühle eine wesentliche Rolle. Es dürfte klar sein, dass dieser Aspekt der Wahrscheinlichkeitstheorie natürlich nur sehr schwer Gegenstand einer Prüfung sein kann. Insofern müsst ihr euch keine Sorgen machen. Aber denkt jetzt bitte nicht, dass subjektive Wahrscheinlichkeit deshalb nicht wichtig ist! Eher das Gegenteil ist der Fall, da (fast) jede Entscheidung in gewissen Aspekten von der subjektiven Wahrscheinlichkeit beeinflusst wird. So wird beispielsweise vor dem Verkauf eines neuen Produkts, für das es bisher nichts Vergleichbares auf dem Markt gibt, bzgl. der Erfolgsaussichten sehr wohl von der subjektiven Wahrscheinlichkeit Gebrauch gemacht. So gehen Herr Dr. Romberg und Herr Dr. Oestreich mit 100 % subjektiver Wahrscheinlichkeit von einem Erfolg dieses Buches aus!

7.2 Das BGB der Wahrscheinlichkeit

Im Weiteren schauen wir uns mal die Gesetze und Regeln an, die die Wahrscheinlichkeitstheorie bestimmen. Die einfachsten Grundregeln[20] sind:

- Im Falle von $P(A) = 1$ tritt das Ereignis A mit 100 % Sicherheit ein. In diesem Falle ist $A = \Omega$ die Ergebnismenge, und man spricht auch von A als sicherem Ereignis. Ein Beispiel ist das Ereignis $A =$ „Herrn Dr. Rombergs Frau kauft in diesem Monat ein Paar Schuhe".
- Im Falle von $P(A) = 0$ tritt das Ereignis A mit Sicherheit nicht ein. Ein Beispiel hierfür ist das Ereignis $A =$ „Herrn Dr. Oestreichs Kinder machen alle ihre Hausaufgaben ohne Aufforderung".[21]
- Die Wahrscheinlichkeit des Ereignisses A liegt immer zwischen 0 und 1, oder wenn ihr so wollt, zwischen 0 % und 100 %.
- Die Summe aller Wahrscheinlichkeiten für die einzelnen Ereignisse, die sogenannten Elementarereignisse, ist immer 1. So ist z.B. beim Münzwurf die Summe $P(A =$ „Zahl") $+ P(B =$ „Kopf") $= 1$.[22]

---

[19] Aber so blöd kann man doch nicht sein!

[20] Diese Grundregeln werden in Expertenkreisen, allerdings in leicht abgewandelter Form, auch als Axiome von Kolmogorov bezeichnet (das sind keine Figuren aus *Der Hobbit*).

[21] Dieses Beispiel funktioniert selbstverständlich auch mit Herrn Dr. Rombergs Kindern.

[22] Natürlich wird dabei wieder das sehr unwahrscheinliche Ergebnis, dass die Münze auf der Kante landet, vernachlässigt.

Basierend auf diesen Grundregeln kann man jetzt eine Vielzahl weiterer Aussagen für die Wahrscheinlichkeitsrechnung machen. Hierzu werden wir im Folgenden die Grundbegriffe aus der allseits beliebten Mengenlehre wiederholen und für diese dann eine Interpretation im Sinne der Wahrscheinlichkeitsrechnung geben. Dabei ist Ω stets die Grundmenge, also die Menge aller möglichen Ausgänge des betrachteten Zufallsexperiments. Ereignisse sind ja nun Teilmengen von Ω, und man kann mit Ereignissen rechnen wie mit Mengen. Wie wir ja bereits beim Glücksrad angedeutet haben, kann man Ereignisse nach bestimmten Regeln verknüpfen und erhält so als Resultat der jeweiligen Operationen neue Ereignisse. Für diese neuen Ereignisse kann man dann erneut die Frage nach der Größe der Wahrscheinlichkeit beantworten.

7.2.1 Wir machen Komplemente

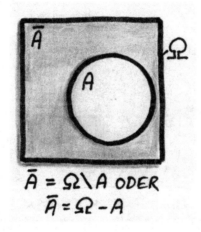

Auch wenn euch das Wort **Komplement** vielleicht auf den ersten Blick vertraut vorkommt, solltet ihr es bitte nicht verwechseln mit dem Kompliment. In der Wahrscheinlichkeitsrechnung spricht man vom „Komplement von A", geschrieben $\overline{A}$, wenn darin alles enthalten ist außer das Ereignis A selbst.[23] Wir haben dies hier mal graphisch dargestellt. Dabei repräsentiert das Rechteck die gesamte Ereignismenge Ω und der Kreis das spezielle Ereignis A. So gesehen ist $\overline{A}$ also dann die Menge der Ereignisse, wenn A nicht eintritt. Man spricht auch oft vom **Gegenereignis** oder **Komplementärereignis.** So ist beim Münzwurf das Komplement von $A = $ „Zahl" natürlich das Gegenereignis $\overline{A} = $ „Kopf". Da die Wahrscheinlichkeit für das Eintreten von A oder von $\overline{A}$, also $P(A) + P(\overline{A}) = 1$ ist, ergibt sich die Wahrscheinlichkeit für das Komplement eines Ereignisses A zu

---

[23] Man denke hier einfach an den Kunstunterricht zurück, und an die gegensätzlichen „Komplementärfarben" Rot–Grün, Blau–Gelb usw.

$$P(\overline{A}) = 1 - P(A).$$

Manchmal ist diese Gleichung extrem nützlich, da z. B. ein Ereignis über das Komplement wesentlich einfacher zu berechnen ist. Wenn man beispielsweise weiß, dass die Wahrscheinlichkeit des Ereignisses A = „7" beim Roulette $\frac{1}{37}$ ist, so kann man unmittelbar die Wahrscheinlichkeit für das Komplement $\overline{A}$ = „keine 7" berechnen mit $P(\overline{A}) = 1 - \frac{1}{37} = \frac{36}{37}$! Ihr werdet sehen, dieser Umweg über das Komplement ist manchmal verdammt praktisch! Es kommt übrigens hin und wieder schon vor, dass auch manche Komplimente als versteckte Komplimente zu verstehen sind.

7.2.2 Mengen aller Länder vereinigt Euch!

Die **Vereinigung** der Ereignisse A und B, in der Terminologie der Mengenlehre $A \cup B$, gelesen A vereinigt mit B, enthält alle Elemente, die in A oder in B enthalten sind. Dies schließt also auch die Schnittmenge der Elemente ein, die in A und in B gleichzeitig enthalten sind, sofern sich die beiden Mengen wie hier dargestellt überlappen. Im Sinne der

Wahrscheinlichkeit ist $A \cup B$ das Ereignis, dass A oder B oder sogar beides eintritt.[24] Was liegt mehr auf der Hand als ein Beispiel zur Vereinigung von Männern und Frauen? Gehen wir mal wieder zu einer Studentenparty, diesmal allerdings endlich mal in Hannover beim Fachbereich Tiermedizin. Auf dieser Party ist der Anteil der Frauen sagenhafte 84 % und der Anteil der Männer 16 %. Die Vereinigung von A = „weiblich" und B = „männlich" macht nun die Menge aller Frauen *oder* Männer aus, sprich 100 % aller Partygäste. Es gibt zwar bei diesem Beispiel keine wirkliche Schnittmenge, trotzdem kann es wohl im Laufe des Abends zu der einen oder anderen „Überlappung" kommen. Wir werden bald noch auf weitere Details zur Vereinigung eingehen!

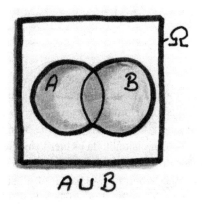

7.2.3   Nicht mehr als Durchschnitt

Was das „oder" für die Vereinigung ist, ist nun das „und" für den Durchschnitt. Der **Durchschnitt** von A und B wird mit $A \cap B$, gelesen A geschnitten mit B, ausgedrückt und enthält alle Elemente, die sowohl zu A als auch zu B gehören. Es interessiert also alles, was in A und auch gleichzeitig in B liegt. Das geht natürlich nur, wie hier in der Graphik gezeigt, wenn es eine Schnittmenge gibt! In der Wahrscheinlichkeitsrechnung ist $A \cap B$ also das Ereignis, das sowohl A als auch B gemeinsam eintreten. Wenn z. B. A die Menge aller attraktiven Partygäste ist und B die Menge aller Frauen, so ist $A \cap B$ die Menge aller attraktiven Frauen auf der Party. Es muss wohl kaum erwähnt werden, dass in Clausthal-Zellerfeld[25] diese Schnittmenge deutlich kleiner ist als z. B. in Hannover.

---

[24] Im Eifer des Gefechts ist ein beliebter Fehler, dass $\cup$ fälschlicherweise als „und" zu lesen. Eselsbrücke: Das $\cup$ sieht aus wie ein Flussbett ohne Wasser, vielleicht das Flussbett der Oder!

[25] Herr Dr. Romberg vermutet, dass männliche Studenten, die freiwillig in Clausthal-Zellerfeld studieren, entweder homophil sind oder aber die Aufnahmeprüfung im katholischen Kloster „Die frommfröhlichen Brüder" nicht bestanden haben.

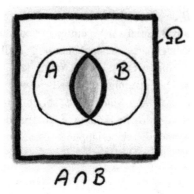

$$A \cap B$$

7.2.4 Disjunkt

Gibt es hingegen keine Schnittmenge, so spricht man von **disjunkten** (oder auch unverein-baren) Mengen. In diesem Fall ist der Durchschnitt $A \cap B = \emptyset$ eine leere Menge, die kein einziges Element enthält. So sind z. B. beim Roulette die Menge aller ungeraden Zahlen und die Menge aller geraden Zahlen disjunkt, da es hier keine Schnittmenge gibt. Und wer jetzt aufgepasst hat, der wird auch einsehen, dass per Definition ein beliebiges Ereignis und sein Komplement natürlich keine Schnittmenge haben, d. h., stets gilt $\overline{A} \cap A = \emptyset$. Herr Dr. Oestreich räumt ein, dass auf vielen von ihm in Clausthal-Zellerfeld besuchten Studentenpartys die Menge aller attraktiven Partygäste und die Menge aller Frauen oft disjunkt waren.

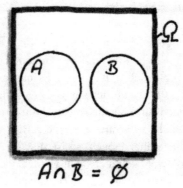

$$A \cap B = \emptyset$$

7.2.5 Differenzmengen

So, nun ist es bald geschafft mit der Wiederholung aus der Mengenlehre. Abschließend müssen wir noch erklären, was eine sogenannte Differenzmenge ist. Man spricht von einer

Differenzmenge $A \setminus B$, oftmals auch geschrieben als $A - B$, die dann alle Elemente aus A enthält, die nicht gleichzeitig in B enthalten sind. Die Graphik sollte euch das eigentlich deutlich machen. Mit dem bisher Gelernten kann man auch einfach sagen, dass $A \setminus B = A - A \cap B$ ist, da man ja wirklich den Durchschnitt der beiden Mengen von A abzieht. Mit Blick auf die Wahrscheinlichkeitsrechnung geht es also darum, dass das Ereignis A, aber nicht B eintritt. So ist beispielsweise die Differenzmenge der Menge aller Männer und der Menge aller Raucher die Menge aller männlichen Nichtraucher. Alles schön logisch, ist doch toll!

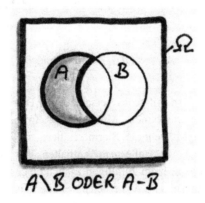

7.3   Mit Wahrscheinlichkeit richtig rechnen

7.3.1   Additionssatz für beliebige Ereignisse

Wie von Herrn Dr. Romberg schon sehnsüchtig erwartet, kommen wir jetzt auf die Vereinigung zurück. Um die Wahrscheinlichkeit der Vereinigung zweier Ereignisse zu berechnen, also die Wahrscheinlichkeit für das Auftreten von A oder B, nimmt man den sogenannten Additionssatz zur Hilfe, der da lautet:

$$P(A \cup B) = P(A) + P(B) - P(A \cap B).$$

Die Wahrscheinlichkeit für die Vereinigung von A und B ist also gleich der Summe der einzelnen Wahrscheinlichkeiten minus der Wahrscheinlichkeit für den Durchschnitt. Der Grund, dass man hier die Wahrscheinlichkeit des Durchschnitts abzieht, ist, dass man ansonsten die Schnittmenge doppelt zählt, einmal in $P(A)$ und einmal in $P(B)$. Das muss euch zwar nicht unbedingt interessieren, macht das Verständnis der Formel aber einfacher. Wenn man es, wie hier, einfach mal aufmalt, sollte es aber wohl jedem klar werden. Das Tolle ist, dass diese Formel auch funktioniert, wenn gar keine Schnittmenge vorhanden ist und die beiden Ereignisse also disjunkt sind, sprich A und B nicht gleichzeitig auftreten können. In diesem Fall ist die Schnittmenge die leere Menge, und da $P(A \cap B) = P(\emptyset) = 0$ ist, fällt somit der Teil des Additionssatzes einfach weg. Dann gilt also

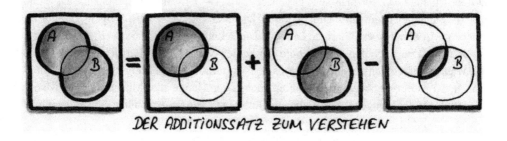

DER ADDITIONSSATZ ZUM VERSTEHEN

$$P(A \cup B) = P(A) + P(B), \quad \text{wenn } A \text{ und } B \text{ disjunkt sind.}$$

Als Beispiel betrachten wir den mit sechs verschiedenen Bieren bestückten Sixpack aus Kap. 3, auch bekannt unter dem Namen „Mixed Six"[26]. In diesem Sixpack ist u. a. eine Menge A = „herbe Biere" = {Möwenbräu, Sierra!, Ballermann} und eine Menge B = „sehr preiswerte Biere" = {Hacke Wegg, Ballerman} enthalten. Wir stellen uns jetzt die Frage, wie groß die Wahrscheinlichkeit beim zufälligen Ziehen einer Flasche ist, dass diese Flasche entweder aus der Ereignismenge A (herbe Biere) oder aus der Ereignismenge B (sehr preiswerte Biere) ist? Gefragt wird also nach der Wahrscheinlichkeit $P(A \cup B)$! Wie ihr euch schnell überzeugen könnt, tritt das Ereignis nur dann ein, wenn Möwenbräu, Sierra!, Ballermann oder Hacke Wegg aus dem Sixpack gezogen werden. Natürlich werfen an dieser Stelle pfeilschnelle Schlaumeier ein: 4 Flaschen, 6 sind drin, also $P(A \cup B) = \frac{4}{6} = \frac{2}{3}$! Nun mal langsam, das werden wir natürlich prüfen, allerdings mit Hilfe unserer Formel zur Addition beliebiger Ereignisse. Zunächst einmal haben ja wohl alle Flaschen beim zufälligen Ziehen die gleichen Chancen, wir können also mit Laplace rechnen. Das heißt, wir müssen einfach die Anzahl der möglichen und günstigen Ereignisse für die einzelnen, im Additionssatz benötigten, Wahrscheinlichkeiten bestimmen. Für unseren Sixpack sind offensichtlich 6 Flaschen möglich, jetzt muss nur noch die Anzahl der günstigen Ereignisse für A, B und $A \cap B$ abgezählt werden. Wenn man so vorgeht, ist die Wahrscheinlichkeit für das Ereignis A = „herbe Biere" $P(A) = \frac{3}{6} = \frac{1}{2}$, und die Wahrscheinlichkeit für das Ereignis B = „sehr preiswerte Biere" ist entsprechend $P(B) = \frac{2}{6} = \frac{1}{3}$. Die Schnittmenge der Ereignisse A und B ist die bei beiden Mengen aufgetretene Biersorte Ballermann, und es gilt für die Schnittmenge $A \cap B$ = {Ballermann}. Für dieses Ereignis gilt $P(A \cap B) = \frac{1}{6}$, und so kann man in der Tat mit dem Additionssatz

---

[26] Das ist ja um Längen besser als ein langweiliger sechsseitiger Würfel.

$$P(A \cup B) = P(A) + P(B) - P(A \cap B) \quad \text{mit} \quad P(A \cup B) = \frac{1}{2} + \frac{1}{3} - \frac{1}{6} = \frac{2}{3}$$

das schon vorher im Schnellschuss rausgehauene Ergebnis bestätigen! Natürlich ist es nicht schlecht, wenn man die Lösung sofort sieht,[27] aber für alle anderen Situationen und zur Kontrolle gibt es den Additionssatz.

An dieser Stelle sei angemerkt, dass sich der Additionssatz natürlich auch noch für drei, vier und mehr Ereignisse verallgemeinern lässt. Da geht es dann z. B. um die Berechnung von $P(A \cup B \cup C \cup D)$. Ohne auf Details einzugehen, ist es hier nur wichtig, dass ihr auch immer schön die verschiedenen Schnittmengen mit einbeziehet und nicht mehrfach zählt. Näheres hierzu findet ihr bei Interesse in der Fachliteratur, manchmal dort auch bezeichnet als die Formel von Poincaré-Sylvester. Wir gehen davon aus, dass ihr nur in besonders böswilligen Fällen in der Prüfung hiernach gefragt werdet.[28]

7.3.2 Wahrhaft wahrscheinlich: Bedingte Wahrscheinlichkeit

Stellt euch vor, ihr müsst die Frage nach der Wahrscheinlichkeit beantworten, ob euer Fernseher zwei Jahre bis zum[29] Ende des Studiums hält. Mit den entsprechenden statistischen Daten bzgl. der Ausfallquote für diesen Typ von Fernseher ist dies sicherlich schon jetzt kein Problem für euch. Was aber, wenn man zusätzlich noch weiß, dass eure Glotze seit Anfang des Studiums bereits zehn Jahre auf dem Buckel hat? In so einem Fall baut man diese zusätzliche Information in die Berechnung mit ein, indem man die **bedingte Wahrscheinlichkeit** bestimmt. Ganz allgemein ist die bedingte Wahrscheinlichkeit die Wahrscheinlichkeit für das Eintreten eines Ereignisses A, unter der Bedingung, dass das Eintreten des Ereignisses B bereits bekannt ist! Wir haben mal versucht, euch den Sachverhalt der bedingten

---

[27] Was man bei den meisten Problemen nicht kann!

[28] Oder ihr habt vorher schon extrem geglänzt, und es kommt nun zur Kür.

[29] erhofften.

Wahrscheinlichkeit mit den bekannten Elementen aus der Mengenlehre graphisch zu verdeutlichen. Ausgerechnet die Mathematiker treffen den Nagel auf den Kopf, indem sie in so einem Fall auch von Wahrscheinlichkeit mit Nebenbedingung sprechen. Die bedingte Wahrscheinlichkeit $P(A|B)$, gelesen als die Wahrscheinlichkeit für das Eintreten von A unter der Bedingung B, ergibt sich aus

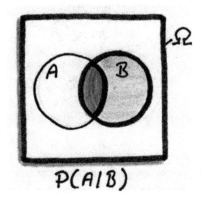

$$P(A|B) = \frac{P(A \cap B)}{P(B)} \quad \text{mit} \quad P(B) \neq 0.$$

Sicherlich fragen sich viele von euch jetzt, wie man nur auf so eine abgefahrene Formel kommen soll. Eigentlich ganz einfach! Dies wird deutlich, wenn man sich nochmals die bedingte Wahrscheinlichkeit in der Mengendarstellung anschaut: Die bedingte Wahrscheinlichkeit ist nämlich im Grunde einfach der Prozentsatz, den die Schnittmenge $A \cap B$ vom Ereignis B abdeckt. Wie ihr außerdem seht, ist die bedingte Wahrscheinlichkeit nur definiert, wenn es auch wirklich eine Wahrscheinlichkeit ungleich null für das Ereignis B gibt, also $P(B) \neq 0$ ist. Ansonsten würde hier ja durch Null geteilt werden, und das ist natürlich, speziell in Mathematikerkreisen, gar nicht angesagt.[30] Zur Berechnung der bedingten Wahrscheinlichkeit benötigt man also die Kenntnis der Wahrscheinlichkeit des Ereignisses B und die Wahrscheinlichkeit für die Schnittmenge von A und B. Habt ihr diese Wahrscheinlichkeiten, dann könnt ihr so typische, aus dem Leben gegriffene, bedingte Wahrscheinlichkeiten wie

- $P($„Klausur bestanden"|„3 von 6 Aufgaben nicht bearbeitet"),
- $P($„schwanger"|„gerissenes Kondom"),
- $P($„Verkehrskontrolle"|„4 Dosen gestochen")

bestimmen.

---

[30] Laut Herrn Dr. Oestreich ist das Teilen durch Null für die Mathematiker wie der Knoblauch für die Vampire!

Aber am besten erklären wir das im Detail an einem kleinen, beim Poker relevanten Beispiel: Ist die oberste Karte aus einem gut durchmischten Pokerblatt eine Kreuz-Karte, so beträgt die Wahrscheinlichkeit für dieses Ereignis A genau $\frac{1}{4}$. Es gibt nämlich 32 Karten und darunter genau 8 Kreuz-Karten, d. h. also $P(\text{„Ziehen einer Kreuz-Karte“}) = \frac{8}{32} = \frac{1}{4} = 0.25$. Wenn man aber nun schon vorab durch einen „schnell erhaschten Kontrollblick“ weiß, dass die oberste Karte auf jeden Fall schwarz ist, dann sieht der Sachverhalt etwas anders aus, und man kann die bedingte Wahrscheinlichkeit berechnen. Ist nun A das Ereignis „Ziehen einer Kreuz-Karte“ und B das Ereignis „Die Karte ist schwarz“, so ist $P(A \cap B) = \frac{8}{32} = \frac{1}{4}$ die Wahrscheinlichkeit für eine gezogene Kreuz-Karte und $P(B) = \frac{16}{32} = \frac{1}{2}$ die Wahrscheinlichkeit für eine schwarze Karte, von der es genau 16 gibt. Damit ergibt sich die bedingte Wahrscheinlichkeit zu

$$P(A|B) = P(\text{„Ziehen einer Kreuz-Karte“}|\text{„Die Karte ist schwarz“})$$
$$= \frac{P(A \cap B)}{P(B)} = \frac{\frac{1}{4}}{\frac{1}{2}} = \frac{1}{2} = 0.5.$$

Ihr seht, durch die zusätzliche Information hat sich die Wahrscheinlichkeit also von 0.25 auf 0.5 erhöht. Das Berechnen der bedingten Wahrscheinlichkeit geht dabei voll nach Schema F.[31] In der Prüfung stellt sich oft die Herausforderung, die Wahrscheinlichkeit für die Schnittmenge zu bestimmen, denn ohne die geht es ja nicht. Manchmal sieht man den Baum vor lauter Wäldern nicht, denn oft ist die Wahrscheinlichkeit für die Schnittmenge gegeben. Also immer schön zuhören bzw. den Aufgabentext sorgfältig lesen. Manchmal muss man aber (leider) auch überlegen!

---

[31] Wofür steht eigentlich das F? Eine Theorie besagt, dass dies auf mit F gekennzeichnete Berichte zurückgeht, sogenannte **F**rontrapporte, die im preußischen Heer um 1870 dem Bestandsnachweis der vollen Kriegsstärke dienten.

7.3.3   Multiplikationssatz

Durch Umschreiben der Gleichung für die bedingte Wahrscheinlichkeit erhält man den auch sehr nützlichen Multiplikationssatz

$$P(A \cap B) = P(A|B) \cdot P(B) \quad \left(= \frac{P(A \cap B)}{P(B)} \cdot P(B) \right).$$

Damit berechnet sich die Wahrscheinlichkeit für die Schnittmenge, also die Wahrscheinlichkeit für das gleichzeitige Eintreten von A und B, aus dem Produkt der bedingten Wahrscheinlichkeit und der einzelnen Wahrscheinlichkeit. Wichtig dabei ist es zu erwähnen, dass dieser Durchschnitt auch berechnet werden kann, wenn man A und B in dieser Gleichung vertauscht. Es gilt dann $P(B \cap A) = P(B|A) \cdot P(A)$. Der Mathematiker spricht hier auch in seinem Fachchinesisch von der Ausnutzung der Kommutativregel, da ja $A \cap B$ identisch ist mit $B \cap A$. Wenn also gerade nicht die richtigen Wahrscheinlichkeiten zur Berechnung des Durchschnittes zur Verfügung stehen, solltet ihr unbedingt an diese Vertauschungsmöglichkeit denken.

Nun ein kleines, mal wieder feuchtes Beispiel. In einer Kiste Bier sind noch 10 Flaschen, von denen aber bereits 4 leer sind. Wie groß ist nun die Wahrscheinlichkeit, zweimal hintereinander leere Flaschen aus der Kiste zu ziehen (ohne zurückstellen)? Mit den zwei Ereignissen $L1 = $ „Die 1. Flasche ist leer" und $L2 = $ „Die 2. Flasche ist leer" ist dies also nun die Frage nach der Wahrscheinlichkeit $P(L1 \cap L2)$, da nur, wenn $L1$ und $L2$ gleichzeitig auftreten, das Ereignis „2 x leere Flasche" eintritt. Um den Multiplikationssatz anwenden zu können, benötigen wir also $P(L1)$ und $P(L2|L1)$. Mit 6 vollen und 4 leeren Flaschen in der Kiste ist die Wahrscheinlichkeit, eine leere Flasche zu ziehen, $P(L1) = \frac{4}{10}$. Da wir beim ersten Zug eine leere Flasche aus der Kiste genommen haben, befinden sich vor dem zweiten Zug noch 9 Flaschen in der Kiste, von denen allerdings 3 leer sind. Also ergibt sich die bedingte Wahrscheinlichkeit, dass die 2. Flasche leer ist, nachdem bereits die 1. Flasche leer war, zu $P(L2|L1) = \frac{3}{9}$. Somit ist nun die Wahrscheinlichkeit

$$P(L1 \cap L2) = P(L1) \cdot P(L2|L1) = \frac{4}{10} \cdot \frac{3}{9} = \frac{2}{15}.$$

Manche von euch haben es sicherlich schon vermutet: Man kann natürlich diese Aufgabe auch mit der Kombinatorik, dem Binomialkoeffizienten und richtigem Zählen lösen. Das empfehlen wir euch ruhig mal zur Übung. Es ist auch einfach, weil ihr die Lösung ja schon kennt!

7.3.4 Stochastische Unabhängigkeit

Als Einstieg in diesen Abschnitt erklären wir an dem gerade diskutierten Beispiel mit den leeren Flaschen noch einen weiteren interessanten Zusammenhang. Der eine oder andere grübelt ja sowieso schon darüber nach. Wäre es für die Wahrscheinlichkeit, ob im 2. Versuch eine leere Flasche gezogen wird, egal, was im 1. Versuch gezogen wurde (volle oder leere Flasche), dann wären die Wahrscheinlichkeiten der Ereignisse $L1$ und $L2$ stochastisch unabhängig. Da es aber sehr wohl einen Unterschied macht, ob sich vor dem 2. Versuch noch vier leere Flaschen oder aber nur drei leere Flaschen in der Kiste befinden, sind in diesem Fall die Ereignisse $L1$ und $L2$ stochastisch abhängig. Und da sind wir auch schon mittendrin in der **stochastischen Unabhängigkeit.** Das Thema taucht in jeder Prüfung, jeder Vorlesung und sogar in (jedem) richtigen Leben immer wieder auf. Unsere Erfahrung sagt, dass so mancher Prof darauf gerne lange rumreitet.

Wenn die Information über das Eintreten von B, also unser Wissen über B, nicht die Wahrscheinlichkeit für das Eintreten von A beeinflusst, dann sind A und B stochastisch unabhängig; es ist $P(A|B) = P(A)$, und es gilt dann als Spezialfall des Multiplikationssatzes

$$P(A \cap B) = P(A) \cdot P(B).$$

Und da dies wichtig ist, noch mal in anderen Worten: Zwei Ereignisse A und B sind also stochastisch unabhängig, wenn die Information über das Eintreten von B nichts an der Wahrscheinlichkeit für das Eintreten von A ändert. Okay, steigen wir mal ein und nehmen an, wir interessieren uns heute für die Wahrscheinlichkeit von Regen in Bremen. Egal, ob in China nun ein Sack Reis umfällt oder nicht,[32] mit den richtigen Wetterdaten können wir sicherlich eine Aussage machen. Also sind die Ereignisse „Regen in Bremen" und das „Umfallen eines Sacks Reis in China" stochastisch unabhängig, so einfach ist das.[33] Aber mal ehrlich, selbst in einem mehr praktischen Fall des Werfens zweier idealer, nicht präparierter Würfel ist die stochastische Unabhängigkeit nützlich. Will man z. B. die Wahrscheinlichkeit für einen 5er-Pasch bestimmen, so sind die Ergebnisse der beiden Würfel stochastisch unabhängig, da der eine Würfel ja den anderen in keiner Weise beeinflusst. Damit ergibt sich die Wahrscheinlichkeit aus dem Produkt der Wahrscheinlichkeit für eine 5 bei dem ersten Würfel (nennen wir ihn mal $W1$) und der Wahrscheinlichkeit für eine 5 beim zweiten Würfel (logischerweise $W2$ genannt). Somit ist dann die Wahrscheinlichkeit für einen 5er-Pasch $P(W1 = „5") \cdot P(W2 = „5") = \frac{1}{6} \cdot \frac{1}{6} = \frac{1}{36}$.

Wenn also Ereignisse stochastisch unabhängig sind, macht das doch so einiges einfacher. Das gilt im Besonderen auch in so mancher Prüfung. Also Augen auf im Prüfungsverkehr! Geht es ganz konkret darum, zwei Ereignisse auf stochastische Unabhängigkeit zu überprüfen, so ist Folgendes zu tun: Man muss die linke und rechte Seite einer der Gleichungen

---

[32] Siehe auf S. 228 in [15].

[33] Wobei renommierte Chaosforscher (viel renommiertere als Herr Dr. Oestreich) da anderer Meinung sein können (siehe „Schmetterlinge in Brasilien" usw.)

$P(A \cap B) = P(A) \cdot P(B)$, $P(A|B) = P(A)$ oder $P(B|A) = P(B)$ getrennt betrachten. Kommt dann für die linke und die rechte Seite das Gleiche heraus, sind die Ereignisse stochastisch unabhängig, andernfalls nicht! Die Frage, welche Gleichung man betrachtet, hängt dabei natürlich davon ab, welche Wahrscheinlichkeiten in der jeweiligen Aufgabenstellung gegeben sind bzw. ermittelt werden können.

7.3.5   Für Heißdüsen: Das Bayes-Theorem

Kommen wir nun zum absoluten Höhepunkt unserer Wahrscheinlichkeitsrechnerei. Auch aus aktuellem Anlass in Herrn Dr. Oestreichs Familie betrachten wir ein Beispiel aus der Medizin, bei dem das Ereignis A eine Krankheit, z. B. Windpocken, und das Ereignis B ein Symptom, z. B. juckender Hautausschlag mit Bläschen, ist. So ist nun $P(A|B)$ die bedingte Wahrscheinlichkeit für Windpocken unter der Bedingung von juckendem Hautausschlag mit Bläschen. Ein richtiger Onkel Doktor[34], der den Hautausschlag sieht, ist natürlich zwecks Diagnose an dieser bedingten Wahrscheinlichkeit viel mehr interessiert als an der Wahrscheinlichkeit $P(A)$ für Windpocken oder an der Wahrscheinlichkeit $P(B)$ für juckenden Hautausschlag mit Bläschen. Vertauscht man nun A und B, so fragt man nach der bedingten Wahrscheinlichkeit $P(B|A)$, d. h. nach der bedingten Wahrscheinlichkeit von juckendem Hautausschlag mit Bläschen unter der Bedingung von Windpocken. Und nun kommt's! Ein gewisser Thomas Bayes hat einen Zusammenhang zwischen den bedingten Wahrscheinlichkeiten hergestellt. Es gilt:

---

[34] Also nicht Herr Dr. Romberg oder Herr Dr. Oestreich.

$$P(A|B) = \frac{P(A) \cdot P(B|A)}{P(A) \cdot P(B|A) + P(\overline{A}) \cdot P(B|\overline{A})}.$$

Damit kann man also die bedingte Wahrscheinlichkeit $P(A|B)$ von Windpocken bei juckendem Hautausschlag mit Bläschen berechnen, wenn man die Wahrscheinlichkeit $P(A)$ für Windpocken und die bedingten Wahrscheinlichkeiten für juckenden Hautausschlag mit Bläschen bei Patienten mit Windpocken $P(B|A)$ und ohne Windpocken $P(B|\overline{A})$ kennt. An der Formel von Bayes hat man so einiges zu knabbern, und auch wenn man diese nicht immer anwenden kann, weil man z. B. nicht alle notwendigen Wahrscheinlichkeiten hat, so ist ihre Bedeutung doch immens. Für die Mediziner unter euch ist diese Formel sogar oft noch ein wenig wichtiger als für den Rest, da diese bei diagnostischen Tests, ähnlich dem Windpocken-Fall, relativ oft verwendet wird. In jedem Fall sollte man sich merken, dass das Bayes-Theorem sich mit der Berechnung der bedingten Wahrscheinlichkeit $P(A|B)$ aus Informationen über $P(B|A)$ beschäftigt.

Nach all den Regeln und Formeln wollen wir das Ganze mit einem zusammenfassenden Beispiel abschließen. So können wir hoffentlich gut das bereits Gelernte umsetzen, anwenden und verinnerlichen.

7.4   Rechnen mit Dosen und Tequila

In einer kleinen, verträumten, im Winter saukalten[35] Universitätsstadt im Harz befinden sich auf einer Studentenparty 200 Studenten; davon sind 55 % leidenschaftliche Dosenstecher, 40 % Tequila-Trinker und 30 % sowohl Dosenstecher als auch Tequila-Trinker. So ist

- die Anzahl der Dosenstecher: $0.55 \cdot 200 = 110$,
- die Anzahl der Tequila-Trinker: $0.40 \cdot 200 = 80$
- und die Anzahl derer, die gern beides bewältigen, $0.30 \cdot 200 = 60$.

Damit sind $110 - 60 = 50$ Studenten ausschließlich Dosenstecher, $80 - 60 = 20$ reine Tequila-Trinker und $200 - 60 - 50 - 20 = 70$, die weder das eine noch das andere mögen.

Hoffentlich ist euch bis hierher noch alles klar, da es sonst schwierig wird. Aber nach diesen ersten Vorüberlegungen können wir uns jetzt mal so richtig austoben. Zunächst einmal veranschaulicht man sich am besten all die Zusammenhänge mit einem Mengendiagramm wie hier gezeigt.

---

[35] Und fast ausschließlich nur von Männern bewohnten.

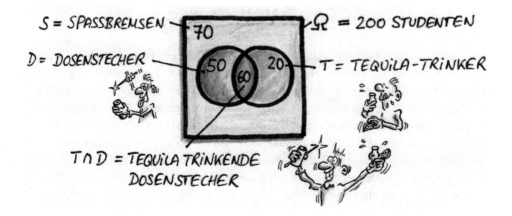

Das ist anschaulich und macht es bei den nachfolgenden Fragestellungen oft viel einfacher. Und außerdem stehen die meisten Prüfer auf so eine Visualisierung, weil sie darin zu erkennen glauben, dass ihr es wirklich verstanden habt (eine ganz spezielle Form des „Showeffekts")! Bis zu diesem Punkt haben wir übrigens in unserem Beispiel ausschließlich – in der Sprache der Statistiker – mit absoluten Häufigkeiten (hier Studenten) gearbeitet. Aber wem sagen wir das? Das war euch natürlich klar.

Wird nun auf der Studentenparty ein Student zufällig ausgewählt, so stellt sich die Frage, zu welcher Gruppe dieser Student mit welcher Wahrscheinlichkeit gehört. Da bei der zufälligen Auswahl hier jeder Student bzgl. „gezogen werden" gleich wahrscheinlich ist, können wir mit Laplace-Wahrscheinlichkeiten rechnen.

Stellen wir uns mal folgende Frage: Wie groß ist die Wahrscheinlichkeit, dass dieser Student ein Dosenstecher (abgekürzt Ereignis D) oder ein Tequila-Trinker (abgekürzt Ereignis T) ist? Da ja, wie schon erwähnt, alle Studenten mit der gleichen Wahrscheinlichkeit ausgewählt werden können und wir so mit dem alten Laplace rechnen dürfen, geht es zunächst einmal darum, die Anzahl der möglichen und der günstigen Ereignisse zu bestimmen. Die Anzahl der möglichen Ergebnisse sind offensichtlich alle 200 Studenten. Die Anzahl der günstigen Ergebnisse sind nun alle Studenten, die professionelle Dosenstecher, professionelle Tequila-Trinker oder sogar beides sind. Da genau $50 + 20 + 60 = 130$ Studenten dies erfüllen, ergibt sich die Wahrscheinlichkeit zu

$$P(\text{„Dosenstecher"} \cup \text{„Tequila-Trinker"}) = \frac{130}{200} = 0.65.$$

Ganz analog ergibt sich die Wahrscheinlichkeit, dass der Student ein Dosenstecher und ein Tequila-Trinker ist, zu

$$P(\text{„Dosenstecher"} \cap \text{„Tequila-Trinker"}) = \frac{60}{200} = 0.3.$$

Wie groß ist nun die Wahrscheinlichkeit, dass ein Student weder Dosen sticht noch Tequila trinkt? Es gibt genau 70 Personen, die das erfüllen, also ist $P(\text{„potenzielle Spaßbremse“}) = \frac{70}{200} = 0.35$. Man kann dies aber auch sehr schön mit dem Komplement der Menge der trinkenden Studenten bestimmen, und es gilt:

$$P(\text{„potenzielle Spaßbremse“})$$
$$= P(\overline{\text{„Dosenstecher“} \cup \text{„Tequila-Trinker“}})$$
$$= 1 - P(\text{„Dosenstecher“} \cup \text{„Tequila-Trinker“})$$
$$= 1 - 0.65 = 0.35.$$

Übrigens ist das Komplement eines Dosenstechers jemand, der keine Dosen sticht, und das Komplement eines Tequila-Trinkers jemand, der keinen Tequila trinkt. Das ist zwar logisch, aber zum Verständnis besser nochmals erwähnt.

Jetzt legen wir aber noch einen drauf. Wie groß ist denn nun die Wahrscheinlichkeit, beim zufälligen Herausgreifen eines Tequila-Trinkers, gleich einen Dosenstecher mit erwischt zu haben? Eine Fragestellung, die nach Verwendung der bedingten Wahrscheinlichkeit schreit. Es gilt:

$$P(\text{„Dosenstecher“}|\text{„Tequila-Trinker“}) = \frac{P(D \cap T)}{P(T)} = \frac{0.3}{0.4} = 0.75.$$

Man kann das gleiche Ergebnis auch mit dem Satz von Bayes erhalten, wobei das dann schon ziemlich beeindruckend aussieht. Es ist nämlich

$$P(\text{„Dosenstecher“}|\text{„Tequila-Trinker“})$$
$$= \frac{P(T|D) \cdot P(D)}{P(T|D) \cdot P(D) + P(T|\overline{D}) \cdot P(\overline{D})}$$
$$= \frac{0.55 \cdot 0.55}{0.55 \cdot 0.55 + 0.45 \cdot 0.22} = 0.75.$$

So kann man sich jetzt komplett von einer bedingten Wahrscheinlichkeit zur nächsten hangeln. Ihr könnt euch sicherlich vorstellen, dass man das Spielchen noch lange treiben kann. Eine kleine Übersicht auf der nächsten Seite für dieses doch sehr einfache Beispiel zeigt, was so alles möglich ist. Und das ist doch schon ziemlich imposant! Wie ihr seht, sind hier fast keine Grenzen gesetzt, und zur Übung ist es äußerst hilfreich, wenn ihr das mal alles durchlutscht. Übrigens ist laut Umfrage jeder achte Mensch auf der Welt Vegetarier.

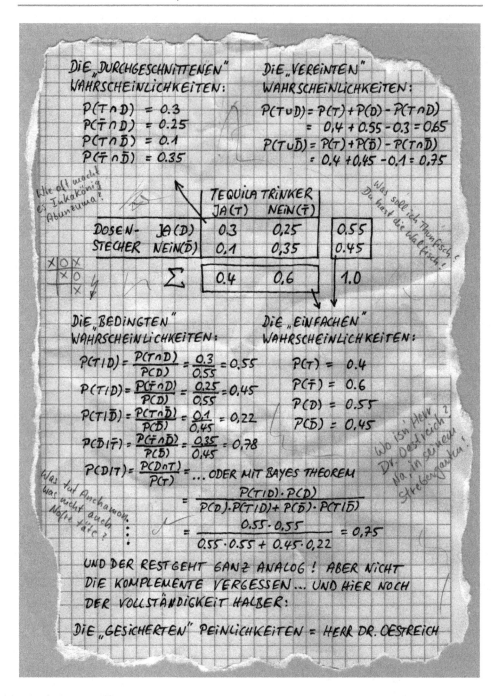

DIE „DURCHGESCHNITTENEN"
WAHRSCHEINLICHKEITEN:

$P(T \cap D) = 0.3$
$P(\bar{T} \cap D) = 0.25$
$P(T \cap \bar{D}) = 0.1$
$P(\bar{T} \cap \bar{D}) = 0.35$

DIE „VEREINTEN"
WAHRSCHEINLICHKEITEN:

$P(T \cup D) = P(T) + P(D) - P(T \cap D)$
$= 0.4 + 0.55 - 0.3 = 0.65$
$P(T \cup \bar{D}) = P(T) + P(\bar{D}) - P(T \cap \bar{D})$
$= 0.4 + 0.45 - 0.1 = 0.75$

Wie oft macht es Inkakönig Abunzuma?

Was soll ich Thunfisch? Du hast die Walfisch!

		TEQUILA TRINKER		
		JA (T)	NEIN (T̄)	
DOSEN-	JA (D)	0.3	0.25	0.55
STECHER	NEIN (D̄)	0.1	0.35	0.45
$\sum$		0.4	0.6	1.0

DIE „BEDINGTEN"
WAHRSCHEINLICHKEITEN:

$P(T|D) = \dfrac{P(T \cap D)}{P(D)} = \dfrac{0.3}{0.55} = 0.55$

$P(\bar{T}|D) = \dfrac{P(\bar{T} \cap D)}{P(D)} = \dfrac{0.25}{0.55} = 0.45$

$P(T|\bar{D}) = \dfrac{P(T \cap \bar{D})}{P(\bar{D})} = \dfrac{0.1}{0.45} = 0.22$

$P(\bar{D}|\bar{T}) = \dfrac{P(\bar{T} \cap \bar{D})}{P(\bar{D})} = \dfrac{0.35}{0.45} = 0.78$

$P(D|T) = \dfrac{P(D \cap T)}{P(T)} = \dots$ ODER MIT BAYES THEOREM

$= \dfrac{P(T|D) \cdot P(D)}{P(D) \cdot P(T|D) + P(\bar{D}) \cdot P(T|\bar{D})}$

$= \dfrac{0.55 \cdot 0.55}{0.55 \cdot 0.55 + 0.45 \cdot 0.22} = 0.75$

DIE „EINFACHEN"
WAHRSCHEINLICHKEITEN:

$P(T) = 0.4$
$P(\bar{T}) = 0.6$
$P(D) = 0.55$
$P(\bar{D}) = 0.45$

Was tut Anchamon, was nicht auch Nofretete täte?

Wo is'n Herr Dr. Oestreich? Na in seinem Strebergarten!

UND DER REST GEHT GANZ ANALOG! ABER NICHT
DIE KOMPLEMENTE VERGESSEN ... UND HIER NOCH
DER VOLLSTÄNDIGKEIT HALBER:

DIE „GESICHERTEN" PEINLICHKEITEN = HERR DR. OESTREICH

Das A und O der Wahrscheinlichkeitsverteilungen 8

Wenn ihr jetzt denkt, das mit der Wahrscheinlichkeit schon alles verstanden zu haben, dann müssen wir euch leider nttäuschen. Es liegtnämlich noch ein wenig Arbeit vor euch und uns, bevor es[1] so weit ist. Aber es gibt auch eine gute Nachricht. Wenn ihr nämlich bis hierher alles aufmerksam verfolgt habt, dann werdet ihr sehr schnell sehen, dass sich nun vieles aus den vorherigen Kapiteln sinnvoll zusammenfügt. Fangen wir doch aber erst mal an. Also, los geht's!

8.1 Von Zufallsvariablen und ihrer Funktion

Nach sieben Kapiteln und über 139+ Seiten seid ihr es ja sicherlich nun schon gewohnt, dass wir am Anfang eines Kapitels mal wieder ein paar neue Begriffe einführen und auch auf ein paar Grundlagen eingehen. Sollte es etwa bei diesem Kapitel anders sein? *NEIN,* natürlich nicht! Warum denn auch?

Wir haben uns ja schon an verschiedenen Stellen in diesem Buch bereits mit Zufallsexperimenten beschäftigt. Die Ausgänge bzw. Ergebnisse dieser Experimente bezeichnet man im Statistikerdeutsch auch als **Zufallsvariable.** Es liegt dabei in der Natur der Sache, dass der Wert der Zufallsvariablen nicht mit Sicherheit vor dem Experiment bekannt ist. Aber, wie wir schon wissen, kann man ja mit Hilfe der Wahrscheinlichkeitsrechnung und Statistik eine Aussage über die Wahrscheinlichkeit eines bestimmten Ergebnisses machen. So kann zwar Herr Dr. Romberg nicht das Ergebnis eines Würfelwurfes voraussagen, aber er weiß zumindest, dass die Wahrscheinlichkeit, eine 5 zu würfeln, $\frac{1}{6}$ ist.[2] Dabei ist in diesem Fall der Wert der Zufallsvariablen $X =$ „Augenzahl" genau die Zahl, die Herr Dr. Romberg

---

[1] Vielleicht.

[2] Herr Dr. Oestreich weist darauf hin, dass dies aber nur gegeben ist, wenn es sich um einen sechsseitigen, fairen Würfel handelt und nicht um das mit Blei präparierte, „schwerpunktoptimierte" kleine Gerät, das Herr Dr. Romberg stets beim *Mensch ärgere Dich Nicht*-Turnier benutzt, um dem Namen des Spiels – wirklich – gerecht zu werden!

© Springer-Verlag GmbH Deutschland, ein Teil von Springer Nature 2022
M. Oestreich und O. Romberg, *Keine Panik vor Statistik!*,
https://doi.org/10.1007/978-3-662-64490-4_8

würfelt. Oft hat man es aber auch mit komplizierteren, nicht so offensichtlichen Zufallsvariablen zu tun. So ist bei vielen Zufallsexperimenten gar nicht das Resultat des einzelnen
Experiments selbst, sondern vielmehr eine daraus ableitbare Information von Bedeutung.
Beispielsweise interessiert es bei der Ziehung der Lottozahlen weniger, welche Zahlen gezogen werden, sondern vielmehr, wie groß der Gewinn ist. Oder, wenn wir mal bei unserem
Tequila-Glücksrad vom vorhergehenden Kapitel bleiben, so kann es sein, dass beim dreima-
ligen Drehen gar nicht die konkrete Ergebnisfolge interessiert, sondern nur die Summe der
drei Drehungen.[3] In beiden Fällen schaltet man also hinter das Zufallsexperiment noch eine
Funktion, die das Ergebnis der Experimente mit der entsprechenden Information verknüpft.

Mit den „vereinfachten" Worten eines Mathematikers ist eine Zufallsvariable eine Funktion, die Ereignissen eines Zufallsexperiments durch eine bestimmte Vorschrift reelle Zahlen
zuordnet. Der Vorteil ist, dass man mit diesen, in der Literatur normalerweise mit Großbuchstaben (z. B. X oder Y) bezeichneten Zufallsvariablen wieder „richtig rechnen" kann und so
dann das komplette Repertoire der Mathematik zur Verfügung steht. Man bezeichnet die einzelnen Zahlenwerte einer Zufallsvariablen, also die den Elementarereignissen zugeordneten
Zahlen, als **Realisationen.** So sind z. B. im Falle des Würfels von Herrn Dr. Romberg die
Realisationen genau die verschiedenen Augenzahlen $x_1 = 1$, $x_2 = 2$, ..., $x_6 = 6$. Dabei ist
es in der Fachwelt durchaus üblich, die Realisationen entsprechend durch Kleinbuchstaben
(z. B. x_1, x_2, ... oder y_1, y_2, ...) zu symbolisieren. Alle Realisationen zusammen ergeben
dann den Definitionsbereich der Zufallsvariablen.[4]

Lasst uns das ruhig noch mal an einem leckeren Beispiel erklären, auf das wir uns
auch im weiteren Verlauf dieses Kapitels beziehen werden. Hoffentlich können wir so den
bei einigen von euch vielleicht bereits vorhandenen leichten Anflug von Unverständnis
umgehend beseitigen.

Der stets hungrige Herr Dr. Oestreich wirft vollkommen unbeabsichtigt zwei mit fruch-
tiger Erdbeermarmelade beschmierte Brote (mit dick Butter drunter) vom Frühstückstisch
auf den Boden. Dann weiß ja jedes Kind aus Erfahrung, dass von den zwei Marmeladen-
broten entweder gar keins, eins oder beide mit dem Brotaufstrich auf dem frisch gewischten
Küchenboden landen.[5] Man hat es also bei diesem geschmackvollen Zufallsexperiment mit
einer Zufallsvariablen X = „Anzahl zweier Brote (auf dem Küchenboden) mit der Marmelade unten" zu tun, die dementsprechend die Realisationen $x_1 = 0$, $x_2 = 1$ und $x_3 = 2$
aufweist. Der Definitionsbereich dieser Zufallsvariablen (Funktion) reicht von 0 bis 2, wobei
natürlich hier nur die diskreten, ganzzahligen Werte Sinn machen.

---

[3] Aus Erfahrung merkt Herr Dr. Oestreich an, dass schließlich auch nur die Summe aller Tequila zur
unfreiwilligen Nachtruhe auf der unbequemen Treppe am Partyort führt.

[4] Aufgepasst und bloß nicht verwirren lassen: Während früher der Begriff „Zufallsgröße" (manchmal
auch „Zufallsveränderliche") der übliche deutsche Begriff war, hat sich heute der etwas irreführende
Begriff „Zufallsvariable" (vom englischen: *random variable*) durchgesetzt. Es sollte klar sein, dass
es sich bei einer Zufallsvariablen um eine Funktion handelt.

[5] Herr Dr. Romberg möchte an dieser Stelle den Zufall anzweifeln. Gemäß seiner „Erfahrung" landen
die Brote *immer* mit der Marmeladenseite (oder in seinem Falle: Nusspli) unten. Herr Dr. Oestreich
verweist hier jedoch auf „Murphys Gesetz".

IN EINER SPEKTAKULÄREN VERSUCHSREIHE
WURDE DIE BIS DAHIN ÜBERALL ANERKANNTE
THEORIE DES BEIM BROTAUFPRALL STETS ZUM
ERDMITTELPUNKT GERICHTETEN MARMELADEN-
VEKTORS WIDERLEGT...

Dem einen oder anderen ist sicherlich bereits eine gewisse Analogie in der Terminologie zwischen den Begriffen „Zufallsvariable" und „Merkmal" aufgefallen. Das ist auch gut so, sehr wohl beabsichtigt und für das Verständnis der Wahrscheinlichkeitsrechnung sehr hilfreich. Schaut euch deshalb dazu ruhig noch mal die Kapitel an, in denen wir uns mit den Daten und mit den Merkmalen beschäftigt haben, ganz speziell die Abschn. 2.2.2.2 und 2.2.2.3. Ein bisschen Wiederholung kann ja sowieso nie schaden!

Wie schon bei den Merkmalen aus der beschreibenden Statistik unterscheidet man auch bei den Zufallsvariablen zwischen diskreten und kontinuierlichen (stetigen). Dies ist später für die Definition von Wahrscheinlichkeitsverteilungen enorm wichtig, da nämlich die Wahrscheinlichkeiten für diskrete Zufallsvariablen etwas anders berechnet werden als für stetige. Aber erst mal der Reihe nach:

- **Diskrete Zufallsvariablen** liegen vor, wenn die verschiedenen Zahlenwerte bzw. Realisationen abgezählt werden können. Eigentlich ist das ganz einfach![6] Ist beispielsweise die Zufallsvariable X die Anzahl der aus einem Kartenstapel gezogenen Asse, so lässt sich

---

[6] Kaum erwähnt werden muss, dass der oftmals gemeine (in diesem Falle böswillige) Mathematiker es nicht ganz so einfach macht und sogar noch unterscheidet, ob es endlich viele Werte (mit angebbarer Obergrenze) oder abzählbar unendlich viele Werte (mit nicht festlegbarer Obergrenze) gibt.

X abzählen und eine Obergrenze von fünf x-Werten[7] ist angebbar: $x_1 = 0$, $x_2 = 1$, ..., $x_5 = 4$. X ist also eine *diskrete* Zufallsvariable. Andere Beispiele für diskrete Zufallsvariablen sind die Anzahl der Regentage während eines Monats, die Anzahl richtig gelöster Klausuraufgaben, die Anzahl der getrunkenen Tequila auf einer Clausthal-Zellerfelder Studentenparty[8] oder aber auch, ihr ahnt es schon, die Anzahl zweier Brote mit dem Marmeladenvektor in Richtung Küchenboden.

- **Stetige Zufallsvariablen** hingegen können nicht abgezählt werden, und der Mathematiker spricht hier auch gern von überabzählbar unendlich. Stetige Zufallsvariable können alle Werte innerhalb eines bestimmten Intervalls annehmen und werden in der Regel durch einen Messvorgang ermittelt. Speziell, wenn es sich um Abstände, Gewichte oder auch Temperaturen handelt, die man ja prinzipiell beliebig genau angeben kann, hat man es mit stetigen Zufallsvariablen zu tun. Werden beispielsweise die Weiten beim Kirschkernweitspucken durch die Zufallsvariable K abgebildet, dann können überabzählbar unendlich viele Werte gemessen werden, weil sich hier die Kirschkernflugweite beliebig genau (mit unendlich vielen Nachkommastellen) angeben lässt. Somit ist die Zufallsvariable K *stetig*. Andere Beispiele für stetige Zufallsvariable sind die mit einem Radargerät gemessenen Geschwindigkeiten, die Länge der Telefonate von Frau Dr. Romberg oder aber das Körpergewicht von Herrn Dr. Oestreich.[9]

Auch wenn ihr nun schon mal wisst, was eine Zufallsvariable ist und wie man sie unterscheidet, so gilt es noch herauszufinden, was man wirklich mit der Zufallsvariablen weiter anfangen kann. Wir werden uns dazu jetzt zunächst im Detail „ganz diskret" mit diskreten Zufallsvariablen und ihren zugehörigen Wahrscheinlichkeiten beschäftigen und uns dann im nachfolgenden Abschnitt den stetigen Zufallsvariablen zuwenden.

8.2   Die Wahrheit, aber bitte diskret!

8.2.1   Wahrscheinlichkeitsfunktion diskreter Zufallsvariablen

Wie bereits erklärt, hat eine diskrete Zufallsvariable X endlich oder abzählbar unendlich viele Werte bzw. Realisationen x_i, was nichts anderes heißt, als dass wir theoretisch eine lange Liste mit allen Werten aufschreiben könnten. Über die **Wahrscheinlichkeitsfunktion** $f(x)$ wird dann jedem dieser Werte eine Wahrscheinlichkeit zugeordnet, mit der die Zufallsvariable diesen Wert annimmt. Es gilt somit

---

[7] Ohne die Karte im Ärmel des Herrn Dr. Romberg.

[8] Herr Dr. Romberg merkt an, dass man bei diesen – nur alle acht Jahre stattfindenden und ausschließlich von „Männern" besuchten – Veranstaltungen in der verschneiten Bergregion nicht von „Party" sprechen sollte.

[9] Die beiden Letzteren sind stetige Zufallsvariable mit einem nach oben offenen Wertebereich.

$$f(x_i) = P(X = x_i) \quad \text{oder in Kurzform} \quad f(x_i) = p_i,$$

mit $P(X = x_i) = p_i$ als Wahrscheinlichkeit dafür, dass X den Wert x_i hat. Die Wahrscheinlichkeitsfunktion $f(x)$ teilt also jeder Realisation x_i die entsprechende Wahrscheinlichkeit zu. Ausführlich hingeschrieben ist dann

$$f(x) = \begin{cases} p_1 & X = x_1 \\ p_2 & X = x_2 \\ \vdots & \vdots \\ p_n & X = x_n \\ 0 & \text{sonst} \end{cases}$$

$$\boxed{\text{falls „etwas" Unerwartes passiert und zur Beruhigung der Mathematiker}}$$

oder, wenn ihr es gern etwas kürzer mögt,

$$f(x) = \begin{cases} p_i & X = x_i \text{ mit } i = 1, \dots, n \\ 0 & \text{sonst} \end{cases}.$$

Dabei ist n die Anzahl der möglichen Realisationen der Zufallsvariablen X. Wenn euch dabei diese Art der Darstellung mit dieser fetten, geschweiften Klammer irgendwie bekannt vorkommt, dann ist das schon mal ein weiterer Lernerfolg und Zeichen dafür, dass zumindest etwas hängen geblieben ist. Wir haben uns nämlich in Abschn. 4.2.2 (S. 49 ff.) schon damit beschäftigt. Einziger Unterschied hier ist, dass das Ganze direkt im Kontext mit den Wahrscheinlichkeiten dargestellt wird.

Wie man sich nun letztlich die Wahrscheinlichkeitsfunktion veranschaulicht, ist auch ein wenig Geschmackssache. Es gibt im Grunde drei verschiedene Arten der Darstellung einer Wahrscheinlichkeitsfunktion, und man unterscheidet zwischen

- tabellarisch,
- graphisch
- und mit der dicken Klammer, als Funktionsvorschrift.

Bezeichnet man mit MO den Fall, bei dem ein Brot mit der Marmeladenseite nach oben landet[10], und entsprechend mit MU den Fall, bei dem die Marmeladenseite unten ist, so ergeben sich die vier möglichen Szenarien für die Kombination von Brot 1 und Brot 2 entsprechend zu (MO, MO), (MO, MU), (MU, MO) und (MU, MU). Die Ergebnismenge oder auch genannt der Ereignisraum, bereits erwähnt in Abschn. 7.1 (S. 116), besteht in diesem Fall also aus genau diesen vier geordneten Paaren, und es ist $\Omega = \{(MO, MO), (MO, MU), (MU, MO), (MU, MU)\}$. Für die zwei herunterfallenden Marmeladenbrote ergibt sich so entsprechend:

---

[10] Hier weist Herr Dr. Romberg erneut auf seine unfreiwilligen Testreihen hin, die ihn zu der Annahme $P(MO) = 0$ führen.

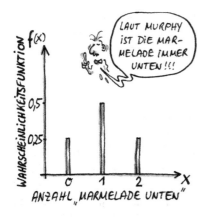

Tabelle: Der Fall zweier frisch
geschmierter Marmeladenbrote

Realisation	Wahrscheinlichkeit
x_i	$f(x_i) = P(X = x_i)$
$x_1 = 0$	$1/4 = 0.25$
$x_2 = 1$	$2/4 = 0.50$
$x_3 = 2$	$1/4 = 0.25$
Summe Σ	1

Diese tabellarische und graphische Darstellung zeigt die Wahrscheinlichkeitsfunktion für die Anzahl der Brote mit der Marmeladenseite unten, nach zweimaligem Werfen. So ist z. B. die Wahrscheinlichkeit für $x_3 = 2$, dass also beide Male die Marmelade Bodenkontakt hat, wie aus der Tabelle ablesbar, genau 25 %.[11] Übrigens muss jede Wahrscheinlichkeitsfunktion $f(x)$, also auch unsere Marmeladenfunktion, die nachfolgenden Bedingungen erfüllen:

- Für jeden Wert x muss es einen, und nur einen, eindeutigen Funktionswert $f(x)$ geben. So kann z. B. das Marmeladenbrot nicht gleichzeitig auf die Ober- und auf die Unterseite fallen.[12]
- Die Wahrscheinlichkeit $f(x_i) = P(X = x_i)$ muss für jeden Ausgang, wie grundsätzlich für Wahrscheinlichkeiten üblich, zwischen 0 und 1 liegen. Somit ist also $0 \leq f(x) \leq 1$ für alle Werte x.
- Außerdem ergibt sich die Summe der Wahrscheinlichkeiten aller Realisationen – wie wir es schon bei den relativen Häufigkeiten früher gesehen haben – zu 1. Somit ist also $\sum_{i=1}^{n} f(x_i) = 1$.

Wie man sehr schnell nachprüfen kann, stimmt dies auch alles für das Beispiel der zwei auf den Boden gefallenen Marmeladenbrote. Aus der Funktionsvorschrift[13]

$$f(x) = \begin{cases} 0.25 & X = 0 \text{ (keine Marmeladenseite unten)} \\ 0.50 & X = 1 \text{ (eine Marmeladenseite unten)} \\ 0.25 & X = 2 \text{ (zwei Marmeladenseiten unten)} \\ 0 & \text{sonst} \end{cases}$$

---

[11] Anmerkung von Herrn Dr. Romberg: Es sollte dabei außerdem nicht vergessen werden, dass normalerweise die Wahrscheinlichkeit, dass ein Marmeladenbrot auf die Marmeladenseite fällt, proportional zum Preis des Teppichs ist.

[12] Siehe jedoch auch das Paradoxon „Rombergs Katze" in Abschn. 7.1.

[13] Das „sonst" kann sich z. B. auf den „unmöglichen" Fall beziehen, dass Herr Dr. Oestreich das Brot im Herunterfallen mit einem Hechtsprung zwischen seine gierigen Kiefer bekommt oder dass das Brot hochkant landet!

ist ersichtlich, das jedem x eindeutig ein Funktionswert zugeordnet wird, alle Wahrscheinlichkeiten zwischen 0 und 1 liegen und dass die Summe aller Wahrscheinlichkeiten genau
1 ist.

8.2.2 Der Weg zur diskreten Verteilungsfunktion

Hat man erst einmal die Wahrscheinlichkeitsfunktion $f(x)$ bestimmt, so kann man im
nächsten Schritt die sogenannte **Verteilungsfunktion** bestimmen. Diese erhält man durch
die einfache Aufsummierung der Wahrscheinlichkeiten $f(x_i) = p_i$, genauso wie wir in
Kap. 4 schon aus den relativen Häufigkeiten die Summenhäufigkeit bestimmt haben. Die
Verteilungsfunktion $F(x) = P(X \leq x)$ gibt die Wahrscheinlichkeit an, dass X einen Wert
annimmt, der kleiner oder gleich x ist. Es gilt:

$$F(x) = \begin{cases} 0 & x < x_1 \\ p_1 & x_1 \leq x < x_2 \\ p_1 + p_2 = \sum_{i=1}^{2} p_i & x_2 \leq x < x_3 \\ \vdots & \vdots \\ p_1 + p_2 + \ldots + p_n = \sum_{i=1}^{n} p_i = 1 & x \geq x_n \end{cases} .$$

Das sieht auf den ersten Blick wieder ziemlich kompliziert aus. Aber spätestens, wenn
wir uns das mal an unserem Marmeladenbrot-Beispiel verinnerlichen, sollte es wieder klar
werden. Wie ihr unmittelbar in der nachfolgenden Graphik seht, hat die Wahrscheinlichkeitsverteilung wieder die Form einer Treppe mit $0 \leq F(x) \leq 1$. Dabei sind die Treppen-
stufenhöhen jeweils gleich der entsprechenden Wahrscheinlichkeiten p_i. Da immer etwas
dazuaddiert wird, ist diese Funktion – wie es auch schon bei der Summenhäufigkeit der Fall
war – monoton steigend. Nach dem letzten Sprung, der letzten Treppenstufe, sind dann alle
Wahrscheinlichkeiten aufaddiert, und die Funktion erreicht den Endwert 1.

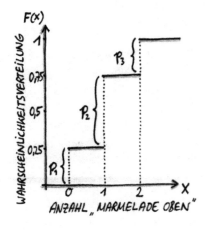

$$F(x) = \begin{cases} 0 & x < 0 \\ p_1 = 0.25 & 0 \leq x < 1 \\ p_1 + p_2 = 0.75 & 1 \leq x < 2 \\ p_1 + p_2 + p_3 = 1 & x \geq 2 \end{cases} .$$

8.2.3   Erwartungswert und Varianz bei diskreten Daten

Natürlich bieten die Wahrscheinlichkeits- und Verteilungsfunktion die meisten Möglichkeiten, um ausführlichste Aussagen über die Eigenschaften der Zufallsvariablen zu machen. Wir haben ja auch schon in der beschreibenden Statistik gesehen, dass es für eine statistische Analyse das Beste ist, wenn man alle Werte vorliegen hat. Dies ist in der Wahrscheinlichkeitsrechnung nicht anders, allerdings auch aufgrund vieler Zahlenwerte sehr aufwendig. Deshalb versucht der Statistiker auch hier, bestimmte Eigenschaften der Wahrscheinlichkeitsfunktion und der Zufallsvariablen durch *einige, wenige Parameter* zu beschreiben, d. h. die unzähligen z. B. gemessenen Werte zusammenzufassen. Ganz analog zur beschreibenden Statistik, sind auch bei der Wahrscheinlichkeitsfunktion die Parameter, die die Form der Abbildung bestimmen, von wesentlicher Bedeutung. Greifen wir also mal wieder auf Altbewährtes zurück und erinnern uns an den Mittelwert und die Varianz!

Der Mittelwert der Wahrscheinlichkeitsfunktion wird üblicherweise – auch als weiterer böswilliger Beitrag zur Verwirrung der gesamten Studentenschaft – **Erwartungswert** genannt. Der Erwartungswert, in der Literatur meist bezeichnet mit $E(X)$, gibt dabei an, welchen Wert eine Zufallsvariable X bei der häufigen Durchführung eines Zufallsexperiments im Durchschnitt wohl annehmen wird. Hoffentlich verständlicher ausgedrückt heißt dies, dass der Erwartungswert genau der Wert ist, den man *erwartet,* wenn man den Versuch nur oft genug wiederholt.[14] Berechnen lässt sich der Erwartungswert aus der diskreten Wahrscheinlichkeitsfunktion mit n Realisationen einfach unter Verwendung der Gleichung

$$E(X) = \mu = \sum_{i=1}^{n} x_i \cdot f(x_i) = \sum_{i=1}^{n} x_i \cdot P(X = x_i). \qquad (8.1)$$

Dabei ist der griechische Buchstabe μ (gesprochen: müh) oft ebenfalls als Erwartungswert in so manchem langweiligen Fachbuch zu finden. Warum erwähnen wir das? Ganz einfach, weil wir μ nämlich später auch noch verwenden werden.[15]

Für unsere Marmeladenbrote ergibt sich nun gemäß dieser Formel der Erwartungswert

$$\begin{aligned}
E(X) &= \sum_{i=1}^{3} x_i \cdot f(x_i) \\
&= x_1 \cdot p_1 + x_2 \cdot p_2 + x_3 \cdot p_3 \\
&= 0 \cdot 0.25 + 1 \cdot 0.5 + 2 \cdot 0.25 = 1,
\end{aligned}$$

---

[14] Herr Dr. Oestreich erinnert sich: Aufgrund seiner zahlreichen Teilnahmen an den Clausthal-Zellerfelder Studentenpartys war der Erwartungswert hinsichtlich der Teilnahme des weiblichen Geschlechts nahezu null.

[15] Und um euch noch mehr zu verwirren.

d. h., im Mittel, wenn man den Versuch nur oft genug durchführt, wird eines der zwei Brote mit der Marmeladenseite nach oben landen. Auch wenn in diesem Beispiel der Erwartungswert (nämlich 1) einer der Werte der Zufallsvariablen ist, so solltet ihr euch doch merken, dass dies nicht immer so sein muss. So ist beispielsweise der Erwartungswert beim einfachen Münzwurf, wenn 0 für „Zahl" und 1 für „Kopf" steht, genau 0.5. Wie auch immer, also kräftig Brote schmieren und nur oft genug versuchen, dann könnt ihr das Ergebnis sicher experimentell bestätigen.[16] Wenn es aber nicht wie im Schweinestall aussehen soll, dann nehmt doch lieber die Formel.

Hier nun noch zwei – manchmal im Zusammenhang mit dem Erwartungswert – nützliche Formeln, mit der ihr euren Professor beeindrucken könnt. Zum einen gilt (fast) unmittelbar einleuchtend:

$$E(aX + b) = aE(X) + b. \tag{8.2}$$

Ist also eine Zufallsvariable mit einem konstanten Faktor a und einer Konstanten b modifiziert, so kann man die Berechnung des Erwartungswertes entsprechend vereinfachen. Außerdem gilt

$$E(X + Y) = E(X) + E(Y), \tag{8.3}$$

d. h., dass der Erwartungswert der Summe zweier Zufallsvariablen X und Y gleich der Summe der einzelnen Erwartungswerte ist. Manchmal ist es ganz nützlich, wenn man das beides im Hinterkopf behält.

Wie schon der Mittelwert allein bei den Merkmalen nicht ausreichte, um sich ein gutes Bild von den Stichprobenwerten zu machen, so reicht auch der Erwartungswert bei den Zufallsvariablen allein nicht aus. Schließlich möchte man ja auch wissen, wie stark die Zufallsvariablen *streuen*. Ihr erinnert euch sicherlich noch, dass wir in der beschreibenden Statistik die Varianz als mittlere quadratische Abweichung der Stichprobenwerte vom Mittelwert definiert haben. In der Wahrscheinlichkeitsrechnung geht das ganz analog, und die Varianz ist hier der Erwartungswert der quadratischen Abweichung der diskreten Zufallsvariablen X vom Erwartungswert $E(X) = \mu$. Mit der Wahrscheinlichkeitsfunktion ist also die Varianz

---

[16] Immer vorausgesetzt, dass Mr. Murphy euch keinen Strich durch die Rechnung macht und die Brote stets hochkant enden und die Marmelade langsam schmatzend auf den Teppich kleckert.

$$Var(X) = \sigma^2 = E((X - \mu)^2) \tag{8.4}$$

$$= \sum_{i=1}^{n}(x_i - \mu)^2 \cdot f(x_i) = \sum_{i=1}^{n}(x_i - \mu)^2 \cdot P(X = x_i). \tag{8.5}$$

Zugegeben, an der Formel hat man so einiges zu schlucken. Aber alles halb so schlimm! Einfach nur schön für jeden Wert x_i den Abstand zum Erwartungswert bestimmen, das dann quadrieren und mit dem entsprechenden Funktionswert multiplizieren. Anschließend alles aufsummieren, und fertig ist die Varianz. Der griechische Buchstabe σ (gesprochen: sigma) ist dabei übrigens das Pendant des aus der beschreibenden Statistik bekannten lateinischen Buchstabens s. Und wie schon vorher mehrmals praktiziert, ergibt sich dann die Standardabweichung, indem man der Varianz einfach den Zahn samt Wurzel zieht. Es gilt

$$\sigma = \sqrt{Var(X)} = \sqrt{\sigma^2}. \tag{8.6}$$

Die Standardabweichung ist auch hier wieder ein schönes Maß, wie breit die Werte (hier einer Wahrscheinlichkeitsfunktion) streuen. Die Statistiker sprechen[17] bei der Standardabweichung ja auch oft von einem Maß für die Unsicherheit über den Ausgang eines Experiments. Ist nämlich die Standardabweichung klein, am besten fast null, dann ist ein Ereignis ziemlich sicher. Wenn sie hingegen groß ist, kann man sich nicht so sicher sein, was passiert.

---

[17] Oder im Falle des Herrn Dr. Oestreich: „lallen".

Ohne viel Zeitverschwendung berechnen wir doch gleich mal die Varianz und die Standardabweichung für unser Marmeladenbrot-Beispiel. Mit dem ja schon berechneten Erwartungswert $\mu = 1$ erhält man

$$Var(X) = \sum_{i=1}^{3}(x_i - \mu)^2 \cdot f(x_i)$$
$$= (x_1 - 1)^2 \cdot p_1 + (x_2 - 1)^2 \cdot p_2 + (x_3 - 1)^2 \cdot p_3$$
$$= (0 - 1)^2 \cdot 0.25 + (1 - 1)^2 \cdot 0.5 + (2 - 1)^2 \cdot 0.25 = \frac{1}{2},$$

und für die Standardabweichung ergibt sich

$$\sigma = \sqrt{Var(X)} = \sqrt{\frac{1}{2}}.$$

Ihr seht, ein bisschen rechnen muss man da schon können. Ihr könnt euch aber bei Herrn Dr. Oestreich bedanken, dass er ein zahlenmäßig so einfaches Beispiel gefunden hat.[18] Genau wie beim Erwartungswert gibt es auch hier noch, zumindest denken dies so manche Prüfer, ein paar interessante Eigenschaften der Varianz. Unter anderem ist nämlich

$$Var(aX + b) = a^2 \cdot Var(X), \tag{8.7}$$

d. h. also, dass der konstante Faktor a bei der Berechnung der Varianz quadriert wird und die addierte Konstante b wegfällt. Während sich das eine mit der quadratischen Dimension der Varianz erklären lässt, ist das andere darauf zurückzuführen, dass die Varianz einer Konstanten stets gleich null ist. Das ist ja auch logisch, da eine einzelne Zahl natürlich keine Streuung hat. Weiterhin gibt es noch eine ziemlich nützliche Vereinfachung für die Berechnung der Varianz, denn es gilt

$$Var(X) = \sigma^2 = E(X^2) - \mu^2 \tag{8.8}$$
$$= \sum_{i=1}^{n} x_i^2 \cdot f(x_i) - \left(\sum_{i=1}^{n} x_i \cdot f(x_i)\right)^2. \tag{8.9}$$

Dass dies die Berechnung wirklich einfacher macht, haben wir in ähnlicher Form auch schon mal für die Varianz von Stichprobenwerten in Abschn. 5.2.4 erklärt. Berechnet doch ruhig zur Übung einmal mit dieser Formel die Varianz unseres Marmeladenbrot-Experiments. Wir glauben nämlich, dass ihr jetzt für diese kleine Herausforderung reif seid.[19]

---

[18] Herr Dr. Romberg hätte sonst vorgeschlagen, μ und σ der Superzahlen aller bisher durchgeführten Lottoziehungen zu bestimmen, um seine finanzielle Lage zu optimieren.

[19] Im Gegensatz zu Herrn Dr. Romberg, der bereits dabei ist, seine erwarteten Lottoeinnahmen im Vorfeld in flüssige Konsumgüter anzulegen.

8.3   Langsam, aber stetig zur Wahrheit

Nachdem wir uns – mehr oder weniger ausgiebig – mit diskreten Zufallsvariablen beschäftigt haben, widmen wir uns jetzt den stetigen.[20] Einige Beispiele stetiger Variable waren Gewicht, Distanzen, Geschwindigkeit oder aber auch die Zeit. In all diesen Fällen gibt es theoretisch immer noch eine genauere Messung, einen genaueren Zahlenwert mit noch einer weiteren Nachkommastelle. So gesehen können die einzelnen Realisationen der Zufallsvariablen nicht abgezählt werden, und die somit stetige Zufallsvariable kann jeden ahlenwert innerhalb eines bestimmten Intervalls annehmen. Es gibt also, wie es der Mathematiker zu sagen pflegt, überabzählbar unendlich viele Werte.

8.3.1   Wenn die Wahrscheinlichkeitsfunktiondichte stetig ist

Starten wir doch erst einmal mit einem Beispiel, das in jedem von euch sicherlich Erinnerungen hervorruft, dem Flaschendrehen. Das habt ihr ja schon seit einer Ewigkeit nicht mehr gespielt, oder etwa doch? Zur Erinnerung: Mehrere Leute setzen sich dabei im Kreis auf den Boden, und eine leere Flasche wird in die Mitte gelegt. Nun wird diese Flasche gedreht, und sobald die Flasche stoppt, darf nun der „Dreher" demjenigen, auf den der Flaschenkopf zeigt, eine Aufgabe oder Ähnliches auftragen. Während in jungen Jahren so mancher auf diesem Wege zu seinem ersten Kuss gekommen ist, kann es nach der Pubertät auch sehr wohl andere interessante Aufgaben geben. Hier sind eurer Fantasie natürlich keine Grenzen gesetzt. Es dürfte aber nicht überraschen, dass Herr Dr. Oestreich auch dieses Spiel oft einfach zum Trinkspiel umfunktioniert hat.[21] Sobald auf jeden Fall die auch noch so

---

[20] Herr Dr. Oestreich hatte sich schon auf die indiskreten Zufälle gefreut!

[21] Allerdings hat Herr Dr. Oestreich es immer mit Dosen probiert, die sich aber nicht richtig drehen wollten und daher zerstochen wurden.

originell gestaltete Aufgabe erledigt ist, darf die Flasche erneut gedreht werden. Ihr könnt euch vorstellen, mit den richtigen Leuten kann man so ziemlich viel Spaß haben!

Aber wie kriegen wir nun die Kurve vom Flaschendrehen zur Wahrscheinlichkeitsrechnung? Ganz einfach! Die sich drehende Flasche kann ja offensichtlich irgendwo innerhalb des Kreises stoppen. Ist nun die Zufallsvariable X genau der Winkel des Kreises, auf dem die Flasche stehen bleibt, so kann diese Zufallsvariable jeden Wert zwischen $0°$ und $360°$ annehmen, also eine unendlich große Anzahl von Werten. Man soll es kaum glauben, aber so haben wir es beim Flaschendrehen mit einer stetigen Zufallsvariablen zu tun. Einige Wahrscheinlichkeiten für diese Zufallsvariablen sind recht einfach zu bestimmen, wie z. B. die Wahrscheinlichkeit, dass X in einen bestimmten Bereich, sprich in ein bestimmtes Intervall, fällt. So ist $P(90 \leq X \leq 180) = 0.25$, da dies genau ein Viertel des Kreises ausmacht. Aber was ist mit der Wahrscheinlichkeit eines ganz speziellen Zahlenwertes, wie $P(X = 69)$? Da ja X eine unendlich große Anzahl von Zahlenwerten annehmen kann und all diese Zahlenwerte gleich wahrscheinlich sind, ist die Wahrscheinlichkeit dafür, dass X auf beliebig viele Nachkommastellen genau $69°$ (oder irgendein anderer Winkel) ist, theoretisch und praktisch gleich 0. Jetzt seit ihr baff, oder? Aber es ist wirklich so, bei stetigen Zufallsvariablen ist die Wahrscheinlichkeit eines ganz konkreten Wertes immer gleich 0, weil es ja unendlich viele Möglichkeiten gibt.

Versuchen wir doch mal, das noch ein wenig anders zu erklären. Bei den stetigen Zufallsvariablen tritt an die Stelle der Wahrscheinlichkeitsfunktion die **Wahrscheinlichkeitsdichte.** Während bei diskreten Zufallsvariablen nur an ganz bestimmten Stellen Zahlenwerte vorliegen, sind bei stetigen Zufallsvariablen unendlich viele Werte in einem Intervall vorhanden. In diesem Fall bilden die unendlich vielen Werte die kontinuierliche Kurve der Wahrscheinlichkeitsdichte $f(x)$. Genau, wie wir es schon von der diskreten Wahrscheinlichkeitsfunktion her kennen, ordnet diese Dichtefunktion nun jedem, also den unendlich vielen Werten x, einen Funktionswert $f(x) \geq 0$ zu.[22]

Da beim Flaschendrehen alle „Flaschendrehpositionswinkel" gleich wahrscheinlich sind, spricht man im Fachjargon in solch einem Fall auch von einer Gleichverteilung. Wie graphisch dargestellt, ist die Wahrscheinlichkeitsdichte $f(x)$ positiv auf dem Kreis zwischen $0°$ und $360°$ und hat ansonsten den Funktionswert null. Da hier jeder Winkel gleich möglich ist, also alle Werte gleichverteilt sind, ist der Funktionswert entsprechend immer konstant.

---

[22] Wir können übrigens das Spiel mit dem Wiederholen, dass es sich bei stetigen Zufallsvariablen um unendlich viele Werte handelt, nicht unendlich oft durchführen. Hoffentlich habt ihr es euch aber jetzt endlich gemerkt.

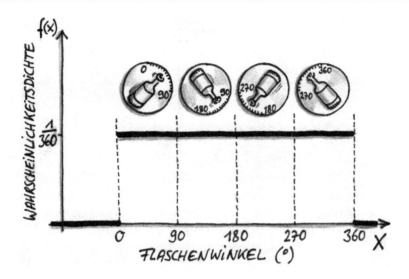

Als Funktionsvorschrift stellt sich diese stetige Zufallsvariable nun folgendermaßen dar:

$$f(x) = \begin{cases} \dfrac{1}{360} & 0 \leq x \leq 360 \\ 0 & \text{sonst} \end{cases}.$$

Der Wert der Konstanten, also der etwas seltsam anmutende Quotient $\frac{1}{360}$, hängt dabei von speziellen Anforderungen an eine Wahrscheinlichkeitsdichte ab, auf die wir erst etwas später eingehen werden.

Die Wahrscheinlichkeitsdichte gibt die Wahrscheinlichkeit dafür an, dass die Zufallsvariable X in einem bestimmten Intervall liegt. Hierzu bestimmt man einfach die Fläche unter der Funktion $f(x)$ in dem fraglichen Intervall oder mathematisch gesprochen das Integral der Funktion f im entsprechenden Intervall. Mit Hilfe dieser Wahrscheinlichkeitsdichte lassen sich auch unsere Überlegungen von oben, zu den konkreten Wahrscheinlichkeiten beim Flaschendrehen erklären. Die Wahrscheinlichkeit dafür, dass die Flasche in einem bestimmten Intervall endet, ist genau gleich der schraffierten rechteckigen Fläche unter der Kurve. Außerdem ist die Punktwahrscheinlichkeit, dass also die Flasche an einem ganz bestimmten Punkt anhält, gleich 0. Für diesen Punkt ist nämlich die darunterliegende Fläche nur eine (unendlich dünne) Linie, und damit die Wahrscheinlichkeit supersupersuper-duperklein und letztlich 0. Wir haben dies hier mal zur Veranschaulichung graphisch dargestellt.

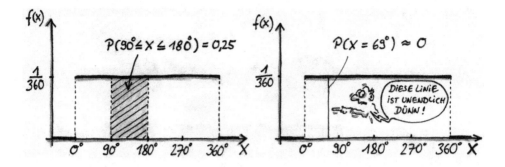

Ganz allgemein kann jede stetige Zufallsvariable je nach Experiment ihre ganz eigene, noch so wilde und komplizierte, Wahrscheinlichkeitsdichte $f(x)$ haben. Es muss nicht eine Konstante wie beim Flaschendrehen sein! Wichtig ist, sich zu merken, dass die Wahrscheinlichkeit $P(a \leq X \leq b)$ genau die Fläche unter der Kurve zwischen den x-Werten a und b ist. War die Berechnung dieser Fläche für das Flaschendrehen noch sehr einfach, so ist das leider nicht immer so. Und genau für solche Fälle, auch wenn wir es wirklich gern vermieden hätten, müssen wir an dieser Stelle ein anderes, berüchtigtes Werkzeug der Mathematik erwähnen, die Integration.[23]

Für eine Funktion $f(x)$ einer Zufallsvariablen X und dem Intervall $[a, b]$, wie wir sie in der Abbildung unten skizziert haben, ergibt sich die Fläche unter der Funktion zwischen den Grenzen a und b aus der Berechnung des sogenannten Integrals

$$\int_a^b f(x)dx.$$

Gelesen wird dies als das Integral von f zwischen den Grenzen a und b. Dabei ist das Integralzeichen $\int$ mal wieder eine von den Mathematikern[24] erfundene Abkürzung, ähnlich dem schon ausgiebig bekannten Summenzeichen $\sum$.

Wenngleich die Berechnung von Flächen mit Hilfe der Integration durchweg Bestandteil der gymnasialen Oberstufe ist, so ist uns schon klar, dass dieses Thema nicht bei jedermann Begeisterungsstürme auslöst. Bevor ihr jedoch jetzt in große Panik verfallt und die Lust[25] verliert, gleich mal eine kräftige Entwarnung: Auch wenn man das Prinzip der Integration schon verstehen sollte, so hat sich der Statistiker was ganz Feines ausgedacht! Da viele Formen der Wahrscheinlichkeitsdichte in der Natur und auch in der Prüfung immer wieder auftreten (z. B. die glockenförmige Normalverteilung), hat der Statistiker für solche Funktionen *Tabellen* parat. In diesen kann er dann die richtigen Werte für die Fläche unter der Kurve einfach ablesen. Wir werden uns zwar erst später damit beschäftigen, wie man solche

---

[23] Keine Panik: Diese Art der Integration ist sehr viel einfacher als die Integration von Clausthal-Zellerfelder Absolventen zurück in die Gesellschaft, nachdem sie jahrelang ein Leben in abgelegenen Bergregionen fristeten!

[24] Aber nicht von Herrn Dr. Oestreich.

[25] An Statistik und Wahrscheinlichkeitsrechnung.

Tabellen anwendet, aber es ist hoffentlich schon jetzt offensichtlich, dass hier jemand prima mitgedacht hat.

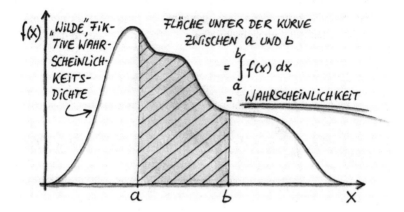

Ganz analog zum diskreten Fall muss auch die zu stetigen Zufallsvariablen gehörige Dichtefunktion ein paar Bedingungen erfüllen. Es gelten folgende Eigenschaften:

• Eine Dichtefunktion ist im gesamten Bereich nie negativ, es gilt also

$$f(x) \geq 0 \qquad (8.10)$$

für alle Werte x.

• Außerdem ist die Gesamtfläche unter der Kurve $f(x)$, d.h. die Fläche zwischen der Dichtefunktion und der gesamten x-Achse, gleich 1. Dementsprechend gilt

$$\int_{-\infty}^{\infty} f(x)dx = 1. \qquad (8.11)$$

Dabei steht das Zeichen ∞ als Abkürzung für das Wort „unendlich". Man kann sagen, dass wir so die Fläche unter der Kurve vom Anfang der x-Achse, also $-\infty$, bis zum Ende, also $+\infty$, bestimmen. Diese Gleichung besagt, dass die Zufallsvariable X mit der Wahrscheinlichkeit 1, also mit *absoluter* Sicherheit,[26] einen Wert zwischen $-\infty$ und $+\infty$ annimmt. Irgendwie logisch, oder?

Um herauszufinden, ob man es wirklich mit einer Wahrscheinlichkeitsdichte zu tun hat, sind immer diese zwei Eigenschaften nachzuprüfen. Einige Prüfer stehen auch auf solche Art der Fragestellung, und deshalb solltet ihr euch das ruhig merken. Im Falle des Flaschendrehens gilt, wie wir bereits gesehen haben, dass $f(x) \geq 0$ ist. Aber gilt auch die zweite Bedingung,

---

[26] So kann man mit fast absoluter Sicherheit (Wahrscheinlichkeit $\approx$ 1) davon ausgehen, dass Herr Dr. Oestreich einen ausgelassenen Abend mit Freunden und Kollegen schlafend auf einer ungemütlichen Treppe ausklingen lässt.

dass die gesamte Fläche unter der Kurve gleich 1 ist? Hierzu schreiben wir das mal alles ganz ausführlich mit Kommentaren, Schritt für Schritt, auf. Zum Integrieren muss man hier nur die Funktion im Intervall zwischen 0° und 360° betrachten, da überall sonst die Funktion ja sowieso 0 ist. Nachdem man dann die sogenannte Stammfunktion (hier einfach x) der Konstanten bestimmt hat, setzt man abschließend die Integrationsgrenzen ein, und es ergibt sich:[27]

$$\int_{-\infty}^{\infty} f(x)\, dx = \int_0^{360} f(x)\, dx \qquad \bullet\ f(x) > 0 \text{ nur zwischen 0 und 360}$$

$$= \int_0^{360} \frac{1}{360}\, dx \qquad \bullet\ \text{Einsetzen der Dichtefunktion } f(x)$$

$$= \frac{x}{360}\Big|_0^{360} \qquad \bullet\ \text{Bestimmung der Stammfunktion}$$

$$= \frac{360}{360} - \frac{0}{360} \qquad \bullet\ \text{Einsetzen der Intervallgrenzen}$$

$$= 1.$$

Jetzt wird auch klar, warum die Dichtefunktion beim Flaschendrehen als Konstante den Quotienten $\frac{1}{360}$ hat. Mit jedem anderen Wert als Konstante wäre nämlich die Bedingung, dass die Fläche unter der Kurve gleich 1 ist, nicht erfüllt. So, damit hätten wir auch dieses Geheimnis gelüftet.

8.3.2 Stetige Verteilungsfunktion

Bei den diskreten Zufallsvariablen haben wir die Verteilungsfunktion bestimmt, indem wir schrittweise die Wahrscheinlichkeiten vom Anfang bis zum Ende aufsummiert haben. Ihr erinnert euch hoffentlich noch, dass sich dann ein treppenförmiger, monoton wachsender Graph ergab, der am Ende, wenn alle Wahrscheinlichkeiten zusammengezählt waren, genau gleich 1 ist. Bei stetigen Zufallsvariablen macht man im Grunde nichts anderes und addiert schrittweise die Wahrscheinlichkeiten, also die Flächen unter der Kurve $f(x)$, vom Anfang $-\infty$ bis zum Ende $+\infty$ auf. Das resultiert dann allerdings nicht in einer Art Treppe, sondern in einer kontinuierlichen, monoton wachsenden Kurve, der Verteilungsfunktion $F(x)$.[28] Mit der Wahrscheinlichkeitsdichte $f(x)$ kann man also die Verteilungsfunktion $F(x) = P(X \leq x)$ einer stetigen Zufallsvariablen X bestimmen. Die Verteilungsfunktion

---

[27] Hier sollte man dann vielleicht doch mal in einem Mathebuch aus der Schule oder dem Studium schauen, um sich zu erinnern, wie die Stammfunktion eines Integrals gebildet wird (hat übrigens nichts mit der Stammtischfunktion für die politische Meinungsbildung zu tun).

[28] Wer will, der kann sich auch vorstellen, dass die Treppenstufen im Falle der Integration unendlich klein sind, was Herrn Dr. Oestreich im Falle einer realen Treppe aus bekannten Gründen nicht gefallen würde!

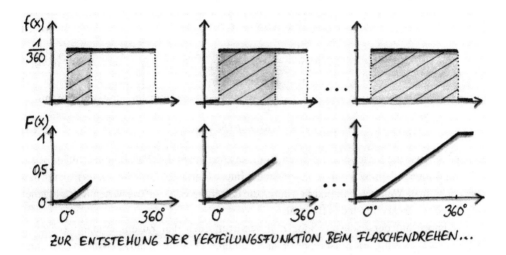

Abb. 8.1 Zusammenhang der schraffierten Fläche der Wahrscheinlichkeitsdichte (oben) mit der zugehörigen Verteilungsfunktion (unten)

gibt die Wahrscheinlichkeit dafür an, dass X einen Wert annimmt, der kleiner oder gleich x ist. In Abb. 8.1 haben wir versucht, das Prinzip für das Flaschendrehen zu skizzieren. Beginnend mit $-\infty$ berechnet man immer wieder die Fläche unter der Kurve und trägt das Ergebnis im Graphen der Verteilungsfunktion auf, bis die Funktion letztlich den Wert 1 hat. Ganz analog, wie wir es bereits bei der Verteilungsfunktion diskreter Zufallsvariablen gemacht haben, erhält man die Verteilungsfunktion stetiger Zufallsvariable durch eine Aufsummierung der Wahrscheinlichkeiten bzw. Flächen bis zu einem bestimmten Wert x. Formal ist die Verteilungsfunktion definiert durch

$$F(x) = P(X \le x) = \int_{-\infty}^{x} f(y)dy. \tag{8.12}$$

Lasst euch bei der Gleichung jetzt aber bloß nicht ins Bockshorn jagen, nur weil hier plötzlich ein y auftaucht. Wir mussten einfach kurzfristig einen anderen Buchstaben verwenden, da wir das Integral bis zur oberen Grenze x bestimmen wollen. Auch auf die Gefahr hin, dass wir uns wiederholen, noch mal ganz langsam zum Mitsprechen: Für eine stetige Zufallsvariable ist die Verteilungsfunktion $F(x)$ gleich dem Flächeninhalt unter dem Graphen der Dichtefunktion f von $-\infty$ bis zum Wert x, und die Verteilung gibt so die Wahrscheinlichkeit dafür an, dass X einen Wert annimmt, der kleiner oder gleich x ist.[29]

Wie wir ja schon erklärt haben, kann man mit der Wahrscheinlichkeitsdichte nur die Wahrscheinlichkeiten in einem Intervall bestimmen. Für solch ein Intervall mit den exemplarischen Grenzen a und b gilt dann

---

[29] Puh! … noch mal lesen!

$$P(a < X \le b) = \int_a^b f(x)dx, \tag{8.13}$$

d. h., dass die Wahrscheinlichkeit zwischen a und b gleich der Fläche unter der Funktion $f(x)$ zwischen a und b ist. Führt man die Integration durch, so kommt man wieder auf unsere Verteilungsfunktion $F(x)$, und es ergibt sich eine sehr bedeutende Formel, nämlich

$$P(a < X \le b) = F(b) - F(a). \tag{8.14}$$

Kennen wir also die Verteilungsfunktion $F(x)$, so können wir die Wahrscheinlichkeit für ein beliebiges Intervall einfach durch Einsetzen der Intervallgrenzen bestimmen. Es ist natürlich klar, das sich die Wahrscheinlichkeiten durch die Differenz $F(b) - F(a)$ wesentlich einfacher berechnen lassen als durch das Integral.

Wir haben auf der nächsten Seite mal versucht, euch den Zusammenhang zwischen Dichte und Verteilung am Beispiel des Flaschendrehens graphisch aufzuzwingen. Wie man leicht sieht,[30] ist in beiden Graphen im Grunde die Information der Wahrscheinlichkeit versteckt. Wenn da doch bloß dieses unschöne Integralrechnen nicht wäre, denkt ihr jetzt sicher. Da ist es nur gut zu wissen, dass auch für stetige Zufallsvariablen die Werte typischer Verteilungsfunktionen in der Regel tabelliert sind. Das erspart einem den Umgang mit dem Integral. Aber glaubt uns ruhig, es schadet wirklich nicht, wenn man das Prinzip und die Zusammenhänge verstanden hat.

Übrigens können wir mit der Formel 8.14 auch noch auf diesem Wege erneut zeigen, dass die Wahrscheinlichkeit für einen ganz speziellen, einzelnen Zahlenwert genau null ist. Es gilt nämlich

$$P(a) = P(a < X \le a) = F(a) - F(a) = 0.$$

Ihr seht, es führt nicht nur ein Weg nach Rom![31] Bevor wir uns nun aber weiter dem Flaschendrehen widmen, bestimmen wir noch die Wahrscheinlichkeit dafür, dass X größer ist als ein Wert x. Da ja die Verteilungsfunktion am Ende (also spätestens bei $+\infty$) immer den Wert 1 hat, ergibt sich

$$P(X > x) = P(x < X \le +\infty) = F(+\infty) - F(x) = 1 - F(x). \tag{8.15}$$

Wieder mal etwas, das euch vielleicht bekannt vorkommt. Es handelt sich nämlich hier um das Komplementärereignis, also um genau das Gegenteil[32] davon, dass die Zufallsvariable $X \le x$ ist. Lest dazu ruhig auch noch mal in Abschn. 7.2.1 auf Seite 124 nach.

Aber nun zurück zum Flaschendrehen und zu unserem Beispiel. Für die Verteilungsfunktion $F(x)$ gilt beim Flaschendrehen, dass alle Werte $x < 0$ gleich 0 und alle Werte $x > 360$ gleich 1 sind. Sofern sich die Flasche nicht in Luft auflöst, muss sie ja einfach auf

---

[30] Diesen Ausdruck „wie man leicht sieht" sollte man bei Mathematikern aber nicht so ernst nehmen, wie man hier leicht sieht …

[31] … ganz im Gegensatz zu Clausthal-Zellerfeld, Herr Dr. Oestreich!

[32] Herr Dr. Oestreich verkörpert übrigens das Komplementärereignis von Bond, James Bond!

einen Winkel in unserem Kreis zeigen. Im Bereich zwischen 0 und 360, also für alle Werte $0 \leq x \leq 360$, ist

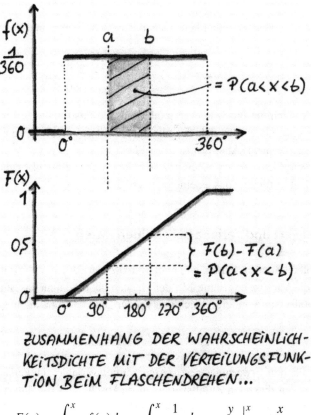

ZUSAMMENHANG DER WAHRSCHEINLICH-
KEITSDICHTE MIT DER VERTEILUNGSFUNK-
TION BEIM FLASCHENDREHEN...

$$F(x) = \int_{-\infty}^{x} f(y)dy = \int_{0}^{x} \frac{1}{360}dy = \frac{y}{360}\Big|_{0}^{x} = \frac{x}{360}.$$

Somit ergibt sich also die Verteilungsfunktion in Funktionsschreibweise

$$F(x) = \begin{cases} 0 & x < 0 \\ \dfrac{x}{360} & 0 \leq x \leq 360. \\ 1 & x > 360 \end{cases}$$

Damit kann man nun verschiedene Fragestellungen sehr einfach beantworten. Lasst es uns einmal versuchen! Durch einfaches Einsetzen und Verwendung unserer Gleichungen können wir fragen:

- Wie groß ist die Wahrscheinlichkeit, dass die Flasche im Kreis zwischen 99° und 171° anhält?

$$P(99 \leq X \leq 171) = F(171) - F(99) = \frac{171}{360} - \frac{99}{360} = 0.2.$$

- Wie groß ist die Wahrscheinlichkeit, dass die Flasche im ersten Drittel des Kreises zum Liegen kommt?

$$P(X \leq 120) = F(120) = \frac{120}{360} = 0.33.$$

- Wie groß ist die Wahrscheinlichkeit, dass die Flasche genau bei Herrn Dr. Romberg stehen bleibt, also oberhalb von $270°$?

$$P(X > 270) = 1 - F(270) = 1 - \frac{270}{360} = 0.25.$$

Zugegeben, da es sich um einen Kreis handelt und alle Positionen für die Flasche gleich wahrscheinlich sind, hätte man sich das alles auch mit ein wenig gesundem Menschenverstand überlegen können. Aber das Leben ist kein Flaschendrehen[33],[34] und das Prinzip funktioniert auch mit jeder anderen Zufallsvariablen, Wahrscheinlichkeitsdichte und Verteilungsfunktion. Hoffentlich ist das jedem von euch klar!

8.3.3 Mittelwert und Varianz bei stetigen Daten

Abschließend bleibt noch zu klären, wie man im Falle stetiger Zufallsvariablen den Erwartungswert und die Varianz bestimmt. Mit der Ausnahme, dass man das Summenzeichen[35] durch das Integral austauscht, ergibt sich mal wieder ganz analog zum diskreten Fall

$$E(X) = \mu = \int_{-\infty}^{\infty} x f(x) dx. \tag{8.16}$$

Ansonsten gilt für den Erwartungswert stetiger Zufallsvariable sinngemäß dasselbe, wie wir es schon bei den diskreten Zufallsvariablen in Abschn. 8.2.3 erläutert haben, und wir ersparen euch und uns hier eine Wiederholung.

Jetzt wollen wir aber zumindest noch einmal einen Erwartungswert berechnen, da dies auch hin und wieder in einer Prüfung abgefragt wird. Für das Flaschendrehen kennen wir ja schon die Wahrscheinlichkeitsdichte, und mit ein wenig Integrationskenntnissen – da führt einfach kein Weg drum herum – ergibt sich der Erwartungswert zu

---

[33] Merke dieses richtungsweisende und revolutionäre Zitat von Herr Dr. Oestreich: „Das Leben ist kein Flaschendrehen!"

[34] Herr Dr. Romberg möchte hier anmerken, dass er genau der komplementären Meinung ist: „Das Leben *ist* wie Flaschendrehen", zumindest was die ganzen Zufälle im Leben angeht. Angesichts der vielen Schwierigkeiten und Tiefschläge, die man manchmal so hinnehmen muss (z. B. der vergebliche Kampf um einen Statistikschein) möchte Herr Dr. Romberg eine weitaus weisere und tiefgründigere Aussage treffen: „Das Leben ist kein Ponyhof."

[35] Man beachte: Bei unendlich kleinen Summanden hat $\sum$ die gleiche Bedeutung wie $\int$, denn Integrieren ist nichts anderes als Aufsummieren unendlich kleiner Teile!

$$\mu = \int_{-\infty}^{\infty} x f(x)\, dx = \int_{0}^{360} x f(x)\, dx = \int_{0}^{360} \frac{x}{360}\, dx$$

$$= \frac{1}{2}\frac{x^2}{360}\Big|_{0}^{360} = \frac{1}{2}\frac{360^2}{360} - \frac{1}{2}\frac{0^2}{360} = 180.$$

Das heißt nun, wenn man die Flasche nur oft genug dreht, so werden im Mittel $180°$ erreicht, was dem Erwartungswert μ entspricht. Dies ist letztlich ja auch logisch, da es sich hierbei genau um die Mitte zwischen 0^0 und 360^0 handelt und alle Werte in unserem Kreis gleich wahrscheinlich sind.

Für die Varianz stetiger Zufallsvariable ist die Geschichte nun ganz ähnlich, und es gelten auch hier sinngemäß unsere Anmerkungen aus Abschn. 8.2.3 (S. 148 ff.) Die Varianz berechnet sich mit der Gleichung

$$Var(X) = \sigma^2 = E((X - \mu)^2)$$

$$= \int_{-\infty}^{\infty} (x - \mu)^2 f(x)\, dx. \tag{8.17}$$

Dabei lässt sich die Berechnung der Varianz auch bei stetigen Zufallsvariablen gemäß der Formel 8.8 meist bequemer durch

$$\sigma^2 = E(X^2) - \mu^2 = \int_{-\infty}^{\infty} x^2 f(x)\, dx - \mu^2 \tag{8.18}$$

berechnen. Schreiben wir jeden Rechenschritt ganz ausführlich hin, denn Ordnung muss sein, so berechnet sich die Varianz beim Flaschendrehen zu

$$\sigma^2 = \int_{-\infty}^{\infty} (x - \mu)^2 f(x)\, dx = \int_{0}^{360} (x - \mu)^2 f(x)\, dx$$

$$= \int_{0}^{360} x^2 f(x)\, dx - \mu^2 = \int_{0}^{360} \frac{x^2}{360}\, dx\, \mu^2 = \frac{1}{3}\frac{x^3}{360}\Big|_{0}^{360} - 180^2$$

$$= \frac{1}{3}\frac{360^3}{360} - 180^2 = 10800.$$

Da die Varianz aber eine quadrierte Größe und schwierig zu interpretieren ist, ist dann die Standardabweichung

$$\sigma = \sqrt{Var(X)} = \sqrt{10800} = 103.9$$

bei diesem Beispiel schon etwas aussagekräftiger. Letztlich haben wir nun erfahren, dass der Erwartungswert beim Flaschendrehen $\mu = 180°$ ist und dass die Standardabweichung, ein Maß für die Streuung, $\sigma = 103.9°$ beträgt. Zugegeben ist das nicht gerade sensationell, aber hoffentlich ist zumindest die Vorgehensweise deutlich geworden. Seid versichert, da draußen in der Welt der Statistik warten noch so einige Beispiele darauf, von euch gelöst zu werden. Und die sind sicher nicht immer so einfach![36]

8.4   Wie war das noch mit Erwartungswert und Varianz?

Bevor wir uns jetzt ins Getümmel der verschiedenen diskreten und stetigen Verteilungsfunktionen stürzen, möchten wir noch mal ein paar wesentliche Gleichungen zum Erwartungswert und der Varianz gegenüberstellen. Letztlich haben wir ja auch – ihr habt es bestimmt bemerkt – auf den vorangegangenen Seiten kreuz und quer auf verschiedene Seiten in diesem Buch verwiesen, um euch die Zusammenhänge deutlich zu machen. Aber es geht eben nichts über eine schöne Zusammenfassung. Also haben wir hierzu mal die entsprechenden Formeln, die wir alle schon in diesem Buch erklärt haben, für diskrete und stetige Zufallsvariable (aus diesem Kapitel) wie auch für empirische Stichprobenwerte (aus Kap. 5) zusammengestellt.

	Erwartungwert $E(X)$ Maß für die Lage	Varianz $Var(X)$ Maß für die Streuung
Diskret	$\mu = \sum\limits_{i=1}^{n} x_i f(x_i)$	$\sigma^2 = \sum\limits_{i=1}^{n} (x_i - \mu)^2 f(x_i)$
Stetig	$\mu = \int_{-\infty}^{\infty} x f(x) dx$	$\sigma^2 = \int_{-\infty}^{\infty} (x - \mu)^2 f(x) dx$
Empirisch	$\overline{x} = \dfrac{1}{n} \sum\limits_{i=1}^{n} x_i$	$s^2 = \dfrac{1}{n-1} \sum\limits_{i=1}^{n} (x_i - \overline{x})^2$
Standardabweichung $s = \sqrt{s^2}$ und $\sigma = \sqrt{\sigma^2}$		

Selbst Herr Dr. Romberg findet die Tabelle interessant und hilfreich. Wir haben ja schon viel Zeit mit dem ganzen Zeug verbracht, aber manchmal sagt eine Tabelle mehr als tausend Worte.

Jetzt aber gleich weiter zu den Verteilungsfunktionen, die in der Statistik, in der Prüfung und im richtigen Leben immer mal wieder auftauchen. Ihr könnt es sicherlich kaum erwarten …

---

[36] Einfach? Was war denn daran einfach?

Im Angebot: Spezielle Verteilungen 9

Nachdem ihr nun eine ziemlich gute Idee über das Prinzip der Wahrscheinlichkeitsverteilungen bekommen habt, lechzt ihr sicherlich nach den in der Praxis und an jeder Straßenecke wirklich oft auftretenden Verteilungen. Wie wir schon angedeutet haben, läuft es in der Statistik häufig auf nur einige wenige Verteilungsmodelle für diskrete und stetige Zufallsvariablen hinaus. Wir haben in diesem Kapitel mal die wichtigsten für euch unter die Lupe genommen. Sofern ihr schon vorab wisst, dass die eine oder andere Verteilung für euch nicht relevant ist, so könnt ihr den entsprechenden Abschnitt auch gern[1] überspringen. Aber seid gewarnt, ihr verpasst was!

---

[1] Und auf eigene Gefahr.

© Springer-Verlag GmbH Deutschland, ein Teil von Springer Nature 2022
M. Oestreich und O. Romberg, *Keine Panik vor Statistik!*,
https://doi.org/10.1007/978-3-662-64490-4_9

9.1   Diskrete Verteilungen

9.1.1   Es fängt mit Bernoulli an

Ob nun in Soziologie, Medizin, Theologie, beim Krabbenpulen oder in den Wirtschafts-
wissenschaften, es gibt in vielen Bereichen immer wieder Fragestellungen, bei denen man
an der Wahrscheinlichkeit interessiert ist, ob ein Ereignis eintritt oder nicht eintritt. Es gibt
für ein solches Zufallsexperiment also nur zwei mögliche Ausgänge, nämlich Erfolg oder
Misserfolg, Treffer oder Niete oder, wie es die Informatiker lieben, 1 oder 0. Ein solches
Experiment, bei dem nur zwei verschiedene, sich gegenseitig ausschließende Ereignisse eintreten können, ist in Fachkreisen auch unter dem Namen Bernoulli-Experiment[2] bekannt.
Ihr könnt euch sicherlich vorstellen, dass sich im Grunde alle Experimente in einem ersten
Schritt auf eine einfache Ja- oder Nein-, Hop- oder Top-, Hüh- oder Hott-Aussage beschrän-
ken lassen. Beispiele für Bernoulli-Experimente sind die euch z. T. schon bekannten:

- Münzwurf: Wappen = Treffer, Zahl = Niete
- Geschlechtsverkehr: schwanger = Treffer, nicht schwanger = Niete
- Flaschenziehen: volle Flasche = Treffer, leere Flasche = Niete
- Qualitätsprüfung: Produkt i. O. = Treffer, Produkt defekt = Niete
- Statistikklausur: Bestanden = Treffer, nicht bestanden = Niete
- Partygast: Herr Dr. Romberg = Treffer, Herr Dr. Oestreich = Niete[3]

Bei einem Bernoulli-Experiment tritt das eine Ereignis A mit der Wahrscheinlichkeit p ein
und das andere Ereignis, wenn A nicht eintritt, also das komplementäre Ereignis $\overline{A}$, mit der
Wahrscheinlichkeit $1 - p$. Für die zwei Ereignisse kann man die Wahrscheinlichkeitsfunktion
einfach in gewohnter Manier hinschreiben, und es ergibt sich ganz allgemein:

$$f(x) = \begin{cases} 1 - p & X = 0 \text{ (Niete, Misserfolg ...)} \\ p & X = 1 \text{ (Treffer, Erfolg ...)} \\ 0 & \text{sonst} \end{cases} .$$

Die Zufallsvariable X (wie üblich groß geschrieben) ist dabei entweder 0 oder 1. Natürlich
kann man auch für diese, ihr müsst zugeben, sehr einfache Verteilung wieder den Erwartungswert mit der Gl. 8.1 für die zwei Realisationen x_i (wie üblich klein geschrieben)
bestimmen. Es ergibt sich

---

[2] Benannt nach Jakob Bernoulli (1654–1705), einem Schweizer Mathematiker und Physiker, der ab
1687 als Professor an der Universität Basel tätig war. Nicht zu verwechseln übrigens mit Daniel
Bernoulli, Sohn von Johann Bernoulli, Neffe von Jakob Bernoulli und jüngerer Bruder von Johann
II. Bernoulli. Den gibt es nämlich auch noch!
[3] Vorausgesetzt, dass die beiden nie gleichzeitig erscheinen, was seit 1998, dem legendären
Oestreich'schen Nickerchen auf der Treppe, auch nicht mehr beobachtet wurde.

$$E(X) = \mu = \sum_{i=1}^{2} x_i \cdot f(x_i) = 0 \cdot (1 - p) + 1 \cdot p = p$$

und für die Varianz entsprechend mit Gl. 8.4

$$Var(X) = \sum_{i=1}^{2} (x_i - \mu)^2 \cdot f(x_i) = (0 - p)^2 \cdot (1 - p) + (1 - p)^2 \cdot p = p(1 - p).$$

Und da sind wir dann auch schon durch mit unserer ersten „berühmten" diskreten Verteilung. Zugegeben, nicht wirklich sehr aufregend, aber hier ist es nur wichtig, dass ihr das Grundprinzip des Bernoulli-Experiments verstanden habt. So könnt ihr dann nämlich viel einfacher die auf dem Bernoulli-Experiment aufbauende, wohl wichtigste diskrete Verteilung verstehen.

9.1.2 Ein Bernoulli, zwei Bernoulli, drei ... Binomialverteilung

Wie es die Überschrift schon sagt, mehrfach nacheinander ausgeführte Bernoulli-Experimente, jedes mit den beiden möglichen (und sich gegenseitig ausschließenden) Ereignissen A und dem Komplement $\overline{A}$, ergeben die Binomialverteilung. So ist beispielsweise beim Werfen einer Münze (einem wirklich klassischen Bernoulli-Experiment) nur eines der beiden Ergebnisse „Kopf" oder „Zahl" möglich. Mit der Binomialverteilung kann man dann die Wahrscheinlichkeit berechnen, dass nach mehrfach nacheinander ausgeführten Münzwürfen z. B. genau sieben von zehn Würfen das Ergebnis „Kopf" haben. Die Binomialverteilung erlaubt also die Berechnung der Wahrscheinlichkeit einer speziellen *Anzahl von Erfolgen* für eine bestimmte Anzahl von Bernoulli-Experimenten. Die Zufallsvariable X für die Binomialverteilung ist dabei die Anzahl der beobachteten Erfolge.
Wichtige Voraussetzungen bei der Binomialverteilung sind, dass

- das Ereignis A in jedem Teilexperiment immer mit der gleichen Wahrscheinlichkeit p eintritt und
- die Ergebnisse der einzelnen Experimente voneinander unabhängig sind, d. h. also, dass das Ergebnis eines Versuchs nicht einen anderen Versuch beeinflusst.

So ist beispielsweise beim mehrfachen Werfen einer fairen Münze die Wahrscheinlichkeit für „Kopf" immer gleich $p = 0.5$, und die Münzwürfe beeinflussen sich nicht gegenseitig, sind also voneinander unabhängig.

Natürlich könnten wir euch an dieser Stelle die Gleichung für die Binomialverteilung einfach vor die Füße knallen und euch damit allein lassen. Aber das wäre ja nun wirklich nicht die feine Art, und so lernt man es auch nicht richtig. Deshalb nehmen wir uns hier ein wenig Zeit. Stellt euch also folgende Situation vor: Ihr sitzt angeschlagen, übermüdet und ohne jeglichen Plan in einer Klausur.[4] Euer Professor macht es sich mit Hinblick auf die Korrektur einfach, indem er euch 16 Multiple-Choice-Aufgaben mit jeweils vier möglichen Antworten vorlegt. Er weist noch darauf hin, dass immer nur eine Antwort pro Aufgabe richtig ist und alle anderen falsch sind. Noch etwas benommen von den Ereignissen der letzten Nacht denkt ihr jetzt natürlich sofort, dass ihr nun doch eine realistische Chance habt, die zum Bestehen der Klausur nötigen 10 richtigen Antworten zu raten. Leider ein ziemlicher Trugschluss, wie sich später noch herausstellen wird!

BEI MANCHEN AUFGABEN GIBT ES KEINE EINDEUTIG RICHTIGE LÖSUNG

Jede der 16 Aufgaben für sich ist ein Bernoulli-Experiment mit der Wahrscheinlichkeit $p = \frac{1}{4} = 0.25$ für eine richtig geratene Antwort und der Wahrscheinlichkeit $1 - p = \frac{3}{4} = 0.75$ für eine falsche Antwort. Da eine richtige oder falsche Antwort bei einer Aufgabe nicht die Antwort bei einer anderen Aufgabe beeinflusst, da die Beantwortung jeder Aufgabe also unabhängig von den anderen ist, und die Wahrscheinlichkeit für die richtige Lösung mit $p = 0.25$ von Aufgabe zu Aufgabe konstant ist, sind hier die Voraussetzungen für eine Binomialverteilung erfüllt. Das ist auch gut zu wissen, denn da wollen wir ja auch hin.

Bezeichnen wir mit $R1$ die richtig geratene Lösung der ersten Aufgabe und mit $R2$ die richtig geratene Lösung der zweiten Aufgabe, so berechnet sich die Wahrscheinlichkeit, diese zwei Aufgaben beide gleichzeitig richtig zu raten bzw. zu lösen, da die Aufgaben unabhängig voneinander sind, aus dem Produkt der Einzelwahrscheinlichkeiten, und es gilt

$$P(R1 \cap R2) = P(R1) \cdot P(R2) = p \cdot p = p^2 = 0.25 \cdot 0.25 = 0.0625.$$

Ihr könnt auch gern noch mal Abschn. 7.3.4 (Seite 134 ff.) über die stochastische Unabhängigkeit nachlesen, falls ihr uns das nicht glaubt. Wenn man das nun so für

---

[4] Herr Dr. Romberg muss sich dies nicht vorstellen, sondern braucht sich nur zu erinnern.

alle Aufgaben weiter durchexerziert, dann kommt man darauf, dass die Wahrscheinlichkeit für 16 richtig geratene Antworten auf die Nachkommastelle genau $p^{16} =$
$0.000000000232830643653869628906 25$ ist. Die Wahrscheinlichkeit 16 falscher Antworten ergibt sich ganz entsprechend, diesmal aber lieber auf besonderen Wunsch von Herrn
Dr. Oestreich nur auf fünf Nachkommastellen angegeben, zu $(1 - p)^{16} = 0.01002$. So weit
ein paar hoffentlich verständliche Vorüberlegungen. Damit können wir uns nun der Frage
widmen, wie hoch die Wahrscheinlichkeit ist, die zum Bestehen der Klausur mindestens
nötigen 10 richtigen Antworten zu bekommen. Und da sind wir dann auch schon schnur-
stracks auf dem Weg zur Binomialverteilung, aber schön langsam Schritt für Schritt.

Keine Aufgabe richtig Das haben wir ja gerade schon geklärt, und es ist

$$P(X = 0) = (1 - p)^{16} = 0.01002.$$

Eine Aufgabe richtig Die Wahrscheinlichkeit, um genau die erste Aufgabe richtig zu lösen[5]
und dann alle anderen 15 falsch zu haben, ist $p \cdot (1 - p)^{15}$. Nun ist es aber nicht nur die erste
Aufgabe, sondern irgendeine von den 16 Aufgaben, die bereits für eine richtige Antwort
ausreicht. Also gibt es 16 Möglichkeiten für genau eine richtige Antwort in der Klausur,
und die Wahrscheinlichkeit ist somit

$$P(X = 1) = 16 \cdot p \cdot (1 - p)^{15} = 0.05345.$$

Zwei Aufgaben richtig Die Wahrscheinlichkeit dafür, dass genau die ersten zwei Aufgaben
richtig und die restlichen 14 falsch sind, ist $p^2 \cdot (1 - p)^{14}$. Die Frage ist nun aber, wie viele
Möglichkeiten gibt es, in unseren 16 Aufgaben zwei richtige Antworten zu verteilen? Es
könnten ja beispielsweise auch die Aufgaben 4 und 12, oder 8 und 15 oder auch 3 und 5
richtig sein. Es gibt hier eine Menge Möglichkeiten. Aber wie viele genau? Ihr werdet es
vielleicht nicht glauben, aber die Antwort zu dieser Frage kennt ihr bereits! Hierzu verwendet
man nämlich wieder den Binomialkoeffizienten aus Kap. 3, genauer gesagt Seite 34, Gl. 3.5,
und es ergeben sich exakt $\binom{16}{2} = \frac{16!}{2! \cdot 14!} = 120$ Möglichkeiten, 2 richtige Lösungen unter 16
Aufgaben zu verteilen.[6] Dementsprechend ist nun die Wahrscheinlichkeit für zwei richtige
Antworten in unserer Klausur also

$$P(X = 2) = \binom{16}{2} \cdot p^2 \cdot (1 - p)^{14} = 0.13363.$$

Drei Aufgaben richtig Die Wahrscheinlichkeit dafür, dass genau die ersten drei Aufgaben
richtig und dann 13 falsch sind, ist $p^3 \cdot (1 - p)^{13}$. Aber wie viele Möglichkeiten gibt es, 3

---

[5] Herr Dr. Oestreich möchte daran erinnern, dass es sich hier eigentlich nicht um ein Lösen handelt,
sondern vielmehr um ein Raten.

[6] Zur besseren Verdauung und zur Erinnerung: Der Binomialkoeffizient $\binom{n}{k} = \frac{n!}{k! \cdot (n-k)!}$ gibt an, wie
viele Möglichkeiten existieren, aus einer Kiste mit n Bieren k auszuwählen.

richtige Lösungen unter 16 Aufgaben zu verteilen? Wer hier auch nur ein wenig aufgepasst hat, der sollte es jetzt einfach hinschreiben können, und es ist

$$P(X = 3) = \binom{16}{3} \cdot p^3 \cdot (1 - p)^{13} = 0.20788.$$

Und so weiter, und so fort. Das Prinzip sollte jetzt klar sein, und wir ersparen euch weitere Details. Vielmehr schreiben wir nun die schon lang ersehnte allgemeine Gl. für die Binomialverteilung hin:

$$P(X = k) = f(k) = \begin{cases} \binom{n}{k} \cdot p^k \cdot (1 - p)^{n-k} & k = 0, 1, \ldots, n \\ 0 & \text{sonst} \end{cases} \tag{9.1}$$

Wie ihr seht, hängt diese Verteilung nun einfach von der Wahrscheinlichkeit p und der Anzahl der Versuche n ab. So können wir durch einfaches Einsetzen zunächst einmal unsere Überlegungen zu 0, 1, 2 oder 3 richtigen Aufgaben kontrollieren. Das überlassen wir aber lieber euch, und stattdessen bestimmen wir nun zur Übung die Wahrscheinlichkeit für genau 6 richtige Antworten in unserer Klausur. Mit $n = 16$, $p = 0.25$ und $k = 6$ ergibt sich

$$P(X = 6) = f(6) = \binom{16}{6} \cdot p^6 \cdot (1 - p)^{16-6} = \frac{16!}{6! \cdot 10!} \cdot 0.25^6 \cdot 0.75^{10} = 0.11010.$$

Also gibt es ungefähr eine 11 %-Chance, dass man genau 6 richtige Antworten hat. Aber ihr seid sicherlich schon gespannt, wie groß dann wohl die Chance zum Bestehen der Klausur ist. Um die Wahrscheinlichkeit von *mindestens* 10 richtigen Antworten zu berechnen, muss man nicht nur $P(X = 10) = f(10)$ berechnen, nein, sondern auch 11, 12, $\ldots$, 15 oder 16 richtige Antworten reichen natürlich zum Bestehen. Insofern muss man die Wahrscheinlichkeiten all dieser Fälle aufaddieren. Schade nur, dass all dies äußerst unwahrscheinlich ist. Aber schaut euch das doch am besten mal selbst an, denn es ergibt sich:

$$P(\text{bestanden}) = P(X \geq 10) = f(10) + f(11) + \ldots + f(16)$$
$$\approx 1.36 \cdot 10^{-3} + 2.50 \cdot 10^{-4} + \ldots + 2.33 \cdot 10^{-10} \approx 0.00164.$$

Wow, also gibt es so nur eine schlappe 0.1 %-Chance zum Bestehen![7] Ihr müsst zugeben, ein „Bestanden" unter diesen Umständen ist wirklich eher unwahrscheinlich. Klar, dass ihr jetzt bestimmt enttäuscht seid, und wenn ihr das vorher gewusst hättet, wärt ihr doch besser gleich im Bett geblieben und hättet euch diese Tortur erspart. Aber man hofft halt doch

---

[7] Eine verbesserte Strategie ist es, wenn man zumindest einige Teile beantworten kann und nur bei den „auf Lücke" gesetzten Aufgaben rät. Das reicht vielleicht nicht unbedingt zum Bestehen, verbessert aber definitiv die Chancen!

immer, dass man irgendwie durchkommt oder vielleicht auch einen Blick– in unserem Fall besser sechszehn Blicke – auf des Nachbars Lösungen werfen kann.[8]

Wir haben nun die Binomialverteilung für unsere Rateklausur in Tabellenform dargestellt, indem wir für jede Anzahl richtig geratener Lösungen k die entsprechende Wahrscheinlichkeit, also den Wert $f(k)$ und die Summenhäufigkeit $F(k)$, bestimmt haben. Die zugehörige graphische Darstellung visualisiert unmittelbar, dass zwar 0 richtig geratene Lösungen unwahrscheinlicher sind als z. B. 4 zufällig richtig geratene Lösungen, die Chancen aber dann mit steigendem k immer mehr abnehmen. Mit Hilfe der Tabelle könnt ihr auch gern nochmals unter Verwendung des Komplements die Wahrscheinlichkeit zum Bestehen nachrechnen. Es ergibt sich

$$P(\text{bestanden}) = P(X \geq 10) = 1 - P(X < 10)$$
$$= 1 - \underbrace{F(9)}_{=f(1)+f(2)+...+f(9)} = 1 - 0.99836 \approx 0.00164.$$

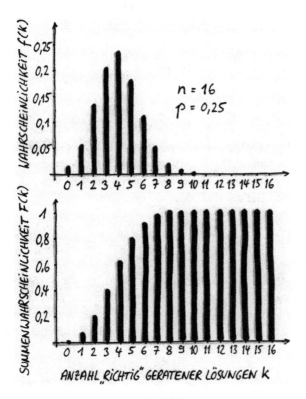

Tabelle: Rateklausur $n = 16$, $p = 0.25$

k	$f(k)$	$F(k)$
0	0.01002	0.01002
1	0.05345	0.06348
2	0.13363	0.19711
3	0.20788	0.40499
4	0.22520	0.63019
5	0.18016	0.81035
6	0.11010	0.92044
7	0.05243	0.97287
8	0.01966	0.99253
9	0.00583	0.99836
10	0.00136	0.99971
11	0.00025	0.99996
12	3.4E-05	1
13	3.5E-06	1
14	2.5E-07	1
15	1.1E-08	1
16	2.3E-10	1

---

[8] Man erzählt sich, dass Herr Dr. Romberg seine Chancen zum Bestehen von Klausuren durch eine ganz ansehnliche Kartei von professoralen Bankkontonummern in Richtung 100 % verschoben haben soll ...

Auch wenn wir nicht noch Salz in eure Wunden streuen wollen, so bleibt es doch bei der gleichen bitteren Realität. Ohne „Wissen" geht es einfach nicht![9] So, mit dieser ausführlichen und hoffentlich verständlichen Erklärung, wie sich die Binomialverteilung zusammensetzt, können wir uns jetzt mit allen möglichen Fragestellungen befassen. So können wir nun eine euch sicherlich schon seit Jahren unter den Fingernägeln brennende Frage beantworten, nämlich mit welcher Wahrscheinlichkeit man bei *Mensch ärgere Dich nicht!* bereits beim ersten Durchgang starten kann. Es ist ja bei diesem Spiel so, dass man zunächst 3 Mal würfeln darf und den ersten Stein erst dann bewegt, wenn man eine 6 gewürfelt hat. Die Wahrscheinlichkeit, eine 6 zu würfeln, ist offensichtlich $p = \frac{1}{6} = 0.1667$. Wir haben es also mit einem Bernoulli-Experiment zu tun, das wir genau 3 Mal wiederholen und bei dem wir uns fragen, wie wahrscheinlich es ist, zumindest eine 6 zu würfeln. Es ist

$$P(X \geq 1) = 1 - P(X < 1) = 1 - f(0) = 1 - \binom{3}{0} \cdot p^0 \cdot (1 - p)^3 = 0.4213,$$

und somit besteht eine 42 %-Chance, beim ersten Zug bereits ziehen zu dürfen.[10] Damit wäre dann auch diese weltbewegende Frage endlich beantwortet!

Die Mediziner freuen sich an dieser Stelle darüber, dass sie jetzt endlich auch Fragen zur sogenannten Operationsletalität beantworten können. Ist die Wahrscheinlichkeit dafür, dass ein Patient nach einer bestimmten Operation postoperativ innerhalb von 30 Tagen verstirbt, aus langjähriger Erfahrung $p = 0.06$, dann kann man nun auch die Wahrscheinlichkeit bestimmen, dass von 17 operierten Patienten höchstens einer oder, besser noch, keiner verstirbt. Wir ersparen euch hier mal die Details, aber es ist doch klasse, wofür die Binomialverteilung so alles gut ist, oder?

Der Erwartungswert lässt sich für die Binomialverteilung ganz intuitiv erklären. Wenn man z. B. ein Experiment $n = 100$ Mal mit einer Erfolgswahrscheinlichkeit für jeden Versuch von $p = 0.6$ durchführt, dann erwartet man $n \cdot p = 60$ Erfolge bei 100 Versuchen. Auch das kann man natürlich wieder ganz klassisch mit unseren Formeln für Erwartungswert und Varianz nachrechnen oder aber mit ein bisschen Überlegen noch schneller lösen. Da sich nämlich die Binomialverteilung additiv aus n unabhängigen, identisch verteilten Zufallsvariablen eines Bernoulli-Experiments zusammensetzt, lassen sich der Erwartungswert und die Varianz einfach berechnen mit

$$E(X) = E(X_1) + E(X_2) + \ldots + E(X_n) = n \cdot p$$

---

[9] Herr Dr. Romberg merkt aus eigener Erfahrung an: „Wissen ist Macht ... aber kein Wissen macht nichts!"

[10] Bei dem in Kap. 8 (Seite 141 ff.) erwähnten Würfeln von Herrn Dr. Romberg besteht hingegen eine fast 100 %-Chance, bereits in der ersten Runde durchzustarten ...

und

$$Var(X) = Var(X_1) + Var(X_2) + \ldots + Var(X_n) = n \cdot p \cdot (1 - p),$$

da ja bei jedem einzelnen Bernoulli-Experiment der Erwartungswert p und die Varianz $p \cdot (1 - p)$ ist.

Damit ihr ein etwas besseres Gefühl dafür bekommt, wie sich die Abhängigkeit der Binomialverteilung von der Wahrscheinlichkeit p auswirkt, haben wir in der nächsten Abbildung die Binomialverteilung für $n = 10$ und verschiedene Wahrscheinlichkeiten p dargestellt. Man sieht u. a., dass mit steigender Wahrscheinlichkeit sich natürlich auch der Erwartungswert nach oben verschiebt und dass die Binomialverteilung bei $p = 0.5$ symmetrisch ist.

Auch wenn wir euch bei unseren Beispielen die richtig schweren Brocken bisher erspart haben, so habt ihr sicherlich schon gemerkt, dass das Berechnen von Wahrscheinlichkeiten mit Binomialkoeffizienten und Fakultäten nicht unbedingt immer ein Spaß ist und an die Belastungsgrenzen so manchen Taschenrechners geht. Deshalb gibt es in vielen Fachbüchern ausgiebige Tabellen mit verschiedenen n und p, um sich Arbeit zu ersparen. Da auch wir uns mit diesem Werk irgendwann einmal zu den Fachbüchern zählen wollen, stecken wir natürlich hier nicht zurück und verweisen auf unseren Anhang, wo wir auf Seite 284 ff. die Binomialverteilungen für verschiedene Wahrscheinlichkeiten p und Werte n aufgelistet haben. Eine detailliertere Zusammenstellung kann man z. B. in [3] oder anderer Wochenend- und Urlaubslektüre von Herrn Dr. Oestreich finden.

Um euch den Nutzen und auch den Umgang mit einer solchen Tabelle klarzumachen, haben wir auf der übernächsten Seite für $n = 9$ einen Auszug einer solchen Tabelle dargestellt. Nehmen wir z. B. mal an, die Wahrscheinlichkeit, bei einer U-Bahn-Fahrt in München kontrolliert zu werden, beträgt $p = 0.15$[11].[12][13] Wenn ihr dann wissen wollt, wie groß die Wahrscheinlichkeit ist, bei den nächsten 9 Fahrten genau 3 Mal kontrolliert zu werden, dann könnt ihr das sofort aus der Tabelle ablesen. Wir haben das dort mal zum Verständnis in der Tabelle markiert und die Wahrscheinlichkeit ist $P(X = 3) = 0.1069$, also fast 11 %. In einer Prüfung sind manchmal solche Tabellen gegeben, oder aber ihr dürft sogar Bücher mit solchen Tabellen verwenden, und die Kunst besteht dann oft einzig und allein darin, die Aufgabe richtig zu verstehen und die richtigen Werte aus der Tabelle rauszulesen. Aufpassen muss man nur, wenn mal nach einer Summenhäufigkeit gefragt ist und man dann natürlich ein paar Werte per Hand addieren muss. Ihr glaubt kaum, was da so alles passieren kann!

---

[11] Herr Dr. Oestreich merkt an, dass die Wahrscheinlichkeit, bei einer U-Bahn-Fahrt in Herrn Dr. Rombergs Heimat Bremen kontrolliert zu werden, hingegen $p = 0$ ist, da Bremen gar keine U-Bahn hat!

[12] Herr Dr. Romberg möchte an dieser Stelle betonen, dass Clausthal-Zellerfeld nicht einmal eine Straßenbahn vorweisen kann!

[13] Wenn überhaupt, müsste es sowieso wohl eher eine Zahnradbahn sein.

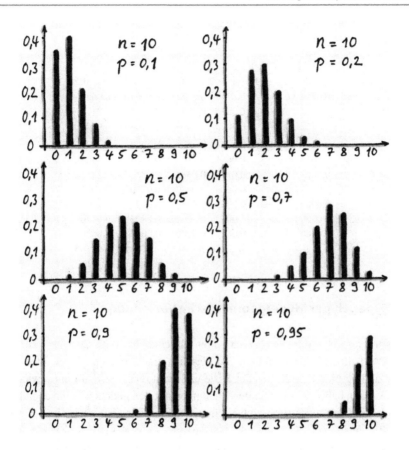

Wenn ihr übrigens mal die Werte für eine Wahrscheinlichkeit größer als 0.5 benötigt, dann kann man auch das aus der Tabelle ablesen. Braucht man z. B. die Verteilung für $p = 0.85$, so muss man einfach die Werte für die komplementäre Wahrscheinlichkeit $(1 - p) = 0.15$ von unten nach oben lesen und bekommt so die nötigen Werte. Ohne große Details hängt dies vereinfacht gesprochen mit der Symmetrie und der Vertauschbarkeit von p und $(1 - p)$ in der Gleichung für die Binomialverteilung zusammen. Wir haben dies in der Tabelle unten rechts mit den entsprechenden Pfeilrichtungen verdeutlicht. Das Tolle ist, dass wir so viel Schreibarbeit sparen und mit dieser Tabelle zwei Fliegen mit einer Klappe[14] schlagen.

---

[14] Während Herr Dr. Oestreich tatsächlich manchmal bei dem Versuch beobachtet wird, Fliegen mit seiner großen Klappe zu fangen, verwendet Herr Dr. Romberg – wie der Rest der Menschheit – dazu eine herkömmliche *Klatsche* aus dem Baumarkt.

Tabelle: Beispielhafter Auszug aus einer Wahrscheinlichkeitstabelle für die Binomialverteilung $f(k) = \binom{n}{k} \cdot p^k \cdot (1-p)^{n-k}$

	$n = 9$						
$\downarrow k \rightarrow$	$p = 0.1$	$p = 0.15$	$p = 0.2$	$p = 0.25$	$p = 0.3$ $\cdot\cdot$	$p = 0.5$	
0	0.3874	0.2316	0.1342	0.0751	0.0404 $\cdot\cdot$	0.0020	9
1	0.3874	0.3679	0.3020	0.2253	0.1556	0.0176	8
2	0.1722	0.2597	0.3020	0.3003	0.2668	0.0703	7
3	0.0446	0.1069	0.1762	0.2336	0.2668	0.1641	6
4	0.0074	0.0283	0.0661	0.1168	0.1715	0.2461	5
5	0.0008	0.0050	0.0165	0.0389	0.0735 $\cdot\cdot$	0.2461	4
6	0.0001	0.0006	0.0028	0.0087	0.0210	0.1641	3
7	0.0000	0.0000	0.0003	0.0012	0.0039	0.0703	2
8	0.0000	0.0000	0.0000	0.0001	0.0004	0.0176	1
9	0.0000	0.0000	0.0000	0.0000	0.0000	0.0020	0
	$p = 0.9$	$p = 0.85$	$p = 0.8$	$p = 0.75$	$p = 0.7$ $\cdot\cdot$	$p = 0.5$	$\leftarrow k \uparrow$

9.1.3 Hyper, Hyper, Hypergeometrische Verteilung

Nehmen wir eine Kiste Bier mit ein paar vollen Flaschen der Sorte „Möwenbräu", genauer gesagt mit M vollen Flaschen und einigen Flaschen einer anderen Marke. Zieht man nun mehrmals zufällig eine Flasche aus der Kiste und stellt diese danach immer wieder schön brav zurück, dann haben wir es bei allen Ziehungen mit den gleichen Wahrscheinlichkeiten zu tun und somit mit einer Binomialverteilung. Stellen wir aber nach einer Ziehung das gezogene Bier nicht in die Kiste zurück, dann ändern sich auch mit jeder Ziehung die Wahrscheinlichkeiten. Im Gegensatz zur Binomialverteilung sind die verschiedenen Experimente also nicht unabhängig voneinander, und ein Ereignis beeinflusst die Wahrscheinlichkeiten aller nachfolgenden Ereignisse. Und das ist dann genau der Moment, wo die hypergeometrische Verteilung angesagt ist!

Bezeichnen wir mit N die Anzahl der Biere in unserer Kiste, von denen M Biere von der Sorte „Möwenbräu" sind, dann sind genau $N - M$ Biere von irgendeiner anderen Sorte. Werden nun n Biere gezogen, so kann man mit der hypergeometrischen Verteilung

$$P(X = k) = f(k) = \begin{cases} \dfrac{\binom{M}{k} \cdot \binom{N-M}{n-k}}{\binom{N}{n}} & k = 0, 1, \ldots, n \\ 0 & \text{sonst} \end{cases} \tag{9.2}$$

die Wahrscheinlichkeit dafür bestimmen, dass darunter genau k Biere der Sorte „Möwenbräu" sind. Allgemein muss man sich merken, dass bei der hypergeometrischen Verteilung

- N der Umfang (die Größe) der Grundgesamtheit,
- M die Anzahl der in der Grundgesamtheit möglichen Erfolge,

- n die Größe einer Stichprobe und
- k die Anzahl der in der Stichprobe erzielten Erfolge ist.

Es bleibt aber noch zu klären, wie diese abgefahrene Formel 9.2 sich überhaupt zusammensetzt. Da sind unsere Überlegungen aus Kap. 3 recht hilfreich, speziell der Abschnitt über Kombinationen ohne Wiederholung. Es gibt $\binom{M}{k}$ Möglichkeiten, genau k „Möwenbräu" aus allen M möglichen zu wählen, und $\binom{N-M}{n-k}$ Möglichkeiten, dass aus den $N-M$ anderen Bieren genau $n-k$ gezogen werden. Damit gibt es nun $\binom{M}{k} \cdot \binom{N-M}{n-k}$ Möglichkeiten für k „Möwenbräu" und $n-k$ Biere der anderen Sorte. Teilt man nun, wie es schon der alte Laplace gemacht hat, diese Anzahl der günstigen Ereignisse durch die Anzahl der möglichen Ereignisse, dann ist man fertig. Dabei gibt es $\binom{N}{n}$ Möglichkeiten, genau n Biere aus der gesamten Kiste mit N Bieren zu ziehen. Und siehe da, wir kommen so wirklich auf die schon dargestellte Gl. 9.2.

Ihr liegt natürlich richtig, wenn ihr meint, dass die hypergeometrische Verteilung nicht nur für wichtige partytechnische Fragestellungen geeignet ist. Ein beliebtes Anwendungsgebiet der hypergeometrischen Verteilung sind nämlich auch Fragestellungen nach der Wahrscheinlichkeit dafür, in einer Stichprobe genau k fehlerhafte Objekte vorzufinden.

Ein traditionelles Beispiel für die Anwendung der hypergeometrischen Verteilung ist die Ziehung der Lottozahlen: Beim Lotto gibt es $N = 49$ nummerierte Kugeln, von denen bei der Auslosung $M = 6$ gezogen werden. Da man auf dem Lottoschein genau $n = 6$ Zahlen ankreuzt, kann man mit der hypergeometrischen Verteilung die Wahrscheinlichkeit für $k = 0, 1, \ldots, 6$ Richtige beim Zahlenlotto berechnen. So ist beispielsweise die Wahrscheinlichkeit für $k = 4$ Richtige

$$P(X = 4) = f(4) = \frac{\binom{M}{k} \cdot \binom{N-M}{n-k}}{\binom{N}{n}} = \frac{\binom{6}{4} \cdot \binom{49-6}{6-4}}{\binom{49}{6}} = \frac{15 \cdot 903}{139.83816} = 0.00097.$$

Zur Veranschaulichung haben wir mal die Ergebnisse für das Zahlenlotto in Tabellenform und die hypergeometrische Verteilung graphisch dargestellt. Vielleicht öffnet euch dies nun ein wenig die Augen und ihr verzichtet in Zukunft darauf, euer Geld mit Lottospielen zu vergeuden. So ist die Wahrscheinlichkeit, nichts zu gewinnen, d. h. also 0, 1 oder 2 Richtige zu haben, sehr hoch. Durch Addition der Einzelwahrscheinlichkeiten oder unmittelbar aus der Summenwahrscheinlichkeit ergibt sich $P(X < 3) = F(2) = 0.98136$, also eine $98.1\,\%$-Chance, dass man mal wieder leer ausgeht.[15]

---

[15] Da hilft es dann übrigens auch nicht viel, wenn man wie Herr Dr. Romberg zwei Kästchen ausfüllt!

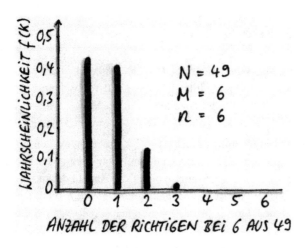

Tabelle: Lotto 6 aus 49 $N = 49$, $M = 6$, $n = 6$

k	$f(k)$	$F(k)$
0	0.43596	0.43596
1	0.41302	0.84898
2	0.13238	0.98136
3	0.01765	0.99901
4	0.00097	0.99998
5	1.8E-05	1
6	7.1E-08	1

Der Erwartungswert[16] und die Varianz können natürlich auch hier berechnet werden. Wir verzichten auf Details, und ihr müsst jetzt einfach hinnehmen, dass bei der hypergeometrischen Verteilung

$$E(X) = n \cdot \frac{M}{N} \quad \text{und} \quad Var(X) = n \cdot \frac{M}{N} \cdot (1 - \frac{M}{N}) \cdot \frac{N-n}{N-1}$$

ist. Eine bemerkenswerte Anwendung des Erwartungswertes ist übrigens die sogenannte Capture-Recapture-Methode, mit der man beispielsweise abschätzt, mit welcher absoluten Häufigkeit bestimmte Tierarten in einem Revier vorkommen. Auch wenn man dies natürlich am besten z. B. mit Fischen in einem Teich näher erläutert, werden wir uns diese praktische Anwendung mal an einer mit vielen, vielen bunten Smarties gefüllten Schale verinnerlichen! Die Frage, die sich hier stellt, ist: Wie viele Smarties sind in der Schale? Hierzu nimmt man zunächst z. B. 91 Smarties aus einer großen Schale, markiert sie und mischt sie danach schweren Herzens wieder gleichmäßig unter die anderen verdammt leckeren kleinen Teufelspillen, die einem jeden guten Vorsatz versauen können.[17] Dann entnimmt man erneut z. B. 112 Smarties und zählt aus, wie viele davon markiert sind, z. B. 28. Hieraus kann man dann tatsächlich die Anzahl der Smarties in der großen Schale schätzen. Spannend, nicht wahr? Die Anzahl der gezogenen und bereits markierten Smarties ist ja eine hypergeometrisch verteilte Zufallsgröße. Wir kennen zwar die Größe der Grundgesamtheit, also die Gesamtanzahl aller Smarties N nicht, aber wir kennen die Anzahl $M = 91$ der markierten Smarties und mit $n = 112$ die Größe der Stichprobe. Wenn wir nun davon ausgehen, dass unsere 28 gezogenen und markierten Smarties ein guter Schätzwert für den Erwartungswert $E(X)$ sind, dann erhält man aus $E(X) = n \cdot \frac{M}{N}$ durch Umstellen der Gleichung nun

---

[16] Bei Herrn Dr. Romberg liegt der Erwartungswert stets bei 6 Richtigen mit Superzahl.

[17] Herr Dr. Oestreich möchte an dieser Stelle anmerken, dass er zum Zeitpunkt des Entstehens dieses Abschnitts gerade Diät gemacht hat und daher hier gewisse Schokofantasien mit hineinspielen.

$$N \approx \frac{n \cdot M}{E(X)} = \frac{112 \cdot 91}{28} = 364.$$

Also gibt es ungefähr 364 Smarties in der großen Schale.[18]

Abschließend noch ein Hinweis, der erklärt, warum man in der Statistik von der hypergeometrischen Verteilung nicht viel hört. Es ist nämlich so, dass der Unterschied zwischen einem Modell ohne Zurücklegen und einem Modell mit Zurücklegen bei großem N unerheblich wird. Ob man also nach einer Entnahme z. B. 4999 oder 5000 Bier im Kühlschrank hat, macht zahlenmäßig nur wenig aus und ändert die Wahrscheinlichkeiten bei der nächsten Ziehung nur wenig. Deshalb kann man, und davon wird auch oft reger Gebrauch gemacht, bei großem N auch näherungsweise ein Modell mit Zurücklegen (also die Binomialverteilung) verwenden. Als Faustformel gilt, dass die hypergeometrische Verteilung durch die Binomialverteilung gut angenähert wird, falls $n \leq \frac{N}{10}$ ist.

9.1.4 Comme un poisson dans l'eau – Poisson-Verteilung

Eine diskrete Wahrscheinlichkeitsverteilung, die fast in keiner Prüfung fehlt, ist die Poisson-Verteilung. Und das ist auch gut so, denn wie ihr sehen werdet, ist sie einfach zu berechnen und leicht zu verstehen. In Naturwissenschaft und Technik, aber nicht nur da, stößt man so manches Mal auf Ereignisse, die in einem bestimmten Intervall nur sehr selten eintreten und somit eine geringe Wahrscheinlichkeit haben. Einige Beispiele für solch seltene Ereignisse sind:

- Einschläge von Meteoriten in einem vorgegebenen räumlichen Raster,
- Raketenstarts in einem Monat,
- Abstürze von Flugzeugen in einem Jahr,
- Schlaglöcher auf einem Autobahnabschnitt,[19]
- erfolgreiche Diäten von Herrn Dr. Oestreich in einem Jahrzehnt oder
- Blumensträuße, die Herr Dr. Romberg seiner Frau in einem Jahr überreicht.

Auch wenn man in solchen Fällen vielleicht die Binomialverteilung verwenden kann, bei der ja im Mittel $n \cdot p$ Erfolge erzielt werden, so hat doch ein Franzose bereits vor langer, langer Zeit gezeigt, dass es für eine nur hinreichend große Anzahl von Wiederholungen

---

[18] Allerdings geht diese Zahl innerhalb von 15 Sekunden auf 0, da Herr Dr. Oestreich seine Diät soeben beendet hat.

[19] Herr Dr. Oestreich merkt an, dass hingegen die Anzahl der Schlaglöcher auf amerikanischen Highways kein seltenes Ereignis ist.

$n > 100$ und kleine Wahrscheinlichkeiten $p < 0.1$ eine wesentlich praktischere Verteilung gibt. Und weil er das so schön aufgeschrieben hat, hat man der Verteilung auch gleich noch seinen Namen verpasst. Die Gleichung für die Poisson-Verteilung[20] lautet:

$$P(X = k) = f(k) = \begin{cases} \dfrac{\lambda^k}{k!}e^{-\lambda} & k = 0, 1, \ldots, n \\ 0 & \text{sonst} \end{cases}. \tag{9.3}$$

Hierbei ist der griechische Buchstabe λ (gesprochen: lambda) die erwartete durchschnittliche Anzahl von Erfolgen, der Buchstabe e die sogenannte Euler'sche Zahl mit dem ungefähren Wert 2.71828 und k wie schon gewohnt die Anzahl der Erfolge. $P(X = k)$ gibt nun also die Wahrscheinlichkeit für das Eintreten von k „unwahrscheinlichen" Ereignissen an.

Wie bereits angedeutet, lässt sich zeigen, dass sich diese Verteilung aus der Binomialverteilung mit $n \to \infty$, $p \to 0$ unter konstantem $n \cdot p = \lambda$ ergibt. Die Poisson-Verteilung hat nur den einen Parameter λ, welcher die mittlere Rate des Auftretens eines Ereignisses darstellt. So wird λ manchmal auch im Fachjargon als Intensität bezeichnet. Enorm praktisch und einfach zu merken ist es, dass bei der Poisson-Verteilung der Erwartungswert und die Varianz mit

$$E(X) = Var(X) = \lambda$$

übereinstimmen.

Ein Beispiel gefällig? In einem Produktionsbetrieb werden täglich etwa $n = 16000$ Kondome produziert. Die Wahrscheinlichkeit, dass darunter auch undichte Kondome sind, betrage $p = 0.0001$. Für den Parameter λ gilt nun $\lambda = n \cdot p = 1.6$. Das bedeutet, dass man im Mittel 1.6 defekte Kondome am Tag erwartet. Man kann dann mit der Poisson-Verteilung beispielsweise bestimmen, wie groß die Wahrscheinlichkeit für 4 defekte Kondome in einer Tagesproduktion ist. Hierzu bestimmt man einfach durch Einsetzen

$$P(X = 4) = f(4) = \frac{1.6^4}{4!}e^{-1.6} = 0.05514.$$

Schreiben wir nur mal zum Vergleich das gleiche Problem mit der Binomialverteilung hin, so ergibt sich nach Gl. 9.1

$$P(X = 4) = f(4) = \binom{16000}{4} \cdot 0.0001^4 \cdot (1 - 0.0001)^{15996} = 0.05512$$

---

[20] Benannt nach dem französischen Mathematiker und Physiker Siméon Denis Poisson (1781–1840), der 1837 diese Verteilung in seinem Werk *Recherches sur la probabilité des jugements en matières criminelles et en matière civile* („Forschungsarbeiten zur Wahrscheinlichkeit von Urteilen im kriminellen Bereich und im Zivilbereich") erstmals erwähnte.

zwar ein nahezu identisches Ergebnis, welches man aber nur über lästiges Rechnen mit dem Binomialkoeffizienten erhält. Und leider gibt es auch kein Buch, das uns hier für $n = 16000$ und $p = 0.0001$ mit einer der viel gerühmten Binomialtabellen weiterhilft. So wird bereits mit diesem kleinen Beispiel ein Vorteil der Poisson-Verteilung deutlich. Merkt euch deshalb bitte: Für großes n und kleines p kann man besser die Poisson-Verteilung verwenden.[21] Manchmal ist es übrigens genau dieses „Transferwissen", das der Professor von euch sehen will. Also, Augen auf im Prüfungsverkehr!

Für unsere Kondomfabrik haben wir übrigens mal die Poisson-Verteilung in in tabellarischer und graphischer Form dargestellt.

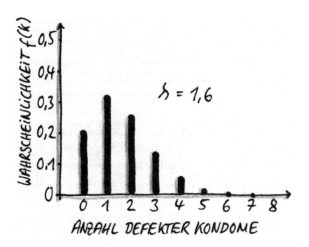

Tabelle: Kondom defekt $\lambda = 1.6$

k	f(k)	F(K)
0	0.20190	0.20190
1	0.32303	0.52493
2	0.25843	0.78336
3	0.13783	0.92119
4	0.05513	0.97632
5	0.01764	0.99396
6	0.00470	0.99866
7	0.00108	0.99974
8	0.00022	0.99995
⋮	⋮	⋮

---

[21] Bei einem kleinen P sollte man außerdem auch besser kleine Kondome verwenden!

Wie ihr seht, ist es bereits bei $k = 8$ sehr unwahrscheinlich, dass 8 defekte Kondome in einer Tagesproduktion sind. Mit den Punkten am Ende der Tabelle ist hier übrigens angedeutet, dass die Poisson-Verteilung noch viel, viel mehr Werte hat. So gibt es beispielsweise auch eine klitze-, klitze-, klitzekleine Wahrscheinlichkeit, dass 1000 Kondome defekt sind.[22]

Es gibt aber noch etwas, das die Poisson-Verteilung interessant macht. Hierzu ein weiteres Beispiel: Bei einer nächtlichen Radarkontrolle an einer stark abfallenden Clausthaler Durchgangsstraße blitzt die Polizei pro Stunde im Durchschnitt 4 Autofahrer mit überhöhter Geschwindigkeit. Wie groß ist dann die Wahrscheinlichkeit dafür, dass eine Stunde lang kein Raser vorbeifährt? Die Lösung ergibt sich nach Poisson für $\lambda = 4$:

$$P(X = 0) = f(0) = \frac{4^0}{0!} e^{-4} = 0.01832.$$

Dabei muss man nur von Kap. 3 her noch wissen, dass $0! = 1$ ist. Die gesuchte Wahrscheinlichkeit, dass die Polizisten in ihrem roten Opel Omega[23] mit dem Goslarer Kennzeichen GS-P▄▄▄▄ eine Stunde vergeblich warten, beträgt also weniger als 2 %. Mit der Poisson-Gleichung ist das ja logisch, denkt ihr jetzt. Aber vielleicht ist euch auch aufgefallen, dass wir weder angegeben haben, wie viele Autos pro Stunde überhaupt vorbeigefahren sind, noch, dass wir irgendeine Wahrscheinlichkeit p benötigt haben. Einzig und allein die durchschnittliche Anzahl der Geschwindigkeitssünder hat uns in die Lage versetzt, die Wahrscheinlichkeit zu bestimmen. Die Tatsache, dass man für die Verwendung der Poisson-Verteilung nur die durchschnittliche Anzahl von Erfolgen eines bestimmten Ereignisses in einem bestimmten Intervall benötigt, ist manchmal sehr nützlich. Bevor ihr jetzt total ins Grübeln kommt, seid bitte daran erinnert, dass λ die durchschnittliche Anzahl von Erfolgen ist und dass in solch einem Durchschnitt ja auch immer die Anzahl n indirekt „versteckt" ist. Die Information über die Gesamtanzahl der Versuche und auch die Wahrscheinlichkeit stecken also im λ!

In der nachfolgenden Graphik ist die Poisson-Verteilung für verschiedene Parameter λ dargestellt. Man sieht, dass für kleine Werte λ die Poisson-Verteilung eine stark asymmetrische Gestalt hat, mit Ausläufern nach rechts. Je größer λ wird, desto mehr nimmt die Poisson-Verteilung symmetrische Gestalt an. Letztlich kann man sogar zeigen, dass für $\lambda > 30$ die Poisson-Verteilung gut mit der Normalverteilung approximiert werden kann. Aber das ist eher etwas für Experten!

Auch für die Poisson-Verteilung ist es üblich, die Werte in Abhängigkeit von λ und k zu tabellieren. Wir haben dafür im Anhang auf Seite 286 eine kleine Tabelle erstellt. Wenn man aber nur wenige Zahlenwerte benötigt, geht es mit dem Taschenrechner fast schneller – übrigens ein weiterer Grund, warum die Poisson-Verteilung bei Prüfern so beliebt ist!

---

[22] Was dann aber eher bevölkerungspolitische Gründe haben kann ... vielleicht ein verzweifelter Versuch der Regierung, unsere Renten zu retten.

[23] Baujahr 1984, gehäkelte Toilettenpapierrollenbedeckung (grün) in der Heckablage!

Damit schließen wir den Abschnitt über die diskreten Wahrscheinlichkeitsverteilungen, obwohl es noch ein paar weitere Verteilungen gibt, die hin und wieder wichtig sind. Hier verweisen wir auf die Literatur für den Experten.!

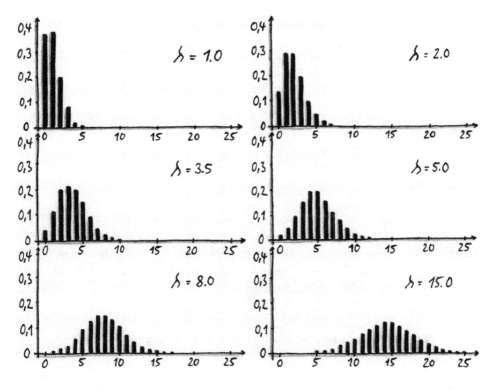

9.2   Stetige Verteilungen

Im Folgenden widmen wir uns Verteilungen mit stetigen Zufallsvariablen, die bekanntlich durch die Wahrscheinlichkeitsdichte gekennzeichnet sind. Und haltet euch schon mal fest, denn ihr werdet Bekanntschaft mit der Mutter aller Verteilungen machen

9.2.1   Alles gleich – Gleichverteilung

Im Fall einer diskreten Zufallsvariablen spricht man von einer Gleichverteilung, wenn alle möglichen Werte aus dem Wertebereich mit *derselben Wahrscheinlichkeit realisiert werden können*. Als Beispiel sei hier die Augenzahl beim fairen Würfeln genannt, bei dem jede Zahl die gleiche diskrete Wahrscheinlichkeit $p = \frac{1}{6}$ hat.[24] Im stetigen Fall hingegen heißt eine Zufallsvariable gleichverteilt auf einem Intervall zwischen den Grenzen a und b, wenn

---

[24] Der auf Seite 141 beschriebene Würfel von Herrn Dr. Romberg führt *nicht* auf eine Gleichverteilung!

ihre Dichte über diesem Intervall konstant ist und außerhalb den Wert 0 annimmt. Die Gleichverteilung wird deshalb auch oft als Rechteckverteilung bezeichnet. Ihr erinnert euch hoffentlich noch an das Beispiel vom Flaschendrehen aus dem vorhergehenden Kapitel, wo wir genau das im Detail erklärt haben. Deshalb können wir hier ruhig die allgemeine Dichtefunktion der stetigen Gleichverteilung sofort angeben:

$$f(x) = \begin{cases} \dfrac{1}{b-a} & a \le x \le b \\ 0 & \text{sonst} \end{cases}.$$

Durch ein bisschen Rechnen, diesmal aber mit dem Integral, erhält man dann auch sofort den Erwartungswert

$$E(X) = \mu = \int_{-\infty}^{\infty} x f(x) dx = \frac{a+b}{2}$$

und die Varianz

$$Var(X) = \int_{-\infty}^{\infty} (x-\mu)^2 f(x) dx = \frac{(b-a)^2}{12}.$$

Solche Gleichverteilungen sind übrigens keinesfalls selten. So können z. B. neben dem Flaschendrehen die Wartezeiten an Haltestellen oder aber die Verkehrslast eines Wasserbehälters, der zwischen einem Maximalstand und einem Minimalstand gefüllt sein kann, durch Gleichverteilungen angenähert werden.

9.2.2 Normalverteilung: Die Mutter aller Verteilungen

Nun ist es endlich so weit: Wir hatten sie ja schon das eine oder andere Mal erwähnt, aber nun können wir uns endlich und zur besonderen Freude von Herrn Dr. Romberg[25] im Detail über die Normalverteilung auslassen. Wenngleich diese Verteilung wohl erstmals in einer Schrift von de Moivre[26] erwähnt wurde, so ist sie doch letztlich aber mit dem Namen von Carl Friedrich Gauß[27] verbunden. Er hat mit Hilfe der Normalverteilung voll einen vom Leder gezogen und sie systematisch zum Ausgleich von Fehlern astronomischer Messungen verwendet. Dafür hat er und seine auch als Gauß'sche-Normalkurve bezeichnete Verteilung es dann später auf den guten, alten Zehnmarkschein geschafft. Die älteren Semester unter euch erinnern sich vielleicht noch!

---

[25] Herr Dr. Romberg wirft ein, dass er diese Bemerkung nicht versteht, obwohl er seine Auffassungsgabe als normalverteilt betrachtet.

[26] Hier ist der französische Mathematiker Abraham de Moivre (1667–1754) gemeint, dem man nachsagt, dass er seinen Todestag mit Hilfe der Wahrscheinlichkeitsrechnung auf den Tag genau voraussagte.

[27] Carl Friedrich Gauß (1777–1855) war ein in in der Nähe von Clausthal-Zellerfeld (Braunschweig) geborener Wissenschaftler und Mathematiker, der u. a. signifikante Beiträge auf den Gebieten der Optik, Astronomie, Landvermessung, Statistik, Zahlentheorie und Elektrostatik erstellt hat.

Die Normalverteilung wird ausschließlich durch die zwei Größen Mittelwert μ und Streuung σ charakterisiert, die wir bereits ausgiebig aus der beschreibenden Statistik kennen. Eine ganze Menge Zufallsvariable in allen möglichen Fachgebieten genügen dieser stetigen Verteilung, mit der vielleicht auf den ersten Blick etwas heftig anmutenden Form

$$f(x) = \frac{1}{\sigma\sqrt{2\pi}}\, e^{-\frac{1}{2}\left(\frac{x-\mu}{\sigma}\right)^2} \qquad -\infty < x < +\infty. \qquad (9.4)$$

Aber alles halb so schlimm! Da nämlich π (gesprochen: pi) eine Abkürzung für die feste Zahl 3.14159... und e wieder mal die feste Zahl 2.71828... ist, hängt die normalverteilte Zufallsvariable wirklich nur von dem Mittelwert μ und der Standardabweichung σ ab. Die Normalverteilung, hier in Abb. 9.1 dargestellt, hat ein paar interessante charakteristische Eigenschaften:

- Die Verteilung ist glockenförmig, wobei die Form (Breite) der Glocke durch σ bestimmt wird.
- Die Verteilung ist spiegelsymmetrisch um den Mittelwert μ, und es gilt $f(\mu + x) = f(\mu - x)$.
- Das Maximum der Verteilung liegt an der Stelle $x = \mu$.
- Die Kurve der Normalverteilung schmiegt sich für immer größer (oder kleiner) werdende x immer mehr an die x-Achse an. Die x-Achse und Gauß-Kurve berühren sich im Unendlichen, was Herr Dr. Oestreich sehr romantisch findet.

Nur gut übrigens, dass es im Allgemeinen nicht nötig ist, sich die Formel für die Normalverteilung zu merken.[28] Trotzdem sollte man verstehen, wie die Normalverteilung funktioniert und was sie so besonders macht.

---

[28] Es gibt allerdings Ausnahmen, da einige Prüfer etwas „extrem" veranlagt sind.

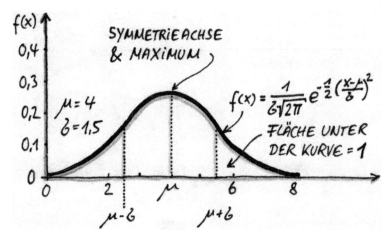

Abb. 9.1 Beispiel einer Normalverteilung für $\mu = 4$ und $\sigma = 1.5$

Die Normalverteilung ist das definitiv wichtigste Verteilungsmodell in der Statistik. So lassen sich eine Vielzahl natur-, wirtschafts-und ingenieurswissenschaftlicher Zusammenhänge, wie beispielsweise die Zufallsvariablen Körpergröße, Gewicht, Messfehler, Dosenstechzeiten bis hin zur Größe von Sternen, durch eine Normalverteilung entweder exakt oder zumindest in guter Näherung beschreiben. Außerdem nähern sich viele diskrete Verteilungen, wie auch die Binomial-, hypergeometrische und Poisson-Verteilung, unter gewissen Voraussetzungen bei hinreichend großem Erhebungsumfang der Normalverteilung an. Von ganz besonderer Bedeutung ist auch die Tatsache, dass unter bestimmten Voraussetzungen Summen und Durchschnittswerte von unabhängigen Zufallsvariablen nahezu normalverteilt sind. Diese, unter Experten auch als zentraler Grenzwertsatz bekannte Eigenschaft ist die Grundlage für die Entwicklung von allgemeingültigen Testverfahren und wird uns später noch in der beurteilenden Statistik beschäftigen.

So einem richtigen Statistiker treibt die Normalverteilung immer wieder Tränen der Freude in die Augen. Auch wenn das vielleicht ein wenig zu weit führt, so solltet ihr doch zumindest die Abhängigkeiten vom Mittelwert μ und der Standardabweichung σ verstanden haben. Ohne das ist es nämlich relativ schwierig, in einer Prüfung durchzukommen. Wir haben deshalb in Abb. 9.2, Abb. 9.3 und Abb. 9.4 versucht, diese Einflüsse deutlich zu machen. Die Lage, und damit auch das Maximum der Normalverteilung, ist dabei immer genau da, wo sich der Wert μ befindet. Abb. 9.3 zeigt exemplarisch mehrere Normalverteilungen mit konstanter Standardabweichung, aber unterschiedlichen Mittelwerten. Die Normalverteilung ist ja eine symmetrische Verteilung in Form einer Glocke, bei der sich die Werte der Zufallsvariablen in der Mitte, also um μ, der Verteilung konzentrieren und mit größerem Abstand zur Mitte immer seltener auftreten. Ob nun die Form der Glocke breit und flach oder schmal und hoch ist, hängt einzig und allein von der Streuung σ ab. Um

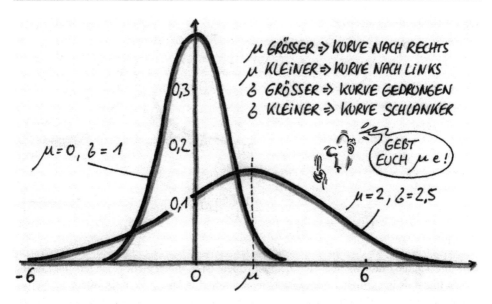

Abb. 9.2 Einfluss von Mittelwert und Streuung auf die Normalverteilung

dies zu verdeutlichen, sind in Abb. 9.4 Normalverteilungen mit unterschiedlichen Streuungen, aber gleichem Mittelwert μ, dargestellt. Trotz der unterschiedlichen Formen solltet ihr dabei immer im Hinterkopf haben, dass die gesamte Wahrscheinlichkeit, also die Fläche unter jeder dieser Kurven, immer genau 1 ist. Sonst wäre es ja auch keine gültige Wahrscheinlichkeitsdichte.

Will man nun die Wahrscheinlichkeit dafür berechnen, dass eine Zufallsvariable X in einem bestimmten Intervall zwischen den Grenzen a und b liegt, dass z.B. Herrn Dr. Oestreichs Körpergewicht nach den Feiertagen zwischen 90 und 120 kg liegt[29], so muss man nur die zwischen diesen Grenzen eingeschlossene Fläche mit Hilfe der Verteilungsfunktion bestimmen. Es gilt für die Wahrscheinlichkeit

Abb. 9.3 μ bestimmt die
Lage!

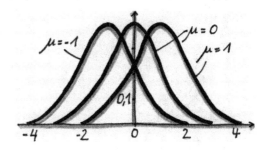

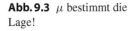

_____

[29] Was Herr Dr. Romberg für sehr unwahrscheinlich hält.

Abb. 9.4 σ bestimmt die Form!

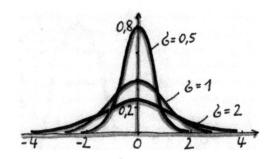

$$P(a \leq x \leq b) = \frac{1}{\sigma\sqrt{2\pi}} \int_a^b e^{-\frac{1}{2}\left(\frac{x-\mu}{\sigma}\right)^2} dx = F(b) - F(a). \tag{9.5}$$

Obwohl sich die Mathematiker sehr bemüht haben, ist es ihnen nicht gelungen, die Lösung dieses Integrals in expliziter Form anzugeben. Immerhin lassen sich die Werte der Verteilungsfunktion numerisch bestimmen, wenngleich das natürlich für jeden möglichen Mittelwert und jede mögliche Streuung ziemlich umständlich ist. Glücklicherweise kann man die benötigten Werte für eine beliebige Normalverteilung aber durch einen eleganten Trick immer finden, indem man in eine Tabelle schaut, die den Mittelwert $\mu = 0$ und die Streuung $\sigma = 1$ hat. Diese spezielle Normalverteilung nennt man die Standardnormalverteilung (watten langes Wort).

9.2.3   Kennt man eine, kennt man alle: Standardnormalverteilung

Um aus einer beliebigen Normalverteilung eine Standardnormalverteilung zu machen, verschiebt man den Mittelwert μ auf 0 und bringt die Streuung σ auf den Wert 1. Dies geschieht, indem man die normalverteilte Zufallsvariable X in die neue, nun standardnormalverteilte Zufallsvariable

$$Z = \frac{X - \mu}{\sigma} \tag{9.6}$$

transformiert. Z hat so den eine Standardnormalverteilung auszeichnenden Mittelwert $\mu = 0$ und die Streuung $\sigma = 1$. Die auch als z-Transformation bekannte Gl. 9.6 verbindet also jede Normalverteilung mit der Standardnormalverteilung. Betrachten wir ein Beispiel aus dem Lehrstuhl für Dosenstechen des Herrn Dr. Oestreich: Nehmen wir an, dass Clausthaler Dosenstecherzeiten annähernd normalverteilt sind. Hat nun eine Person eine Dose in 10.0 Sekunden gestochen, wo doch der Durchschnitt μ bei 6 Sekunden und die Standardabweichung σ bei 2 Sekunden gelegen hat, dann ist diese Person[30] mit ihrer Zeit genau 2 Standardabweichungen über dem Mittel (Zum Nachvollziehen und für Herrn Dr. Romberg: $\mu = 6, \sigma = 2, \mu + 2\sigma = 10$). Transformiert man die Zeit von 10 Sekunden in einen z-Wert der Standardnormalverteilung, so ergibt sich

$$z = \frac{10 - 6}{2} = 2,$$

und dieser z-Wert spiegelt nun ebenfalls wider, dass der ursprüngliche Wert unserer anonymen Person 2 Standardabweichungen oberhalb des Mittelwertes liegt. Ganz allgemein reflektiert bei einer Normalverteilung der durch die Transformation erhaltene z-Wert immer die Zahl der Standardabweichungen, die ein bestimmter Wert oberhalb oder unterhalb vom Mittelwert liegt. So sagt uns also z. B. ein negativer Wert $z = -1.0815$, dass unser Wert genau 1.0815 Standardabweichungen unter dem Mittelwert liegt. Wir können jetzt also jeden Wert einer Normalverteilung mit einer z-Transformation zu einem Wert der Standardnormalverteilung machen. Beliebige Normalverteilungen können dadurch standardisiert bzw. vergleichbar gemacht werden. In Abb. 9.5 ist veranschaulicht, wie die z-Transformation die Dosenstecherzeiten standardisiert.

Die Dichtefunktion für die Standardnormalverteilung ergibt sich nun mit $\mu = 0$ und $\sigma = 1$ aus Gl. 9.4 zu

$$\varphi(z) = \frac{1}{\sqrt{2\pi}} e^{-\frac{1}{2}z^2}, \tag{9.7}$$

und die Verteilungsfunktion ist entsprechend das Integral, also die Fläche

$$\phi(z) = \frac{1}{\sqrt{2\pi}} \int_{-\infty}^{z} e^{-\frac{1}{2}t^2} \, dt. \tag{9.8}$$

---

[30] Namen dürfen nach richterlicher Anordnung hier nicht genannt werden.

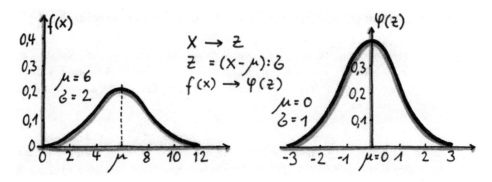

Abb. 9.5 Alles Normalverteilte lässt sich standardisieren!

Die Buchstaben φ (gesprochen: klein phi[31]) bzw. ϕ (gesprochen: groß Phi) sind dabei das griechische Pendant zu den lateinischen Buchstaben f bzw. F. Zusammen mit dem z solltet ihr so in der Zukunft immer erkennen, dass es sich um eine Standardnormalverteilung handelt. Es muss wohl kaum erwähnt werden, dass in einigen Büchern manchmal auch eine andere Terminologie verwendet wird.

Zur Berechnung der Wahrscheinlichkeiten ist die Verteilungsfunktion $\phi(z)$ bis zum Erbrechen in der einschlägigen Fachliteratur tabelliert. In unserem Buch findet ihr eine entsprechende Tabelle im Anhang, Seite 287. Ein kleiner Auszug ist hier mal exemplarisch gezeigt.

Tabelle: Beispielhafter Auszug aus einer Wahrscheinlichkeitstabelle für die Verteilungsfunktion $\phi(z)$ der Standardnormalverteilung

z	0.0	0.01	0.02	0.03	0.04	0.05	0.06	0.07	0.08	0.09
0.9	0.8159	0.8186	0.8212	0.8238	0.8264	0.8289	0.8315	0.8340	0.8365	0.8389
1.0	0.8413	0.8438	0.8461	0.8485	0.8508	0.8531	0.8554	0.8577	0.8599	0.8621
1.1	0.8643	0.8665	0.8686	0.8708	0.8729	0.8749	0.8770	0.8790	0.8810	0.8830
1.2	0.8849	0.8869	0.8888	0.8907	0.8925	0.8944	0.8962	0.8980	0.8997	0.9015
1.3	0.9032	0.9049	0.9066	0.9082	0.9099	0.9115	0.9131	0.9147	0.9162	0.9177
1.4	0.9192	0.9207	0.9222	0.9236	0.9251	0.9265	0.9279	0.9292	0.9306	0.9319
1.5	0.9332	0.9345	0.9357	0.9370	0.9382	0.9394	0.9406	0.9418	0.9429	0.9441
1.6	0.9452	0.9463	0.9474	0.9484	0.9495	0.9505	0.9515	0.9525	0.9535	0.9545

Wir haben die Wahrscheinlichkeitsfunktion $\phi(z)$ nur für positive z-Werte tabelliert[32], d. h., sofern $z \geq 0$ ist, kann die zugehörige Wahrscheinlichkeit $P(Z \leq z) = \phi(z)$ direkt aus der Tabelle abgelesen werden. Die Tabelle gibt also die in Abb. 9.6 auch graphisch gezeigte schraffierte Fläche wieder. Für einen bestimmten positiven z-Wert, wie z. B. $z = 1.13$, ergibt sich die Wahrscheinlichkeit aus der Tabelle genau im Fadenkreuz, wo sich der entsprechende

---

[31] Macht übrigens auch Mist!

[32] Ist in manchen Büchern auch anders!

Abb. 9.6 Was man aus der
Wahrscheinlichkeitstabelle
ablesen kann

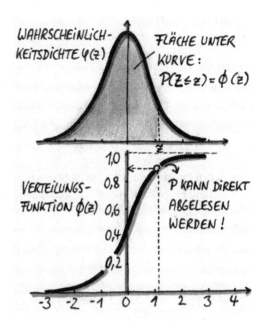

Wert aus der linken Spalte und der Wert aus der obersten Zeile zu $1.1 + 0.03 = 1.13$ addieren. Wir haben dies exemplarisch oben in unserer kleinen Tabelle markiert, und man erhält $\phi(1.13) = 0.8708$, also ungefähr die Wahrscheinlichkeit von 87 %.

Für negative z-Werte nutzt man die coole Beziehung

$$\phi(-z) = 1 - \phi(z) \tag{9.9}$$

aus, um den entsprechenden Wert der Verteilungsfunktion aus der Tabelle zu bestimmen. Diese Beziehung gilt, da die Wahrscheinlichkeitsdichte symmetrisch und die Gesamtwahrscheinlichkeit immer 1 ist. So ist z. B. $\phi(-1.13) = 1 - \phi(1.13) = 0.1292$. Zugegeben, die Tabelle zu lesen, ist etwas trickreich, aber mit ein wenig Übung klappt's aus Erfahrung ganz gut. Indem man eine normalverteilte Zufallsvariable X in eine standardnormalverteilte Zufallsvariable Z transformiert, geht also die Verteilungsfunktion $F(x)$ der Normalverteilung in die Verteilungsfunktion $\phi(z)$ der Standardnormalverteilung über. Es gilt die Beziehung

$$F(x) = \phi \underbrace{\left(\frac{x - \mu}{\sigma} \right)}_{=z}. \tag{9.10}$$

Wann immer also etwas zur Wahrscheinlichkeit bei (irgend)einer Normalverteilung gefragt wird, transformieren wir den Wert zur Standardnormalverteilung und können dann mit Hilfe der Tabelle den entsprechenden Wert für die zugehörige Wahrscheinlichkeit bestimmen.

Um das alles zu verdauen und zu üben, ist es wohl das Beste, sich mal ein richtiges Beispiel anzuschauen: In einem Studentenwohnheim gibt es ein paar Sozialpädagogen mit Förderungspotenzial im technischen Bereich, die irgendwie zufällig und unbeabsichtigt regelmäßig den Thermostat eines „Bier-"Kühlschranks in einer Gemeinschaftsküche verstellen.[33] Gehen wir davon aus, dass die Kühlschranktemperatur X eine normalverteilte Zufallsvariable mit $\mu = 4°C$ und $\sigma = 5°C$ ist, so wollen wir nun mit den tabellierten Werten der Verteilungsfunktion aus dem Anhang, die folgenden Fragen beantworten:

1. Wie groß ist die Wahrscheinlichkeit, dass die Temperatur den für Bier als kritisch angesehenen Punkt[34] von 10°C nicht überschreitet?
   Um diese Frage zu beantworten, müssen wir graphisch gesprochen unter der Normalverteilung die gesamte Fläche auf der linken Seite von 10°C bestimmen. Wie aus Gl. 9.10 hervorgeht, ist

   $$P(X \leq 10°C) = F(x) = P(Z \leq \frac{10°C - \mu}{\sigma}) = \phi(z),$$

   und mit $z = \frac{10-4}{5} = 1.2$ können wir somit die Wahrscheinlichkeit unmittelbar aus der Tabelle ablesen. Es ist also

   $$P(X \leq 10°C) = \phi(1.2) = 0.8849, \text{ also } 88.5\%.$$

2. Wie groß ist die Wahrscheinlichkeit für eine Temperatur größer 0°C? Gesucht ist also $P(X > 0°C)$. Dies bestimmt man wie gehabt mit dem Komplement, denn es ist

   $$P(X > 0°C) = 1 - P(X \leq 0°C).$$

   Nun rechnen wir wieder die Temperatur mit z auf die Standardnormalverteilung um. Es ist $z = \frac{0-4}{5} = -0.8$, und da man negative Werte in unserer Tabelle abliest, indem man Gl. 9.9 verwendet, ergibt sich nun für die Wahrscheinlichkeit

   $$P(X > 0°C) = 1 - \phi(-0.8) = 1 - [1 - \phi(0.8)] = 0.7881.$$

   Mit fast 78.8%iger Wahrscheinlichkeit ist also die Temperatur über 0°C.[35]

3. Wie groß ist die Wahrscheinlichkeit, dass sich die Temperatur im Kühlschrank zwischen 2°C und 7°C bewegt?
   Gefragt ist also $P(2°C < X < 7°C) = F(7°C) - F(2°C)$. Durch Umrechnen der entsprechenden Temperaturen mit der z-Transformation erhält man so

---

[33] Jede Ähnlichkeit mit existierenden WGs ist rein zufällig und natürlich vollkommen unbeabsichtigt.

[34] Dieser Wert liegt auf den Britischen Inseln und in Clausthal-Zellerfeld weitaus höher!

[35] Herr Dr. Romberg weist darauf hin, dass Herr Dr. Oestreich eine suboptimale Biertemperatur $T < 0°C$ erst bemerkt, wenn er mit seinem titanlegierten Dosenpenetrierinstrument auf Eis stößt.

$$P(2°C < X < 7°C) = \phi(\frac{7-4}{5}) - \phi(\frac{2-4}{5}) = \phi(0.6) - \phi(-0.4)$$
$$= \phi(0.6) - [1 - \phi(0.4)] = 0.7257 - 1 + 0.6554$$
$$= 0.3811, \text{ also } 38.1\%.$$

4. Welche Temperatur wird im Kühlschrank mit 99%iger Wahrscheinlichkeit nicht über-
   schritten?
   Na, das ist doch mal eine etwas andere, „umgekehrte" Fragestellung. Eine, wie sie
   übrigens in der Wahrscheinlichkeitsrechnung des Öfteren auftaucht! Hierzu sucht man
   in der Wahrscheinlichkeitstabelle auf Seite 287 den z-Wert, der der Wahrscheinlichkeit
   $p = 0.99$ am nächsten kommt.[36] Hat man den z-Wert bestimmt, genauer gesagt, hat man
   $z = 2.33$ gefunden, so rechnet man mit diesem zum entsprechenden x-Wert, also zu der
   Kühlschranktemperatur, zurück. Hierzu stellt man die Gleichung der z-Transformation
   $z = \frac{x-\mu}{\sigma}$ nach x um und erhält dann mit

$$x = z\sigma + \mu = 2.33 \cdot 5 + 4 = 15.65$$

   den Zahlenwert 15.65°C, den unser Kühlschrank mit 99%iger Wahrscheinlichkeit nicht
   überschreitet. Voilà!

Und was wir jetzt gerade mit diesem Beispiel durchgespielt haben, geht mit jeder anderen Normalverteilung auch! Immer die Fragestellungen entsprechend mit der Verteilungsfunktion ausdrücken, dann schön die entsprechenden Werte zur Standardnormalverteilung
transformieren, da richtig die Tabelle lesen und schon ist die Antwort nicht mehr weit.

Erinnert ihr euch noch an Abschn. 5.2.5, wo wir euch schon mal angedeutet haben,
dass für eine glockenförmige, um den Mittelwert symmetrische Verteilung 68 %, 95 %
und 99.7 % der Werte innerhalb 1, 2 und 3 Standardabweichungen um den Mittelwert
fallen? Damals wart ihr noch jung und unerfahren, aber nun seid ihr nur noch jung, und
wir können euch das mit den Standardabweichungen endlich richtig demonstrieren. So gilt
z. B. für den um μ symmetrischen Bereich zwischen $-1 \cdot \sigma$ und $+1 \cdot \sigma$

$$P(\mu - 1 \cdot \sigma \leq x \leq \mu + 1 \cdot \sigma) = P(-1 \leq z \leq +1) = \phi(+1) - \phi(-1)$$
$$= \phi(+1) - [1 - \phi(+1)] = 2\phi(+1) - 1$$
$$= 0.6826, \text{ also } 68.26\%.$$

Ihr könnt das nun zur Übung für 2σ, 3σ oder aber auch 4σ ruhig noch mal nachrechnen.
Nützlich zu wissen, ist es dabei übrigens, dass ganz allgemein bei um μ symmetrischen
Fragestellungen irgendwelcher Vielfacher k der Standardabweichung σ immer

$$P(\mu - k\sigma \leq x \leq \mu + k\sigma) = 2\phi(k) - 1 \tag{9.11}$$

---

[36] Wem das nicht genau genug ist, der muss sich wie Isaac Newton mit der linearen Interpolation
beschäftigen oder irgendwo eine detaillierte Tabelle auftreiben.

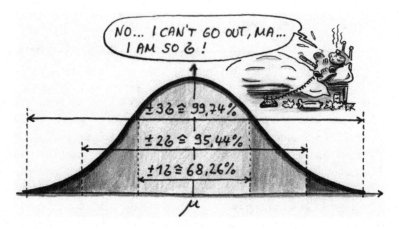

Abb. 9.7 Vielfache von σ bei einer Gauß-Verteilung

gilt. Die wichtigsten Symmetrien einer Normalverteilung haben wir in Abb. 9.7 graphisch festgehalten.

So, nun bleibt noch eine letzte Sache zu klären, über die wir vorhin so ein bisschen drüber weggeflogen sind. Teilaufgabe 4 zur Temperatur im Kühlschrank unseres Studentenwohnheims hatte ja nach einer 99 %igen Wahrscheinlichkeit gefragt. Im Grunde haben wir so – etwas versteckt und um euch nicht unnötig zu verwirren – nach dem 99 %-Quantil der Verteilung gefragt. Ihr kennt die Quantile schon aus Abschn. 5.1.3 von einer kleinen Lateinlektion und erinnert euch hoffentlich, dass ein Quantil eine Verteilung in zwei bestimmte Segmente unterteilt. So ist $x_{0.99}$ genau das Quantil, das die Normalverteilung in 99 % und 1 % unterteilt. Wie ihr ja schon am Kühlschrankproblem gesehen habt, geht man zur Bestimmung der Quantile umgekehrt vor. Ist nach einem p-Quantil gefragt, also nach einem Wert x_p, der eine Normalverteilung in p und $1 - p$ Prozent unterteilt, so ist die Frage also $P(X \leq x_p) = p$, und dies ist bekanntlich identisch mit $\phi(z_p) = p$. Da wir in dieser Gleichung aber p gegeben haben und z_p suchen, grasen wir also die Tabelle der Verteilungsfunktion nach einem Wert ab, der so ungefähr die entsprechende Wahrscheinlichkeit hat. Mit diesem Wert z_p kann man dann die Formel der z-Transformation mittels einfacher Algebra umstellen, und es ergibt sich $x_p = \mu + z_p\sigma$ für das gesuchte Quantil unserer Normalverteilung. Will man sich das Abgrasen übrigens ersparen, so findet ihr im Anhang auf Seite 288 eine Tabelle für häufig in Aufgabenstellungen auftretende Quantile. Quantile helfen bei Problemen, wenn eine Zufallsvariable mit einer vorgegebenen Wahrscheinlichkeit p unterhalb, oberhalb oder aber auch innerhalb bestimmter Grenzen liegt, und wir werden den Quantilen später noch im Zusammenhang mit Parameterschätzung und statistischen Testverfahren wieder begegnen.

Nachdem wir uns nun ausgiebig mit der Normalverteilung, der Standardnormalverteilung und der zwischen beiden so wichtigen z-Transformation beschäftigt haben, fassen wir ein paar Grundregeln zum Rechnen mit Normalverteilungen in der Tabelle auf der nächsten Seite zusammen. Vielleicht hilft's ja was!

9.3   Das Wichtigste auf einer Seite

Auf der nächsten Seite findet ihr dann eine Tabelle, die abschließend noch mal die hier erläuterten diskreten und stetigen Wahrscheinlichkeitsverteilungen und deren wichtigste Eigenschaften zusammenfasst und zeigt, wo ihr in diesem Kapitel Details finden könnt (siehe auch [18]). Damit seid ihr jetzt gut auf die Wahrscheinlichkeitsrechnung in eurer

Tabelle: Nützliche Grundregeln beim Rechnen mit Normalverteilungen

Hilfsmittel: $z = \dfrac{x-\mu}{\sigma}$, $\phi(-z) = 1 - \phi(z)$ und die Tabelle für $\phi(z)$		
Fragestellung	Was das dann graphisch bedeutet	Wie man es dann letztlich rauskriegt!
$P(X \le c)$	$P(x \le c)$	$= \phi\left(\dfrac{c-\mu}{\sigma}\right)$
$P(X \ge c)$	$P(x \le c)$ $P(x \ge c)$	$= 1 - \phi\left(\dfrac{c-\mu}{\sigma}\right)$
$P(a \le X \le b)$	$P(a \le x \le b)$	$= \phi\left(\dfrac{b-\mu}{\sigma}\right) - \phi\left(\dfrac{a-\mu}{\sigma}\right)$
$P(\mu - k\sigma \le X \le \mu + k\sigma)$	$P(\mu - k\sigma \le X \le \mu + k\sigma)$	$= 2\phi(k) - 1$
$P(X \le x_p) = p$	$P(x \le x_{Qp}) = p$	Finde z_p, so dass $\phi(z_p) = p$, und bestimme dann $x_p = \mu + \sigma z_p$

Prüfung vorbereitet, und wir schließen deshalb die Wahrscheinlichkeitsrechnung ab. Nun stürzen wir uns mit euch in die beurteilende (auch genannt induktive oder schließende) Statistik.

Tabelle: Zusammenfassung der wichtigsten Wahrscheinlichkeitsverteilungen

Verteilung	Formel	Wertebereich	Parameter	Mittelwert $E(X)$	Varianz $Var(X)$	Details
Binomial-verteilung	$f(k) = \binom{n}{k} \cdot p^k \cdot (1-p)^{n-k}$	Diskret $k = 0, 1, \ldots, n$	n, p $n = 1, 2, 3, \ldots$ $0 < p < 1$	np	$np(1-p)$	Abschn. 9.1.2
Hypergeo-metrische Verteilung	$f(k) = \dfrac{\binom{M}{k} \cdot \binom{N-M}{n-k}}{\binom{N}{n}}$	Diskret $k = 0, 1, \ldots, n$	N, M, n $N = 1, 2, 3, \ldots$ $M = 1, 2, \ldots, N$ $n = 1, 2, \ldots, N$	$n\dfrac{M}{N}$	$np(1-p)\dfrac{N-n}{N-1}$ mit $p = \dfrac{M}{N}$	Abschn. 9.1.3
Poisson-Verteilung	$f(k) = \dfrac{\lambda^k}{k!} e^{-\lambda}$	Diskret $k = 0, 1, 2, \ldots$	λ $\lambda > 0$	λ	λ	Abschn. 9.1.4
Normal-verteilung	$f(x) = \dfrac{1}{\sigma\sqrt{2\pi}} e^{-\frac{1}{2}\left(\frac{x-\mu}{\sigma}\right)^2}$	Stetig $-\infty < x < \infty$	μ, σ $-\infty < \mu < \infty$ $\sigma > 0$	μ	σ^2	Abschn. 9.2.2
Standard-normal-verteilung	$\varphi(z) = \dfrac{1}{\sqrt{2\pi}} e^{-\frac{1}{2}z^2}$	Stetig $-\infty < z < \infty$	Keine	0	1	Abschn. 9.2.3

Teil III
BEURTEILENDE STATISTIK

So, wenn ihr es bis zu diesem Punkt geschafft und[1] wirklich alles verstanden habt, dann könntet ihr euch nun entspannt zurücklehnen und die beurteilende Statistik komplett auf Lücke setzen: Denn ihr habt schon jetzt genug Statistikwissen, um die zum Bestehen notwendige Punktzahl zu erreichen. Falls ihr euch aber dessen nicht so sicher seid oder falls ihr einfach mehr wollt als „nur bestehen", so solltet ihr aufmerksam die nächsten Seiten lesen, denn oft gibt es bei diesem Thema richtig viele Punkte abzusahnen.

In den bisherigen Kapiteln haben wir uns mit Zufallsvariablen, Wahrscheinlichkeitsverteilungen und all dem Drumherum beschäftigt. Meistens waren dabei die Parameter der Verteilungen bekannt, und man konnte unmittelbar loslegen – alles ja mehr oder weniger kein Problem. Aber ohne euch enttäuschen zu wollen, müssen wir leider mitteilen, dass bei praktischen Anwendungen die Parameter der Wahrscheinlichkeitsverteilungen jedoch eher selten bekannt sind. In solch einer Situation kann man mit der **beurteilenden Statistik** – aufbauend auf der beschreibenden Statistik und der Wahrscheinlichkeitsrechnung – von einer kleinen Zahl von Personen bzw. einer kleinen Stichprobe den Rückschluss auf Eigenschaften und Parameter der Grundgesamtheit machen. In der obigen Darstellung sind die Zusammenhänge für die beurteilende Statistik visualisiert. Ein wohl jedem geläufiges Beispiel ist hier eine Wahlprognose, die auf der Basis einer relativ kleinen Menge von Personen Aussagen über das Wahlverhalten eines ganzen Landes erlaubt.[2]

---

[1] Gemeinsam mit Herrn Dr. Romberg.

[2] Herr Dr. Oestreich glaubt aber zu wissen, dass die USA hier die Ausnahme sind und Herr Dr. Romberg wirft ein, dass auch Bayern eine Sonderstellung einnimmt (wie überall).

Bei der beurteilenden Statistik, übrigens abhängig vom Fachbereich und den Launen eures Dozenten auch **schließende, wertende** oder **induktive Statistik** genannt, treten zwei wichtige Aufgabenstellungen auf, mit denen wir uns in den nachfolgenden Kapiteln etwas[3] beschäftigen werden:

1. Das Schätzen von Parametern der Grundgesamtheit: So sind z. B. bei Annahme einer Normalverteilung für die Grundgesamtheit unbekannte Parameter wie μ oder σ dieser Verteilung durch Schätzwerte einer bestimmten Stichprobe zu gewinnen.
2. Das Prüfen von Hypothesen: Hier werden Annahmen bzw. Hypothesen über den Typ und/oder die Parameter der Verteilung auf der Grundlage von Informationen aus einer bestimmten Stichprobe geprüft.

Wie ihr seht, hängen beide Fälle also von der gemachten Stichprobe ab. Der gesunde Menschenverstand[4] sagt auch euch hoffentlich, dass das Ganze natürlich nur richtig funktioniert, wenn die Stichprobe zufällig ausgewählt und *repräsentativ* für die Grundgesamtheit ist. Wir sind ja schon in Kap. 2 auf die Bedeutung der statistisch korrekten Entnahme einer Stichprobe etwas eingegangen[5], einem durchaus schwierigen Problem. Da ein exakter Rückschluss auf die Grundgesamtheit nur dann möglich wäre, wenn Stichprobe und Grundgesamtheit übereinstimmen, geht es bei der beurteilenden Statistik darum, auf Basis der Stichprobe die Unsicherheit eines solchen Rückschlusses zu quantifizieren. Man ermittelt also, inwieweit und mit welcher Wahrscheinlichkeit sich beispielsweise durch eine Wahlprognose Aussagen über den wirklichen Ausgang einer Wahl treffen lassen. Legen wir mal los!

---

[3] Gerade genug, um die letzten wichtigen Punkte abzusahnen.

[4] Der bei Herrn Dr. Oestreich nach eigenen Angaben sehr hoch ausgeprägt ist.

[5] Das ist nun die Stelle, an der ihr brav zurückblättert und dies noch mal nachlest.

Parameterschätzung, Mr. Spock lässt grüßen

An jedem zweiten Sonntag im Monat, seinem traditionellen Badetag, taucht Herr Dr. Romberg stets zunächst den Finger ins Wasser, um die Temperatur zu fühlen[1], bevor er in die Wanne steigt. Er nimmt so gesehen eine Stichprobe (oder wenn ihr so wollt, „Fingerprobe") und schließt von da auf die Grundgesamtheit, nämlich auf die mittlere Badewassertemperatur, zurück. Ohne es zu wissen, führt er so schon seit Jahren regelmäßig eine Art Parameterschätzung durch.

Natürlich steckt hinter einer Parameterschätzung oft etwas mehr, aber die Grundidee ist dieselbe wie bei der Romberg'schen Fingerprobe. Man möchte Aussagen über ein bestimmtes Merkmal einer Grundgesamtheit machen, das ja bekanntlich immer irgendeine Verteilungsfunktion hat. Häufig kennt man zwar die Art der Verteilungsfunktion, aber Parameter wie Mittelwert μ oder Varianz σ sind unbekannt. Mit Hilfe der Parameterschätzung bestimmt man auf der Basis einer Stichprobe Schätz- oder Näherungswerte für diese unbekannten Parameter und versucht, dabei auch möglichst noch eine Aussage über die Qualität der Schätzung zu erhalten.

10.1 Punkt, Punkt, Komma, Intervall

Nehmen wir mal an, wir wollen aus dem gesamten Clausthal-Zellerfelder Freundeskreis von Herrn Dr. Oestreich den Mittelwert der Zeiten beim Dosenstechen schätzen. Da aber der gesamte Freundeskreis[2] viel zu groß ist und um die Kosten für die Paletten Dosenbier zu sparen, ziehen wir hierzu eine repräsentative Stichprobe von 5 Dosenstechern und bestimmen daraus den arithmetischen Mittelwert $\overline{x} = \frac{1}{5} \sum_{i=1}^{5} x_i$. Mit den Zeiten $x_1 = 1.9$, $x_2 =$

---

[1] Immerhin benutzt er dazu – im Gegensatz zu Herrn Dr. Oestreich – den Finger.

[2] Einschließlich seiner Gläubiger, Bewährungshelfer, Pfleger und Golffreunde.

© Springer-Verlag GmbH Deutschland, ein Teil von Springer Nature 2022
M. Oestreich und O. Romberg, *Keine Panik vor Statistik!*,
https://doi.org/10.1007/978-3-662-64490-4_10

3.4, $x_3 = 4.9$, $x_4 = 4.4$ und $x_5 = 5.5$ ist dann der Wert $\overline{x} = 4.02$ ein **Schätzwert** für den Mittelwert μ des gesamten Freundeskreises von Herrn Dr. Oestreich. Der sogenannte **Schätzer,** auch als **Schätzfunktion** bezeichnet, ist die Vorschrift, mit der aus den Daten einer Stichprobe (des Umfangs n) ein angenäherter Wert für den unbekannten Parameter der Grundgesamtheit bestimmt wird. Im vorliegenden Fall haben wir als Schätzer für den Erwartungswert (hier den Mittelwert)

$$\overline{X} = \frac{1}{n} \sum_{i=1}^{n} X_i \qquad (10.1)$$

verwendet. Der Grund, warum man hier den Schätzer mit Großbuchstaben X_i versieht, liegt darin, dass ja vor der Stichprobe nicht klar ist, welche Werte in die Stichprobe gelangen und man es deshalb mit n Zufallsvariablen (die wir ja bekanntlich großschreiben) X_i zu tun hat. Nach dem Ziehen der Stichprobe liegen dann n konkrete Werte bzw. Realisationen (die wir ja bekanntlich kleinschreiben) x_i vor. In Abhängigkeit von der Stichprobe (andere Stichprobenwerte führen zu anderen Mittelwerten) liefert dieser Schätzer unterschiedliche Schätzwerte. So gesehen ist also der Schätzer selbst wieder eine Zufallsvariable(!).

Sofern die Schätzung eines unbekannten Parameters einer Grundgesamtheit aus einer Stichprobe nur einen einzigen Wert liefert, spricht auch der Quereinsteiger von einer **Punktschätzung.** Im Falle des Dosenstechens lieferte diese Punktschätzung entsprechend dem **Punktschätzer** aus Gl. 10.1 einen einzigen Punkt, nämlich den arithmetischen Mittelwert $\overline{x} = 4.02$. Es gibt eine ganze Reihe von Schätzfunktionen, die man zur Abschätzung unbekannter Parameter der Grundgesamtheit verwenden kann. So kann man u. a. auch Punktschätzungen für die Varianz, den Median, den Korrelationskoeffizienten oder auch die Wahrscheinlichkeit bei einem Bernoulli-Versuch machen. Wir haben uns in der nachfolgenden Tabelle mal auf die üblicherweise für eine Prüfung relevanten Schätzfunktionen beschränkt.

Tabelle: Die üblicherweise wichtigsten Punktschätzer

Kenngröße der Stichprobe	Schätzfunktion für den unbekannten Parameter	Parameter der Grundgesamtheit
Mittelwert	$\overline{X} = \dfrac{1}{n} \sum\limits_{i=1}^{n} X_i$	Erwartungswert μ
Varianz	$S^2 = \dfrac{1}{n-1} \sum\limits_{i=1}^{n} (X_i - \overline{X})^2$	Varianz σ^2
Relative Häufigkeit	$\widehat{P} = \dfrac{X}{n}$	Wahrscheinlichkeit p

Während die hier gezeigten Schätzer für den Mittelwert $\overline{X}$ und die Varianz S^2 ja unmittelbar einleuchtend sind, muss beim Schätzer $\widehat{P}$ angemerkt werden, dass es sich hierbei um eine Schätzfunktion für die Wahrscheinlichkeit auf der Basis der relativen Häufigkeit handelt. Wie man damit arbeitet, erfahrt ihr noch. Bitte einen Moment Geduld!

Zunächst einmal wollen wir ein paar Worte über die Qualität von Schätzfunktionen verlieren, denn nicht jede Schätzfunktion liefert automatisch auch einen guten Schätzwert für einen unbekannten Parameter. So ist beispielsweise eine Schätzfunktion, die den Median einer Stichprobe verwendet, offensichtlich nicht ganz so gut als Schätzer für den Mittelwert geeignet.[3] Es gibt natürlich ein paar Gütekriterien, die ein guter Schätzer möglichst erfüllen sollte:

- **Erwartungstreue:** Im Mittel sollten alle theoretisch denkbaren Schätzwerte mit dem unbekannten Parameter übereinstimmen, d. h., dass der Erwartungswert (abgekürzt mit E) des Schätzers gleich dem unbekannten Parameter ist und somit als eine Art Formel $E(\text{„Schätzer“}) = \text{„unbekannter Parameter“}$ gilt. So ist im Falle des Mittelwertes in der Tat $E(\overline{X}) = \mu$, wie man nachprüfen kann. Nicht erwartungstreue Schätzer haben einen Bias (lest hierzu ruhig noch mal Abschn. 2.1.4), und man spricht dann auch von einem verzerrten Schätzer.
- **Konsistenz:** Ein konsistenter Schätzer wird mit wachsendem Stichprobenumfang immer genauer, da er so immer mehr Information in die Schätzung einbringen kann. Man (meist ein Mathematiker) spricht auch davon, dass sich für große n die Schätzung verbessert und gegen den unbekannten Parameter konvergiert. Als Folge höherer Genauigkeit wird die Varianz und damit die Streuung des Schätzers natürlich dann immer kleiner. So auch im Falle des Schätzers für den Mittelwert, bei dem $Var(\overline{X}) = \frac{\sigma^2}{n}$ ist, was in der Tat für große n immer kleiner wird und gegen null strebt.

---

[3] Herr Dr. Romberg schätzt, dass ein Prüfer, der diesen Zusammenhang nicht abfragt, sehr geschätzt wird.

- **Effizienz:** Dieses Kriterium zieht in Betracht, wie stark die Werte einer Schätzfunktion streuen. Der effizienteste Schätzer ist der Schätzer mit der geringsten Varianz, da kleinere Werte der Varianz eine präzisere Schätzung erlauben. So kann man z. B. zeigen, dass der Schätzer für den Mittelwert mit Hilfe des arithmetischen Mittels effizienter ist als ein Schätzer, der den Median verwendet, da $Var(\overline{X}) < Var(\widetilde{X})$ ist.

Neben diesen drei Kriterien ist es besonders günstig, wenn ein Schätzer auch noch die gesamte Information der Stichprobe berücksichtigt. Der Gebildete spricht auch gern von **Exhaustivität**, was nichts anderes heißt, als dass der Schätzer erschöpfend sein soll und so sprichwörtlich alle Daten ausschöpft.[4] Bestes Beispiel ist hier wieder der Schätzer für den Mittelwert, der ja jeden einzelnen Wert der Stichprobe verwendet und somit erschöpfend ist.

Da es nicht immer so einfach ist, einen Schätzer auf Erwartungstreue, Konsistenz und Effizienz zu überprüfen, haben sich ein paar schlaue Köpfe praktikable Konstruktionsmethoden von Punktschätzern überlegt, die möglichst viele dieser Kriterien erfüllen. Wenn ihr Bedarf habt, solltet ihr darüber in der Fachliteratur nachlesen. Für eine Prüfung ist das Konstruieren in 99.999 % der Fälle jedenfalls nicht relevant.[5]

So, nun ist endlich der Augenblick gekommen, wo wir einen schon seit Langem offenen Punkt kurz und knackig klären können. Wie ihr sicherlich noch wisst, berechnet sich die Varianz einer Stichprobe durch

$$s^2 = \frac{1}{n-1} \sum_{i=1}^{n} (x_i - \overline{x})^2.$$

Wir haben bisher nie so richtig geklärt, warum man die Summe der Abweichungsquadrate eigentlich durch $n-1$ teilt und nicht, wie ja eigentlich naheliegender analog zum arithmetischen Mittelwert, durch die Anzahl n der Stichprobenwerte. Wie ihr euch gerne in Abschn. 5.2.4 vergewissern könnt, sind wir euch eine richtige Begründung damals schuldig geblieben. Die Antwort ist, dass nur durch das Teilen durch $n-1$ die entsprechende Schätzfunktion für die Varianz

$$S^2 = \frac{1}{n-1} \sum_{i=1}^{n} (X_i - \overline{X})^2 \tag{10.2}$$

erwartungstreu und damit der Erwartungswert dieses Schätzers genau gleich der Varianz ist, d. h., es gilt $E(S^2) = \sigma^2$. Hingegen kann man nachrechnen, dass ein entsprechender Schätzer, der durch n teilt, die Varianz σ^2 immer zu gering schätzt und so die Schätzung verzerrt und einen Bias erzeugt. Die nicht prüfungsrelevante rechnerische Überprüfung zu all dem ersparen wir uns und verweisen auf die Expertenliteratur. Wir wollten es uns aber nicht

---

[4] Bis der Bearbeiter vom Problem erschöpft ist.

[5] Es kommt also statistisch nur alle 100.000 Prüfungen vor, und so viele hat selbst Herr Dr. Romberg einschließlich häufig eingeklagter Wiederholungs-Wiederholklausuren nicht absolviert!

nehmen lassen, diese schon lange im Raum stehende kleine Ungereimtheit zu beseitigen, da so mancher Student hier oft etwas irritiert ist.

Aber nun zurück zu den Punktschätzern. Zwar lassen sich einzelne Schätzwerte einfach berechnen und sind auch leicht zu verstehen, aber leider liefern sie dabei keinerlei Aussage über die Genauigkeit und Qualität der Schätzung. Die Abweichungen einzelner Punktschätzwerte vom „wahren" Wert des Parameters können recht groß sein, z.B. wenn der Stichprobenumfang klein ist. Aber ihr ahnt es schon, auch für dieses Problem gibt es eine Lösung.

10.2 Vertrauen ist gut, Konfidenz ist besser

Die Punktschätzung ist nur der erste Schritt auf dem Weg zur sehr praktischen und wesentlich aussagekräftigeren **Intervallschätzung.** Dabei konstruiert man mit Hilfe der Stichprobe ein Intervall um den Punktschätzwert, das den zu schätzenden, unbekannten Parameter mit einer gewissen Wahrscheinlichkeit (z.B. 90 %, häufig auch 95 % oder sogar 99 %) überdeckt.

Das so entstandene Intervall bezeichnet man als **Konfidenz-** oder **Vertrauensintervall**. So ist beispielsweise das Intervall [2.67, 5.37] ein 90 %-Konfidenzintervall um den Punktschätzwert $\bar{x} = 4.02$ unserer kleinen Gruppe von Dosenstechern.[6] Um an dieser Stelle auch wirklich jegliche Missverständnisse auszuräumen, solch ein Konfidenzintervall muss den gesuchten Parameter also nicht notwendigerweise enthalten! Man hat lediglich auf der Basis einer vorgegebenen Wahrscheinlichkeit ein gewisses Vertrauen, dass er im Konfidenzintervall liegt. Am besten verdeutlicht man sich diesen Sachverhalt, indem man mehrere Stichproben aus einer Grundgesamtheit betrachtet. Wenn wir z.B. 10 repräsentative Stichproben nehmen und um jede einzelne ein 90 %-Konfidenzintervall um den Mittelwert bestimmen, dann heißt dies im Grunde, dass theoretisch 9 dieser 10 Intervalle, also 90 %, den uns unbekannten wahren Mittelwert der Grundgesamtheit enthalten. Die nachfolgende Abbildung verdeutlicht das Prinzip.

Wie ihr seht, beinhalten 9 Intervalle den wahren Mittelwert μ, und 1 Intervall liegt mit der Schätzung daneben. Da in diesem Beispiel eine 90 %-Chance besteht, dass das Konfidenz-

---

[6] Herr Dr. Oestreich ist mit seinen 1.6 Sekunden nach wie vor ein Ausreißer, aber das war er ja schon als kleiner Junge.

intervall den Mittelwert μ enthält, besteht somit auf der anderen Seite eine 10 %-Chance, dass er nicht im Intervall liegt. Dieser 10 %-Wert, oder, allgemeiner ausgedrückt, der Wert α (gesprochen: alfa) ist die sogenannte **Irrtumswahrscheinlichkeit,** auch das **Signifikanzlevel** genannt.

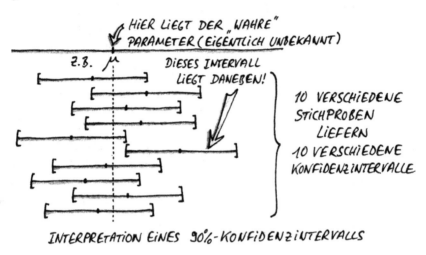

Es ist die Wahrscheinlichkeit, mit der man sich bei der Bestimmung eines Konfidenzintervalls irrt bzw. mit der man bereit ist, ein Fehlerrisiko bei der Schätzung einzugehen. Ganz analog ist die Wahrscheinlichkeit $1 - \alpha$ die sogenannte **Vertrauenswahrscheinlichkeit,**[7] in der Fachwelt oft auch als **Konfidenzlevel, Vertrauensniveau** oder einfach als **Sicherheit** bezeichnet. Der Term $1 - \alpha$ gibt an, mit welcher Sicherheit man seinem Konfidenzintervall vertrauen kann. Anstatt mit Worten kann man so ein Konfidenzintervall auch gut mit Mitteln der Wahrscheinlichkeitsrechnung beschreiben, denn es bedeutet nichts anderes, als dass

$$P(\text{„Intervallgrenze unten“} \leq \text{Parameter} \leq \text{„Intervallgrenze oben“}) = 1 - \alpha$$

ist. Die Wahrscheinlichkeit, dass der Parameter im Konfidenzintervall enthalten ist, liegt bei $1 - \alpha$. So gesehen ist im Falle des Dosenstechens also

$$P(2.67 \leq \mu_{\text{Freundeskreis}} \leq 5.37) = 0.9$$

die Beschreibung eines 90 %-Konfidenzintervalls für den Mittelwert des gesamten Clausthaler Freundeskreises von Herrn Dr. Oestreich.

Auch die Irrtumswahrscheinlichkeit α ist übrigens lediglich einer dieser „berüchtigten" griechischen Buchstaben der Mathematiker aus dem Alphabet einer anderen Sprache. Man muss es halt nur ein wenig kennen.

---

[7] ... und Herr Dr. Oestreich ist wahrscheinlich der Mathematiker eures Vertrauens!

Die Intervallgrenzen beim Konfidenzintervall werden auf ganz speziellem Wege aus der Stichprobe bestimmt, und die Irrtumswahrscheinlichkeit α spielt dabei eine nicht ganz unwesentliche Rolle. Um im Detail zu erklären, wie man ein Konfidenzintervall bestimmt, beschäftigen wir uns zunächst einmal zur Freude so mancher Statistiker mit den Lottozahlen.

10.3   Lotto, Schätzen und zentraler Grenzwertsatz

Wer immer schön im Geschichtsunterricht aufgepasst hat, der weiß, dass am Samstag, dem 9. Oktober 1955, also vor vielen, vielen Jahren, die erste Ziehung der Lottozahlen 6 aus 49 durchgeführt wurde.[8] Erst mit etwas Verspätung, ab dem 17. Juni 1956 bis zum 1. Mai 2013, gab es dann auch noch eine Zusatzzahlziehung. Wer hätte damals gedacht, dass man mit der Entnahme von 6 Zahlen (und einer Zusatzzahl) aus einer Grundgesamtheit von 49 Zahlen heute noch immer Millionen von Menschen in ihren Bann zieht. Unter ihnen auch unsere beiden Doktores, die keine Kosten und Mühen gescheut haben, um die Zahlen regelmäßig zu notieren.[9] Damit sich all die Arbeit zumindest ein wenig gelohnt hat, schauen wir uns diese Datensammlung gleich großer Zufallsstichproben mal mit den Augen der Statistik etwas näher an. Da sich der Aufsichtsbeamte stets vor jeder Ziehung vom ordnungsgemäßen Zustand des Ziehungsgeräts und der 49 Kugeln überzeugt hat, sind ja alle Zahlen mit $p = \frac{1}{49}$ gleich wahrscheinlich.[10] Die Lottozahlen sind also gleichverteilt zwischen den Zahlen $a = 1$ und $b = 49$, und man kann wie in Abschn. 9.2.1 nachzulesen, die statischen Kenngrößen

$$\text{Mittelwert}\quad \mu = \frac{a+b}{2} = 25 \quad \text{und Varianz} \quad \sigma^2 = \frac{(b-a)^2}{12} = 192$$

---

[8] Übrigens war die allererste gezogene Lottozahl die 13, aber man ist ja nicht abergläubisch. Falls es euch interessiert, die restlichen Zahlen an diesem historischen Tag waren 41, 3, 23, 12 und 16.

[9] Immer samstags und mittwochs, seit Kurzem aber ohne Zusatzzahl.

[10] Das zweifelt Herr Dr. Romberg schon lange an: Da die Kugeln am Anfang immer gleich liegen und dann mehr oder weniger gleich in die Trommel fallen und dann mehr oder weniger gleich herumgerührt werden, muss es zumindest statistische Unterschiede bei der Wahrscheinlichkeit geben?!

dieser Gleichverteilung relativ einfach berechnen. Mit μ und σ haben wir nun zwei Kennwerte der aus 49 Lottozahlen bestehenden Grundgesamtheit bestimmt. Bitte merkt euch
diese Werte, wir kommen darauf später noch zurück.

Stellen wir uns nun aber mal ganz dumm und nehmen an, wir kennen die Grundgesamtheit
nicht. Das heißt, wir kennen den Mittelwert nicht, die Varianz nicht, ja wir wissen noch
nicht einmal, dass wir es mit 49 Kugeln zu tun haben. Wenn nun jemand 7 Zahlen (um
genauer zu sein 6 Zahlen und eine Zusatzzahl) zieht, dann kann man sicherlich mit diesen
7 Zahlen versuchen, den Mittelwert der Grundgesamtheit zu schätzen. Natürlich ergäbe
das eine ziemlich wacklige und meist kaum aussagekräftige Schätzung. Was aber, wenn
wir mehrere Stichproben des gleichen Umfangs $n = 7$ ziehen? Errechnen wir aus den 7
gezogenen Zahlen für jede einzelne Stichprobe seit 1956 einen Stichprobenkennwert wie
den Mittelwert, so erhalten wir viele, von Stichprobe zu Stichprobe etwas unterschiedliche
Mittelwerte. Ganz analog hätten wir natürlich auch einen anderen Kennwert, wie die Varianz
oder den Median, aus der Stichprobe bestimmen können. In jedem Fall bestimmt man aus
jeder Stichprobe einen Stichprobenkennwert, und man spricht in Fachkreisen über die so
entstandene Verteilung dieser Stichprobenkennwerte auch „kurz" von der **Stichprobenkennwerte-Verteilung**. Wir haben das mal in einer Tabelle für die Lottozahlen angedeutet,
wobei die rechte Spalte genau die angesprochene Stichprobenkennwerte-Verteilung, hier
für den Mittelwert, ist.

Tabelle: 5838 Ziehungen der Lottozahlen 6 aus 49 (mit Zusatzzahl)!

Datum	Lottozahlen						Zusatzzahl	Mittelwert
17.06.1956	5	19	25	38	41	46	24	28.29
24.06.1956	14	16	18	32	37	43	21	25.86
⋮			⋮					⋮
1.05.2013	9	12	15	16	22	28	5	15.28

(Alle Angaben ohne Gewehr)

Es ist so, dass ganz allgemein solch eine Stichprobenkennwerte-Verteilung interessante und
überraschende Eigenschaften hat, die das Vorgehen bei der Bestimmung von Konfidenzintervallen begründen. Um das Prinzip im Weiteren zu erläutern, bleiben wir bei dem doch
relativ anschaulichen und häufig verwendeten Mittelwert.

Auf der linken Seite der nachfolgenden Abb. 10.1 ist die Gleichverteilung der Lottozahlen dargestellt. Nach Berechnung eines Mittelwertes aus jeder einzelnen Stichprobe von 7
Zahlen, wie bereits in der obigen Tabelle angedeutet, ergibt sich nun die auf der rechten
Seite dargestellte Stichprobenkennwerte-Verteilung für den Mittelwert. Wir haben dabei
mal 4694 Werte[11] gemäß ihrer relativen Häufigkeiten in 49 Klassen zusammengefasst.

---

[11] Ja, es sollten eigentlich 5838 Werte sein, aber fürs Prinzip gut genug!

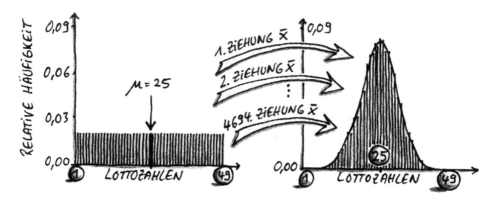

Abb. 10.1 Die Mittelwerte von 7 Lottozahlen (6 + Zusatzzahl) sind annähernd normalverteilt mit Mittelwert μ und Varianz $\sigma_{\bar{x}}^2$

Na, ihr reibt euch jetzt sicherlich die Augen und wundert euch, was hier denn gerade passiert ist. Faszinierenderweise haben wir aus einer Gleichverteilung auf relativ einfachem Wege eine annähernde Normalverteilung erzeugt. Der in Abb. 10.1 als dunkle Linie eingezeichnete Verlauf beschreibt dabei die Normalverteilung mit Mittelwert $\mu = 25$ und Standardabweichung $\sigma_{\bar{x}} = \frac{\sigma}{\sqrt{n}} = 5.24$. Aber wir haben euch ja gesagt, dass solche Stichprobenkennwerte-Verteilungen für Überraschungen gut sind.

Schauen wir uns mal die wesentlichen Eigenschaften von Stichprobenkennwerte-Verteilungen an:

Zur Streuung Die Streuung oder Standardabweichung einer Stichprobenkennwerte-Verteilung wird auch oft als **Standardfehler** bezeichnet. Ganz speziell sprechen wir bei unserer Verteilung von Stichprobenmittelwerten auch vom Standardfehler des Mittelwertes und nennen diesen $\sigma_{\bar{x}}$, mit dem ihr ja bereits Bekanntschaft gemacht habt. Der Index deutet dabei an, dass sich diese Streuung auf den Schätzer des Mittelwertes bezieht. Mit der Streuung der Grundgesamtheit σ ist

$$\sigma_{\bar{x}} = \frac{\sigma}{\sqrt{n}},$$

und somit hängt die Streuung der Stichprobenmittelwerte vom Stichprobenumfang n ab. Ein größerer Stichprobenumfang, z. B. 12 aus 49, führt so zu einer geringeren Streuung als bei unseren 7 aus 49.

Zum Mittelwert Der Mittelwert sehr vieler Stichprobenmittelwerte ist langfristig, nach unzähligen Stichproben, gleich dem Mittelwert der Grundgesamtheit. Man kann auch sagen, dass $\overline{X}$ ein erwartungstreuer Schätzer des Mittelwertes μ der Grundgesamtheit ist. Somit endet also der Mittelwert von Mittelwerten irgendwann immer mitten in der Mitte.

Zur Form Als wir euch mit dem Lottozahlen-Beispiel einen Vorgeschmack gegeben haben, hat gleich so manches Mathematikerherz höher geschlagen, da dieses Beispiel die Konsequenzen des sogenannten zentralen Grenzwertsatzes zeigt, einer wichtigen Grundlage für die Bestimmung von Konfidenzintervallen.

In einfachen Worten ausgedrückt besagt der zentrale Grenzwertsatz:

> *Wenn man eine zufällige Stichprobe vom Umfang n aus einer beliebigen Grundgesamtheit nimmt, dann nähert sich – wenn n ausreichend groß ist – die Verteilung des Stichproben-mittelwertes einer Normalverteilung an.*

Ab wann genau n ausreichend groß ist, hängt dabei von der Verteilung der Grundgesamtheit ab, aus der man seine Stichprobe zieht. Während bei den gleichverteilten Lottozahlen wie gesehen schon $n = 7$ eine Normalverteilung ziemlich gut annähert, kann es bei anderen, wilderen Verteilungen schon eine größere Stichprobe erfordern. Es hat sich in der Statistikerwelt eingebürgert, dass man ab $n \geq 30$ in jedem Fall von einer sehr guten Annäherung an eine Normalverteilung ausgehen kann.

10.4   Auf direktem Weg zum Konfidenzintervall

Okay, aber wie kriegen wir jetzt von der Stichprobenkennwerte-Verteilung[12] die Kurve zum Konfidenzintervall? Nichts leichter als das! Da wir vom zentralen Grenzwertsatz her wissen, dass alle theoretisch denkbaren Mittelwerte aus Stichproben des Umfangs $n \geq 30$ normalverteilt sind, ist auch speziell der Schätzer $\overline{X}$, der ja einen Mittelwert schätzt, normalverteilt mit dem Mittelwert μ und der Streuung $\sigma_{\overline{x}}$. Und das bedeutet, dass wir aufgrund einer vorliegenden Normalverteilung den Schätzer in eine Standardnormalverteilung mit Mittelwert $\mu = 0$ und Varianz $\sigma^2 = 1$ überführen können. Die neue Zufallsvariable

$$Z = \frac{\overline{X} - \mu}{\sigma_{\overline{x}}}$$

ist standardnormalverteilt, und bei Standardnormalverteilungen kennen wir uns ja echt aus! Wir haben das schon ausgiebig im vorhergehenden Kapitel praktiziert.

Um ein $(1-\alpha)$-Konfidenzintervall für einen Mittelwert zu finden, betrachten wir zunächst einmal die Gleichung

$$P\left(z_{\frac{\alpha}{2}} \leq \underbrace{\frac{\overline{X} - \mu}{\sigma_{\overline{x}}}}_{=Z} \leq z_{1-\frac{\alpha}{2}} \right) = 1 - \alpha. \tag{10.3}$$

---

[12] Der Bindestrich in diesem Wort ist wichtig, um sich von dem Wochenendstichprobenkennwerte-verteilungsberechnungsphobieanfall abzugrenzen!

Abb. 10.2 Veranschaulichung des Konfidenzintervalls für den Mittelwert

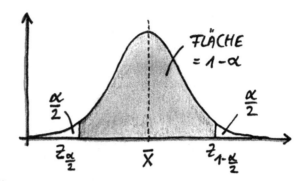

Dabei bezeichnen die Intervallgrenzen $z_{\frac{\alpha}{2}}$ und $z_{1-\frac{\alpha}{2}}$ die von der Irrtumswahrscheinlichkeit α abhängigen Quantile der Standardnormalverteilung, die für ausgewählte Werte im Anhang tabelliert sind. So ist beispielsweise der Punkt (das Quantil) $z_{0.05}$ genau der Wert, von dem aus gesehen 5 % der Fläche auf der linken Seite und der Rest auf der rechten Seite liegen. Dementsprechend erhält man z. B. mit $\alpha = 0.05$ durch Einsetzen $z_{1-\frac{\alpha}{2}} = z_{0.975} = 1.96$.

Wir haben das in Abb. 10.2 mal skizziert. Wie ihr seht, haben wir die Irrtumswahrscheinlichkeit α zu beiden Seiten genau mit $\frac{\alpha}{2}$ verteilt. Aufgrund der Symmetrie der Standardnormalverteilung unterscheiden sich die Quantile zur linken und zur rechten Seite übrigens nur bezüglich ihres Vorzeichens, und es gilt $z_{\frac{\alpha}{2}} = -z_{1-\frac{\alpha}{2}}$. So ist z. B. mit $\alpha = 0.05$ also $z_{0.025} = -z_{0.975}$.

Formt man den Ausdruck in der Klammer aus Gl. 10.3 etwas um, so dass nur noch der Mittelwert μ in der Mitte des Intervalls steht, erhält man mit einem konkreten Schätzwert $\overline{x}$ unmittelbar

$$P\left(\overline{x} - z_{1-\frac{\alpha}{2}} \, \sigma_{\overline{x}} \leq \mu \leq \overline{x} + z_{1-\frac{\alpha}{2}} \, \sigma_{\overline{x}}\right) = 1 - \alpha.$$

Und damit haben wir die Intervallgrenzen des Konfidenzintervalls für den aus einer Stichprobe geschätzten Mittelwert μ der Grundgesamtheit mit der Vertrauenswahrscheinlichkeit $1 - \alpha$ bestimmt.

Jetzt können wir es euch endlich vorstellen: das Konfidenzintervall (KI):

$$KI = \left[\overline{x} - z_{1-\frac{\alpha}{2}} \cdot \sigma_{\overline{x}}, \; \overline{x} + z_{1-\frac{\alpha}{2}} \cdot \sigma_{\overline{x}}\right].$$

In einfachen Worten ausgedrückt ergibt sich also bei solch einem Konfidenzintervall die untere Intervallgrenze aus

Punktschätzwert − Kritischer Wert · Standardfehler

und die obere Intervallgrenze aus

Punktschätzwert + Kritischer Wert · Standardfehler.

Dabei ist der kritische Wert[13] das von α und der Stichprobenkennwerte-Verteilung des Schätzers abhängige Quantil und der Standardfehler die vom Stichprobenumfang n abhängige Standardabweichung des Schätzers. So beschreibt das Produkt „Kritischer Wert · Standardfehler", im Falle des Mittelwertes also der Term $z_{1-\frac{\alpha}{2}} \cdot \sigma_{\overline{x}}$, den bei der Schätzung gemachten **Schätzfehler**. Natürlich ist es genau dieser Schätzfehler, der durch seinen Wert über die Breite des Konfidenzintervalls entscheidet.

$$\text{PUNKTSCHÄTZUNG}$$
$$KI = \left[\overline{x} - \underbrace{z_{1-\frac{\alpha}{2}} \cdot \sigma_{\overline{x}}}_{} \; , \; \overline{x} + \underbrace{z_{1-\frac{\alpha}{2}} \cdot \sigma_{\overline{x}}}_{} \right]$$
$$\text{SCHÄTZFEHLER}$$
$$= \text{KRITISCHER WERT} \cdot \text{STANDARDFEHLER}$$

Fassen wir noch mal zusammen. Zur Bestimmung eines Konfidenzintervalls benötigt man genau vier Dinge:[14]

1. Einen geeigneten Punktschätzer, den wir zum Schätzen des Parameters der Grundgesamtheit verwenden wollen.
2. Die Irrtumswahrscheinlichkeit α bzw. die Vertrauenswahrscheinlichkeit $1 - \alpha$ zur Festlegung, wie weit man dem Intervall später vertrauen will.
3. Einen Schätzfehler, indem man den Standardfehler, also die Standardabweichung des Schätzers und den kritischen Wert der Verteilung bestimmt und
4. Know-how, um alles zu einem konkreten Konfidenzintervall zusammenzufügen.

Während ihr euch im richtigen Leben oft selbst entscheiden müsst, wie „genau" ihr das Konfidenzintervall gerne hättet, ist in Prüfungen α bzw. $1 - \alpha$ meistens bereits mit der Aufgabenstellung gegeben. Übliche Werte für die Sicherheit $1 - \alpha$ sind oft 90 %, 95 % oder 99 %.

So, nachdem wir euch nun schön mit dem Lottozahlen-Beispiel, dem zentralen Grenzwertsatz und seinen Folgen für das Prinzip zur Bestimmung von Konfidenzintervallen vertraut gemacht haben, sind wir nun in der Lage, euch ein paar üblicherweise prüfungsrelevante Konfidenzintervalle zu zeigen, die ihr in der Prüfung einfach anwenden könnt. Ihr seid bestimmt schon ganz aufgeregt.

---

[13] Bei Herrn Dr. Oestreich ist der kritische Wert äquivalent zu zwo Tequila $\cup$ vier Dosen Möwenbräu bzw. ein Tequila $\cap$ zwei Dosen.

[14] Herr Dr. Romberg betont, dass er dazu nur eines braucht: einen Mathematiker.

10.4.1 Konfidenzintervalle für Erwartungswerte

Arbeiten wir einfach mal von oben nach unten das Rezept zur Bestimmung von Konfidenzintervallen ab. Ein geeigneter Punktschätzer für den Mittelwert ist der schon bekannte Schätzer $\overline{X}$. Die Irrtumswahrscheinlichkeit bezeichnen wir auch im Weiteren mit α. Dann geht es darum, die dritte Zutat, den Schätzfehler, zu bestimmen. Und dieser ergibt sich, abhängig von den Vorkenntnissen über die Grundgesamtheit, etwas unterschiedlich.

10.4.1.1 Normalverteilte Grundgesamtheit, bekannte Varianz

Wenn wir wissen, dass ein Merkmal in der Grundgesamtheit normalverteilt ist, und gleichzeitig auch noch die Varianz σ der Grundgesamtheit kennen, dann ist das Konfidenzintervall schnell bestimmt. Wir können dann direkt das bereits erläuterte Konfidenzintervall mit dem Schätzfehler $z_{1-\frac{\alpha}{2}} \cdot \sigma_{\overline{x}}$ verwenden, und das sogar aufgrund der Kenntnis der normalverteilten Grundgesamtheit für Stichproben vom Umfang $n \leq 30$ ohne Probleme. Also berechnet sich in diesem Fall das $(1-\alpha)$-Konfidenzintervall einer Stichprobe zu

$$KI = \left[\overline{x} - z_{1-\frac{\alpha}{2}} \cdot \frac{\sigma}{\sqrt{n}}, \ \overline{x} + z_{1-\frac{\alpha}{2}} \cdot \frac{\sigma}{\sqrt{n}} \right]. \tag{10.4}$$

Wir haben dabei, nicht dass ihr euch wundert, bereits $\sigma_{\overline{x}}$ durch $\frac{\sigma}{\sqrt{n}}$ ersetzt.

Nehmen wir beispielsweise an, dass die Zeiten beim Dosenstechen mit einer bereits bekannten Varianz $\sigma^2 = 2.1$ normalverteilt sind, dann kann man aus einer Stichprobe mit den Zeiten 1.9, 3.4, 4.9, 4.4 und 5.5 unmittelbar z. B. ein 90 %-Konfidenzintervall bestimmen. Es ist $\alpha = 0.10 \, (10\%)$, entsprechend $1 - \alpha = 0.90 \, (90\%)$, und der Schätzer $\overline{X}$ für den Mittelwert der Stichprobe ergibt durch schnelle Rechnung[15] den Wert $\overline{x} = \frac{1.9+3.4+4.9+4.4+5.5}{5} = 4.02$. Jetzt brauchen wir nur noch den kritischen Wert $z_{1-\frac{\alpha}{2}} = z_{0.95} = 1.64$ zu bestimmen, indem wir ihn aus der Tabelle für die Quantile der Standardnormalverteilung (Seite 288) ablesen. Dann ergibt sich durch Einsetzen von $\sigma = \sqrt{\sigma^2} = \sqrt{2.1} = 1.45$ und aller anderen Werte unmittelbar

$$KI = \left[4.02 - 1.64 \cdot \frac{1.45}{\sqrt{5}}, \ 4.02 + 1.64 \cdot \frac{1.45}{\sqrt{5}} \right] = [2.96, \ 5.08].$$

Also liegt der gesuchte Mittelwert μ mit 90 %iger Sicherheit zwischen den Zeiten (in Sekunden) 2.96 und 5.08. Na, wenn man es so in gebündelter Form präsentiert bekommt, sieht es gar nicht so schwer aus, oder? Also, weiter geht's ...

10.4.1.2 Normalverteilte Grundgesamtheit, unbekannte Varianz

Vielleicht habt ihr es ja nicht richtig realisiert, aber bis zu diesem Punkt kannten wir immer auf mehr oder weniger mysteriöse Weise die Varianz der Grundgesamtheit. Auch wenn es

---

[15] Herr Dr. Romberg wirft ein, dass man auch ruhig langsam rechnen kann.

enorm praktisch ist, die Varianz im Vorhinein schon zu kennen, so ist das im Statistikeralltag leider eher selten der Fall. Viel öfter kommt es hingegen vor, dass auch die Varianz der Grundgesamtheit unbekannt ist.

Betrachten wir also mal eine Grundgesamtheit, von der wir zwar wissen, dass sie normalverteilt ist, deren Varianz aber unbekannt ist. Habt ihr solch eine Situation vorliegen, dann müsst ihr in diesem Fall die Varianz s^2 der Stichprobe ermitteln und diesen Wert mit in die Berechnung des Konfidenzintervalls für den Mittelwert einbeziehen. Indem man statt $\sigma_{\overline{x}} = \frac{\sigma}{\sqrt{n}}$ den Standardfehler des Mittelwertes durch $s_{\overline{x}} = \frac{s}{\sqrt{n}}$ abschätzt, wird die Parameterschätzung natürlich etwas ungenauer. Aber wie schon so oft: alles kein Problem!

Die aufgrund der unbekannten Varianz neu entstandene Zufallsvariable

$$T = \frac{\overline{X} - \mu}{s_{\overline{x}}}$$

ist nicht mehr standardnormalverteilt. Man kann hingegen zeigen, dass die Zufallsvariable T der sogenannten **T-Verteilung** von Student[16] genügt. Und jetzt bloß keine Panik, weil ihr diese Verteilung noch nicht kennt! Letztlich gibt's auch da wieder eine schöne Tabelle zum Nachschauen der Zahlenwerte. Ohne hier groß auf Details einzugehen, sei nur so viel gesagt: Die T-Verteilung ist, wie in der unten gezeigten Abbildung zu sehen, ähnlich der Standardnormalverteilung symmetrisch zum Mittelwert $\mu = 0$, und auch diese Wahrscheinlichkeitsdichte hat natürlich wieder die Fläche 1 unter der Kurve. Allerdings ist die T-Verteilung in der Mitte etwas flacher und an den Seiten breiter als die Standardnormalverteilung. Außerdem hängt sie noch von einem zusätzlichen Parameter ab, der sogenannten Zahl der **Freiheitsgrade**. Das mit der Zahl der Freiheitsgrade, auch bekannt als die Zahl der freien Beobachtungen[17], ist dabei nicht sehr kompliziert, denn bei einer Stichprobe vom Umfang n ergibt sich nach Subtraktion von 1 der Freiheitsgrad $f = n - 1$. Hat man es z.B. mit 16 Stichprobenwerten zu tun, so ist die entsprechende Zahl der Freiheitsgrade $f = 16 - 1 = 15$.[18]

---

[16] Dass man diese Verteilung verwenden muss, hat dabei interessanterweise im Jahre 1908 ein in der Guinness-Brauerei in Dublin arbeitender Chemiker namens William Sealey Gosset herausgefunden, als er Mittelwerte von Bierzutaten aus kleinen Stichproben bestimmen wollte. Da aber sein Arbeitgeber einer Veröffentlichung dieser Erkenntnisse nicht zugestimmt hat, veröffentliche er die Arbeiten, auch euch zu Ehren, unter dem Pseudonym „Student".

[17] Dies hat nichts mit den Oestreichischen „Fernglasexpeditionen" in der Nähe der textilfreien Zone an der Okertalsperre zu tun.

[18] Während Herr Dr. Oestreich seinen Umfang bestimmt, könnt ihr zur Übung bitte mal die Zahl der Freiheitsgrade bei Stichproben vom Umfang 7, 69 und 210 bestimmen.

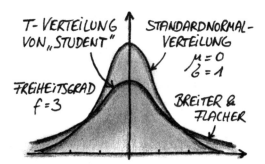

So wie wir vorher die Quantile der Standardnormalverteilung benötigt haben, muss man bei unbekannter Varianz die Quantile der T-Verteilung zur Bestimmung eines Konfidenzintervalls verwenden. Und genau dafür gibt es wieder eine praktische Tabelle, von der ihr hier einen Auszug seht und die in ihrer ganzen Schönheit im Anhang zu finden ist.

Tabelle: Auszug aus Tabelle der t-Quantile $t_{p;[f]}$

p	0.005	0.01	0.025	0.05	0.1	0.9	0.95	0.975	0.99	0.995
1	-63.657	-31.821	-12.706	-6.314	-3.078	3.078	6.314	12.706	31.821	63.657
2	-9.925	-6.965	-4.303	-2.920	-1.886	1.886	2.920	4.303	6.965	9.925
3	-5.841	-4.541	-3.182	-2.353	-1.638	1.638	2.353	3.182	4.541	5.841
4	-4.604	-3.747	-2.776	-2.132	-1.533	1.533	2.132	2.776	3.747	4.604
5	-4.032	-3.365	-2.571	-2.015	-1.476	1.476	2.015	2.571	3.365	4.032

(Freiheitsgrad f)

Das Quantil $t_{p;[f]}$ ist dabei der Punkt der T-Verteilung, an dem die Fläche unter der Kurve bei exakt f Freiheitsgraden genau p ist. Zugegeben, die Schreibweise der t-Quantile ist zwar gewöhnungsbedürftig, aber wir müssen ja irgendwie die Abhängigkeit von den Freiheitsgraden verdeutlichen. So gibt es also für unterschiedliche Freiheitsgrade f, und somit für unterschiedliche Stichprobenumfänge n, immer eine spezielle T-Verteilung. Bezogen auf die Tabelle gehören also die Werte jeder Zeile immer zu einer speziellen T-Verteilung. Dabei nähert sich die T-Verteilung mit steigender Anzahl von Freiheitsgraden, also mit größer werdendem Stichprobenumfang, immer mehr der Normalverteilung an. Das ist auch der Grund, warum man ab $f = 30$ anstatt der Quantile der T-Verteilung oft der Einfachheit halber die Quantile der Standardnormalverteilung verwendet.

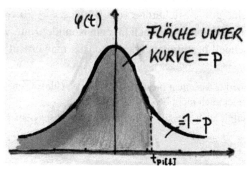

Aber lasst uns nicht vergessen, warum wir eigentlich hier sind.[19] Wir wollen ein Konfidenzintervall für den Mittelwert einer normalverteilten Grundgesamtheit mit unbekannter Varianz bestimmen.[20] Das Konfidenzintervall ergibt sich, indem man die Varianz σ^2 mit s^2 und die Quantile $z_{1-\frac{\alpha}{2}}$ der Standardnormalverteilung durch die Quantile $t_{1-\frac{\alpha}{2};[n-1]}$ der T-Verteilung von Student ersetzt. Mit dem Schätzfehler $t_{1-\frac{\alpha}{2};[n-1]} \cdot s_{\overline{x}}$ ist das Konfidenzintervall

$$KI = \left[\overline{x} - t_{1-\frac{\alpha}{2};[n-1]} \cdot \frac{s}{\sqrt{n}}, \ \overline{x} + t_{1-\frac{\alpha}{2};[n-1]} \cdot \frac{s}{\sqrt{n}} \right]. \tag{10.5}$$

Okay, schauen wir uns hierzu noch ein Beispiel an und betrachten erneut die angenommenen normalverteilten Zeiten beim Dosenstechen aus der Stichprobe mit den Zeiten 1.9, 3.4, 4.9, 4.4 und 5.5. Da wir aber nicht die Varianz der Grundgesamtheit kennen, müssen wir also die Varianz der Stichprobe noch zusätzlich bestimmen. Mit dem Mittelwert der Stichprobe $\overline{x} = 4.02$ ist $s^2 = \frac{(1.9-4.02)^2 + ... + (5.5-4.02)^2}{n-1} = 1.99$, und aufgrund der vorliegenden 5 Stichprobenwerte ist die Zahl der Freiheitsgrade $f = n - 1 = 4$. Möchte man nun ein 90 %-Konfidenzintervall bestimmen, so ist mit $\alpha = 0.10$ der Wert $t_{1-\frac{\alpha}{2};[n-1]} = t_{0.95;[4]} = 2.132$ als kritischer Wert im Konfidenzintervall zu verwenden. Mit $s = \sqrt{1.99} = 1.41$ ergibt sich das Konfidenzintervall zu

$$KI = \left[4.02 - -2.1318 \cdot \frac{1.41}{\sqrt{5}}, \ 4.02 + 2.1318 \cdot \frac{1.41}{\sqrt{5}} \right] = [2.68, \ 5.36].$$

Also liegt der gesuchte Mittelwert μ mit 90 %iger Sicherheit zwischen den Zeiten 2.68 und 5.36. Wenn ihr dieses Intervall mit dem bei bekannter Varianz berechneten Konfidenzintervall auf Seite 211 vergleicht, so werdet ihr feststellen, dass das Konfidenzintervall mit der T-Verteilung von Student etwas breiter ist und so eine geringere Information beinhaltet. Die logischen Gründe dafür liegen in der Abschätzung der wahren Varianz aus Werten einer Stichprobe und der Verwendung der breiteren und flacheren T-Verteilung gegenüber der Gauß'schen Glocke.

10.4.1.3 Keine Ahnung und große Stichproben

Sehr interessant ist der Fall, wenn man von der Verteilung der Grundgesamtheit gar nichts weiß, aber zumindest eine große Stichprobe vom Umfang $n \geq 30$ vorliegen hat. Ohne bei Adam und Eva anzufangen, können wir auch hier ein Konfidenzintervall für den Mittelwert der Grundgesamtheit schnell bestimmen. Hierzu schätzt man erneut die Varianz mit Hilfe

---

[19] Herr Dr. Romberg bemerkt, dass man diese philosophische (filosofische) Fundamentalfrage mit statistischen Methoden leider auch nicht beantworten kann!

[20] Herr Dr. Romberg zweifelt auch dies als Grund für unsere Existenz an, lässt sich aber gern vom Gegenteil überzeugen.

der Stichprobe ab und kann dann sogar wieder als kritische Werte die Quantile der Standardnormalverteilung verwenden. Es gilt also:

$$KI = \left[\overline{x} - z_{1-\frac{\alpha}{2}} \cdot \frac{s}{\sqrt{n}}, \ \overline{x} + z_{1-\frac{\alpha}{2}} \cdot \frac{s}{\sqrt{n}} \right]. \qquad (10.6)$$

Um das noch mal deutlich zu machen: Wir haben auf diese Weise so ein Schätzintervall für einen Mittelwert bestimmt, obwohl wir die Verteilung der Grundgesamtheit gar nicht kennen. Da solltet ihr mal eine Minute drüber nachdenken, denn das ist ziemlich abgefahren und faszinierend.[21]

Ein Zahlenbeispiel hierzu sparen wir uns aber, da es letztlich auch hier nur auf richtige Einsetzten ankommt.[22] Hingegen sei an dieser Stelle auch mal erwähnt, dass bei jeglicher statistischen Auswertung und der Darstellung von Daten heutzutage auch immer der entsprechende strenge Datenschutz zu berücksichtigen ist!

---

[21] Zumindest für Herrn Dr. Oestreich, der den Film *Being John Malkovich* nicht kennt.

[22] Oder auf den richtigen Einsatz! Strengt euch an!!!

10.4.2 Konfidenzintervall für die Wahrscheinlichkeit

Wenn es um die Wahrscheinlichkeit geht, dient die relative Häufigkeit

$$\widehat{P} = \frac{X}{n}$$

als Punktschätzer. Dabei bezeichnet die Zufallsvariable X die Anzahl der Erfolge eines Ereignisses bei n-facher Ausführung eines Bernoulli-Experiments ... und viele Bernoullis führen ja bekanntlich zu einer Binomialverteilung. Das könnt ihr gerne auch noch mal in Abschn. 9.1 nachlesen. Wenn man die aus einer Stichprobe geschätzte Wahrscheinlichkeit $\hat{p}$ als den Parameter einer Binomialverteilung nimmt und die Bedingung $n\hat{p}(1 - \hat{p}) > 9$ gilt, dann lässt sich die Binomialverteilung sehr gut durch eine Normalverteilung annähern. Und so kann man wegen des zentralen Grenzwertsatzes wieder ein Konfidenzintervall angeben, diesmal für die Wahrscheinlichkeit p der Grundgesamtheit auf Basis der aus der Stichprobe geschätzten Wahrscheinlichkeit $\hat{p}$. Dann ist

$$KI = \left[\hat{p} - z_{1-\frac{\alpha}{2}} \cdot \sqrt{\frac{\hat{p}(1 - \hat{p})}{n}}, \; \hat{p} + z_{1-\frac{\alpha}{2}} \cdot \sqrt{\frac{\hat{p}(1 - \hat{p})}{n}} \right]. \qquad (10.7)$$

Im Gegensatz zu unseren anderen Konfidenzintervallen geht hier der Wert der Punktschätzung $\hat{p}$ auch in den Standardfehler $s_{\hat{p}} = \sqrt{\frac{\hat{p}(1-\hat{p})}{n}}$ ein. Lasst euch da nicht irritieren, immer schön die Werte einsetzen, und dann gibt es als Belohnung auch trotzdem ein Konfidenzintervall.

Anwendungsbeispiele für Konfidenzintervalle von Wahrscheinlichkeiten gibt es viele. So ist beispielsweise in der Qualitätskontrolle die Bestimmung von Konfidenzintervallen für die Wahrscheinlichkeit von Ausschussstücken in einer Produktion relativ wichtig. Aber auch bei Meinungsumfragen kann man mit Hilfe der Konfidenzintervalle die Güte der Ergebnisse beurteilen. Wir haben uns entschieden, euch bei diesem Thema ein Beispiel aus der Wahlforschung zu zeigen. Im Vorfeld einer Wahl wurden 1200 repräsentative Personen zu ihrem Wahlverhalten befragt. Diese Stichprobe führte zu folgendem Ergebnis: SPD 38 %, CDU 41 %, Grüne 8 %, FDP 5 % und Sonstige 8 %. Wie groß ist dann ein Konfidenzintervall für das Wahlergebnis der SPD bei 95 % Vertrauenswahrscheinlichkeit? Wie ihr schnell sehen werdet, ist auch die Beantwortung dieser Frage nun kein Problem mehr.

Von den 1200 Befragten haben sich 38 % oder 456 Personen für die SPD entschieden. Der Punktschätzwert aus der Stichprobe für die SPD ist $\hat{p} = \frac{456}{1200} = 0.38$. Die Vertrauenswahrscheinlichkeit $1 - \alpha = 0.95$ bedeutet, dass man eine Irrtumswahrscheinlichkeit $\alpha = 0.05$ erlaubt. Um nun das Konfidenzintervall verwenden zu können, müssen wir zunächst die Bedingung $n\hat{p}(1 - \hat{p}) > 9$ überprüfen. Im vorliegenden Fall ist diese offensichtlich erfüllt, da $1200 \cdot 0.38 \cdot (1 - 0.38) = 282.7$ deutlich größer als 9 ist. Somit ist nur noch der kritische Wert $z_{1-\frac{\alpha}{2}}$ aus der Tabelle der Quantile der Standardnormalverteilung von Seite 288 zu ermitteln, und es ergibt sich $z_{0.975} = 1.96$. Das Einsetzen aller Zahlenwerte ergibt dann

$$KI = \left[\underbrace{0.38 - 1.96 \cdot \sqrt{\frac{0.2356}{1200}}}_{\text{Schätzfehler} = 0.027}, \ \underbrace{0.38 + 1.96 \cdot \sqrt{\frac{0.2356}{1200}}}_{\text{Schätzfehler} = 0.027}\right] = [0.353, 0.407].$$

Das bedeutet nun, dass das Wahlergebnis der SPD mit 95 %iger Wahrscheinlichkeit zwischen 35.3 % und 40.7 % liegt. Ziemlich erstaunlich, dass man bereits mit 1200 Personen das Wahlergebnis vieler Millionen Wähler und Wählerinnen auf unter 5.5 % genau vorhersagen kann.[23] Aber wir haben euch ja auch vorher gesagt, dass Statistik manchmal wirklich nützlich ist.

10.4.3 Konfidenzintervall für die Varianz

So, wir haben Konfidenzintervalle für Mittelwerte und Wahrscheinlichkeiten bestimmt, und um die Runde der in einer Statistikprüfung potenziell abgefragten Konfidenzintervalle zu komplettieren, fehlt zum Abschluss noch etwas über die Varianz. Als Schätzer für die Varianz haben wir euch ja schon

$$S^2 = \frac{1}{n-1}\sum_{i=1}^{n}(X_i - \overline{X})^2$$

vorgestellt. Sofern man von einer Normalverteilung der Grundgesamtheit ausgehen kann, berechnet man aus einer Stichprobe vom Umfang n die Varianz s^2 (kleingeschrieben, da es sich um einen konkreten Zahlenwert handelt) und kann dann ein Konfidenzintervall für die Varianz der Grundgesamtheit angeben durch

$$KI = \left[\frac{(n-1)\cdot s^2}{\chi^2_{1-\frac{\alpha}{2};[n-1]}}, \ \frac{(n-1)\cdot s^2}{\chi^2_{\frac{\alpha}{2};[n-1]}}\right]. \tag{10.8}$$

Einatmen, ausatmen, ruhig bleiben und Tee trinken! Ihr solltet jetzt schon so weit abgehärtet sein, dass ihr beim Anblick dieses Konfidenzintervalls nicht vor Ehrfurcht erstarrt. Zwar kennt ihr das wie ein komisches, krummes X aussehende Zeichen χ (gesprochen chi) nicht, aber die Schreibweise mit den Indizes sieht doch den Quantilen der T-Verteilung sehr ähnlich. Und richtig, wir haben es hier zwar mit einer euch bisher unbekannten Verteilung, der sogenannten χ^2-Verteilung, zu tun, deren Quantile $\chi^2_{1-\frac{\alpha}{2};[n-1]}$ und $\chi^2_{\frac{\alpha}{2};[n-1]}$ sich aber ganz analog zur T-Verteilung als Tabellenwerte in Abhängigkeit von der Irrtumswahrscheinlichkeit α und der Anzahl der Freiheitsgrade ergeben. Beachten muss man hier lediglich, dass die χ^2-Verteilung *nicht symmetrisch* ist und man deshalb zwei unterschiedliche Quantile $\chi^2_{1-\frac{\alpha}{2};[n-1]}$ und $\chi^2_{\frac{\alpha}{2};[n-1]}$ ermitteln muss, um das Konfidenzintervall zu bestimmen. Ihr

---

[23] Herr Dr. Romberg fragt an dieser Stelle, was passiert, wenn man statt 1200 repräsentativen Personen 1200 Einwohner aus dem Speckgürtel von Clausthal-Zellerfeld befragt und das Ergebnis für die SPD bei 4 % liegt. Was dann? Die Rechnung „weiß" ja nicht, dass das nicht repräsentativ ist!? Herr Dr. Oestreich hat dafür lediglich eine Antwort: „Nur eine repräsentative Stichprobe ist eine gute Stichprobe!"

findet die Quantile der χ^2-Verteilung für unterschiedliche Freiheitsgrade in der Tabelle im Anhang. Um den Schock vor all den Zahlen etwas zu lindern, haben wir hier mal einen kleinen Auszug bereitgestellt.

Tabelle: Auszug aus Tabelle der χ^2-Quantile $\chi^2_{p;[f]}$

p	0.005	0.01	0.025	0.05	0.1	0.9	0.95	0.975	0.99	0.995
1	-	-	-	-	0.02	2.71	3.84	5.02	6.63	7.88
2	0.01	0.02	0.05	0.10	0.21	4.61	5.99	7.38	9.21	10.60
3	0.07	0.11	0.22	0.35	0.58	6.25	7.81	9.35	11.34	12.84
4	0.21	0.30	0.48	0.71	1.06	7.78	9.49	11.14	13.28	14.86
5	0.41	0.55	0.83	1.15	1.61	9.24	11.07	12.83	15.09	16.75
⋮					⋮					⋮

(Freiheitsgrad f)

Einige von euch fragen sich vielleicht, wo man außer in einer Statistikprüfung eigentlich ein Konfidenzintervall für die Varianz benötigt. Man sollte es kaum glauben, aber z. B. bei der Herstellung von Bier! Hier ist man nicht nur an der mittleren Konzentration von Hopfen interessiert, sondern auch daran, dass die Streuung der enthaltenen Hopfenmenge von Bier zu Bier innerhalb bestimmter Grenzen liegt.[24]

Als kleines Zahlenbeispiel zum Einbläuen der Vorgehensweise gehen wir wieder von einer normalverteilten Grundgesamtheit aus und ziehen erneut die Stichprobe mit $n = 5$ Dosenstecherzeiten heran. Wir haben ja bereits in einem der vorherigen Abschnitte die Varianz der Stichprobe $s^2 = 1.99$ bestimmt und müssen nun lediglich die Quantile aus der Tabelle ablesen. Für ein 90 %-Konfidenzintervall, also für die Irrtumswahrscheinlichkeit $\alpha = 0.10$, solltet ihr in der Tabelle auf Seite 290 oder, wer aufgepasst hat, in unserem kleinen Auszug von oben, die Quantile $\chi^2_{1-\frac{\alpha}{2};[n-1]} = \chi_{0.95;[4]} = 9.49$ und $\chi^2_{\frac{\alpha}{2};[n-1]} = \chi_{0.05;[4]} = 0.71$ finden. Dabei haben wir es aufgrund der $n = 5$ Stichprobenwerte erneut mit $f = n - 1 = 4$ Freiheitsgraden zu tun. Das entsprechende Konfidenzintervall ergibt sich dann zu

$$KI = \left[\frac{4 \cdot 1.99}{9.49}, \frac{4 \cdot 1.99}{0.71} \right] = [0.84, 11.21].$$

Somit liegt die Varianz der normalverteilten Grundgesamtheit mit einer 90 %iger Wahrscheinlichkeit zwischen 0.84 und 11.21. A pro pos „normal"verteilt: Was normal ist oder uns normal vorkommt, liegt ja auch immer im Auge des Betrachters.

Ihr seht aber, obwohl wir euch zum Bedauern vieler sogenannter Experten nicht mit Details über die χ^2-Verteilung genervt haben, sind wir doch zum Ziel gekommen und haben ein nettes Intervall bestimmt.

---

[24] So wie alle Beteiligten daran interessiert sind, dass Herr Dr. Oestreich auf dem Heimweg aus der Kneipe (aufrecht) innerhalb der seitlichen Wegbegrenzungen bleibt.

10.5   Wie breit hätten Sie's denn gern?

Abschließend wollen wir noch ein paar Worte zur Breite des aus einer Stichprobe bestimmten Konfidenzintervalls verlieren. Wie ihr gelernt habt, ist der Schätzfehler das Produkt aus dem kritischen Wert, also dem Quantil einer Verteilung und dem Standardfehler. Je geringer dabei der Schätzfehler ist, desto schmaler ist das Konfidenzintervall und umso genauer ist dann hoffentlich die Schätzung. Bezeichnen wir im Folgenden den Schätzfehler mit E (wie Error)[25] und betrachten konkret die Schätzfehler

$$E = z_{1-\frac{\alpha}{2}} \cdot \frac{\sigma}{\sqrt{n}} \quad \text{bzw.} \quad E = t_{1-\frac{\alpha}{2};[n-1]} \cdot \frac{s}{\sqrt{n}} \quad \text{bzw.} \quad E = z_{1-\frac{\alpha}{2}} \cdot \frac{s}{\sqrt{n}}$$

der verschiedenen Konfidenzintervalle der Gl. 10.4, 10.5 und 10.6 für den Mittelwert. Da der Schätzfehler vom Punktschätzwert zu beiden Seiten die Intervallgrenzen bestimmt, ist die Breite des Konfidenzintervalls mit $2E$ genau das Doppelte des Schätzfehlers. Offensichtlich ist die Spannweite des Konfidenzintervalls Ausdruck für die Genauigkeit der Parameterschätzung und abhängig von

---

[25] Herr Dr. Romberg hatte hier V (wie Vehler) vorgeschlagen.

- der Irrtumswahrscheinlichkeit α,
- der Streuung der Daten und
- dem Stichprobenumfang n.

Erhöht man das Konfidenzniveau $1 - \alpha$, z.B. von 90 % auf 95 %, und verringert so die Irrtumswahrscheinlichkeit α, dann wird der entsprechende kritische Wert $z_{1-\frac{\alpha}{2}}$ bzw. $t_{1-\frac{\alpha}{2};[n-1]}$ größer und damit auch das Schätzintervall. Mehr Sicherheit bei der Schätzung führt also zu größeren Konfidenzintervallen.

Die Streuung der Daten ist ebenfalls wichtig für die Breite des Konfidenzintervalls. Eine geringere Streuung σ bzw. s resultiert unmittelbar in einem kleineren Konfidenzintervall und damit in einer besseren Schätzung. Aber die Streuung der Daten kann man in der Regel nicht wirklich beeinflussen, daher muss man sie meist als gegeben hinnehmen.

Bleibt noch der Stichprobenumfang, mit dem man in den meisten Fällen die Genauigkeit der Schätzung beeinflusst. Erhöht man den Stichprobenumfang, so wird der Schätzfehler kleiner, da man die zusätzliche Information ausnutzt und in eine höhere Genauigkeit umsetzt. Kurz: mehr Daten, mehr Info, bessere Schätzung!

Wenn man schon im Vorhinein einen nicht zu großen Schätzfehler erzeugen möchte, kann man durch Umstellung der Gleichung des Schätzfehlers von

$$E = z_{1-\frac{\alpha}{2}} \cdot \frac{\sigma}{\sqrt{n}} \quad \text{nach} \quad n = \frac{z_{1-\frac{\alpha}{2}}^2 \cdot \sigma^2}{E^2}$$

einen hierfür notwendigen Stichprobenumfang bestimmen. Wenn wir z.B. bei der Schätzung eines 90 %-Konfidenzintervalls des Mittelwertes für unsere Dosenstecherzeiten bei bekannter Varianz $\sigma^2 = 2.1$ nur einen Schätzfehler von $E = 0.5$ erreichen wollen, ergibt sich aus

$$n = \frac{1.64^2 \cdot 2.1^2}{0.5^2} = 47.4,$$

dass wir mindestens 48 Stichproben benötigen. Also kann man schon vor der Rechnung ein Gefühl dafür entwickeln, wie viele Stichproben man für eine bestimmte Qualität der Schätzung nehmen sollte. Schade ist, dass der Stichprobenumfang nur mit dem Faktor $\frac{1}{\sqrt{n}}$ in den Schätzfehler eingeht. Eine Halbierung des Schätzfehlers und damit des Konfidenzintervalls erfordert also eine Vervierfachung des Stichprobenumfangs.

Auch bei der Intervallschätzung von Wahrscheinlichkeiten kann man einen notwendigen Stichprobenumfang bestimmen, indem man den Schätzfehler

$$E = z_{1-\frac{\alpha}{2}} \cdot \sqrt{\frac{\hat{p}(1 - \hat{p})}{n}} \quad \text{nach} \quad n = \hat{p}(1 - \hat{p}) \cdot \frac{z_{1-\frac{\alpha}{2}}^2}{E^2}$$

umstellt. Einziges Problem in diesem Fall ist, dass wir bereits eine Abschätzung der Wahrscheinlichkeit $\hat{p}$ benötigen, um n zu bestimmen. Wenn man aber da absolut keine Ahnung hat, liegt man mit $\hat{p} = 0.5$ auf der sicheren Seite.[26]

10.6   Und gelernt haben wir, …

dass Konfidenzintervalle deutliche Vorteile gegenüber den Punktschätzern haben, wenn es um die Beurteilung einer Schätzung geht. Wie ihr gesehen habt, ist die Berechnung der Konfidenzintervalle manchmal wirklich kompliziert und verlangt einem so einiges ab, weil sie viele Elemente der beschreibenden Statistik und der Wahrscheinlichkeitsrechnung kombiniert. Die unterschiedlichen Voraussetzungen zur Bestimmung der Konfidenzintervalle solltet ihr dabei übrigens nicht aus den Augen verlieren. Nur allzu oft hat hier Ignoranz bereits zu signifikanten Fehlaussagen geführt, oder wir sollten besser Fehlschätzungen sagen.

In der Prüfung ist es oft so, dass ein aufmerksames Lesen der Aufgabenstellung bereits deutlich die Voraussetzungen hervorhebt. Dann geht es nur noch darum, auf Basis dieser Voraussetzungen das richtige Konfidenzintervall zu wählen, die Zahlenwerte zu bestimmen, aus Tabellen abzulesen und letztlich alles richtig einzusetzen. Ohne dieses gewisse Knowhow müsst ihr sonst schon gute Argumente aufbringen, um durch die Prüfung zu kommen.

Nach dem Prinzip des Schätzens widmen wir uns nun zum Abrunden eurer Statistikvorbereitung dem Testen von Hypothesen wie z. B. „Die Mondlandung war ein Fake"[27].

---

[26] Falls sich jemand wundert, aber das Produkt $\hat{p}(1 - \hat{p})$ ist im Falle $\hat{p} = 0.5$ am größten, und alle anderen Werte von $\hat{p}$ liefern kleinere Werte. So geht man also absolut sicher, dass der Stichprobenumfang groß genug ist.

[27] … und die bemerkenswerte Dosenstecherzeit von Herrn Dr. Oestreich ebenfalls!

Zum Nachtisch: Hypothesentests

Versprochen ist versprochen und wird auch nicht gebrochen![1] Nun sind wir beim wirklich letzten Thema, das wir euch zum Bestehen einer Statistikprüfung mit auf den Weg geben wollen.

Zusammen mit den bereits erläuterten Schätzverfahren zur Punkt- und Intervallschätzung für unbekannte Parameter einer Grundgesamtheit bildet das Testen von Hypothesen das Fundament der beurteilenden Statistik. Für so richtige Statistiker ist das Testen von Hypothesen so etwas wie der statistische Höhepunkt, wenn es um das Untersuchen von Stichprobenergebnissen geht. Wir können uns ganz sicher aufregendere Höhepunkte vorstellen und würden da nicht ganz so weit gehen, aber macht euch doch am besten selbst ein Bild!

11.1 Grundlagen für Einsteiger

Wer kennt das nicht? Man erlebt etwas, man beobachtet etwas, oder aber man glaubt, eine Systematik im Auftreten eines bestimmten Ereignisses zu erkennen. Ehe man sich dann versieht, entsteht aufgrund bestimmter Schlussfolgerungen oder auch einfach nur aus einem genialen Geistesblitz heraus eine Vermutung oder auch ein Vorurteil. Bekannte Beispiele sind: „Blondinen sind sub-klug", „Männliche Flugbegleiter neigen zum eigenen Geschlecht" oder „Der Würfel von Herrn Dr. Romberg ist unfair". Solche Aussagen, deren Gültigkeit nur vermutet wird und die vielleicht oder vielleicht nicht wahr sind, nennt man **Hypothesen**. Im Statistikerdeutsch[2] ist eine Hypothese eine Vermutung über die Art der Beziehung von Merkmalen in einer Grundgesamtheit, d. h. über Zusammenhänge, Unterschiede oder Ver-

---

[1] Hier kann Herr Dr. Oestreich wieder mit sehr originellen Versen glänzen (wenn auch seine Fersen selten glänzen).

[2] Gern empfehlen wir hierzu auch das Buch [17] aus dem Kurzentscheidt-Verlag.

© Springer-Verlag GmbH Deutschland, ein Teil von Springer Nature 2022
M. Oestreich und O. Romberg, *Keine Panik vor Statistik!*,
https://doi.org/10.1007/978-3-662-64490-4_11

änderungen von Merkmalen in der Grundgesamtheit. Und uns geht es im Folgenden darum, für Hypothesen mit den Mitteln der Statistik objektiv zu prüfen, wie gut eine Vermutung bezüglich der Grundgesamtheit (z. B. aller Blondinen) mit einer repräsentativen Stichprobe (z. B. 30 Blondinen[3]) zu vereinbaren ist und ob man so die entsprechende Hypothese durch die Daten einer Stichprobe bestätigen oder nicht bestätigen kann.

11.1.1 Oktoberfest in München: „Ooozopft is"

Um das an einem verständlichen Beispiel zu erklären, haben die Herren Doktores auf dem Oktoberfest in München den Bierausschank unter größtem Einsatz genauer unter die Lupe genommen. Wie ihr wisst, werden auf dem Oktoberfest täglich viele, viele Tausend Liter Bier ausgeschenkt. Dabei ist es üblich, das Bier in einem ganz bestimmten Bierkrug, dem

---

[3] Hierbei muss es sich allerdings um die Originalhaarfarbe handeln! Wenn sich die eine oder andere die Haare dunkel färbt, spricht man von künstlicher Intelligenz.

sogenannten Maßkrug, zu servieren.[4] Heutzutage sollte in so einer Maß[5] genau 1 L, also 1000 [ml] Bier sein. Und genau das ist es, was die Herren Doktores anzweifeln und deshalb die Hypothese testen wollen:

„Auf dem Oktoberfest sind im Mittel nicht 1000 [ml] in einer Maß."

Sicherlich eine ziemlich tollkühne Behauptung von den beiden Nordlichtern. Aber bevor sich irgendwelche Festzeltwirte oder Urbayern jetzt bereits aufregen, bitte nicht vergessen, bisher ist alles nur eine Hypothese! Und behaupten kann man ja bekanntlich viel.[6]

Zunächst einmal muss festgehalten werden, dass man das Zapfen eines Bieres sehr wohl als einen Zufallsprozess betrachten kann und kleine Schwankungen um die Füllmenge von 1000 [ml] als wahrscheinlicher angenommen werden können als sehr große Abweichungen. Man kann auch davon ausgehen, dass die Zufallsvariable „Füllmenge einer Maß" normalverteilt ist. Dabei liegt der Mittelwert dieser Normalverteilung bei $\mu = 1000$ [ml] und die Standardabweichung – nehmt einfach mal an, wir wissen das schon aus Untersuchungen früherer Jahre – ist $\sigma = 7$ [ml]. Wir werden später noch erläutern, was zu tun ist, wenn man die Varianz nicht kennt, aber zum Einstieg und Erklären ist es so einfacher.

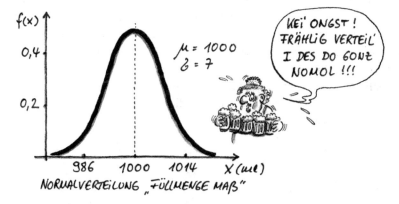

NORMALVERTEILUNG „FÜLLMENGE MAß"

Um die gezapften Biere bzgl. Füllmenge zu überprüfen, d. h., um zu testen, ob die Zufallsvariable wirklich einen Erwartungswert $\mu = 1000$ [ml] besitzt oder ob $\mu \neq 1000$ [ml] ist, haben die Herren Doktores zusammen mit einem ausgewählten Expertenteam in einem der zahlreichen Festzelte über einen Tag verteilt aus der Grundgesamtheit aller gezapften Biere eine Zufallsstichprobe gezogen. Messungen ergaben dabei die in der nachfolgenden Tabelle gezeigten Flüssigkeitsmengen.

Um mit diesen Werten die Hypothese zu testen, berechnet man zunächst einmal den arithmetischen Mittelwert $\bar{x}$ dieser Stichprobe. Wie ja hoffentlich noch aus dem vorhergehenden

---

[4] Bei Herrn Dr. Oestreich gehört Bier in Gläsern (nicht in Dosen) prinzipiell in die Kategorie der Delikatessen und wird deshalb „serviert".

[5] „Die Maß", gesprochen mit kurzem a, ist bayerische Mundart, während es auf Schwäbisch „das Maß" heißt. Außerdem gibt es noch „der Mars" (wird genauso ausgesprochen, aber es handelt sich dabei um einen sehr trockenen Planeten), und „das Mars" wird gerne von Herrn Dr. Oestreich verzehrt.

[6] Wie z. B. das mit der Mondlandung.

Tabelle: Füllmenge der Maßkrüge (in [ml])

993	999	1004	997	998	1001	989	994	996
990	1000	995	994	987	1006	992	994	999

Kapitel bekannt, ist das arithmetische Mittel, berechnet auf der Basis einer Zufallsstichprobe, eine erwartungstreue, effiziente und konsistente Schätzfunktion für den Mittelwert. Und aufgrund des zentralen Grenzwertsatzes – ihr erinnert euch noch an das Beispiel mit den vielen Lottozahlen – folgt auch das arithmetische Mittel der Füllmenge von Maßkrügen als Schätzfunktion einer Normalverteilung[7] mit dem Mittelwert μ und der Varianz $\sigma_{\bar{x}}^2 = \frac{\sigma^2}{n}$. Die entsprechende Verteilung ist auf der nachfolgenden Seite dargestellt. Falls ihr euer Wissen noch ein wenig auffrischen wollt, dann lest diesen Zusammenhang doch bitte einfach in Kap. 10 noch einmal nach. Erhält man aus der Zufallsstichprobe ein arithmetisches Mittel von z. B. $\bar{x} = 999$ [ml], dann würden wohl die meisten sagen, dass die Grundgesamtheit wirklich einen Erwartungswert von $\mu = 1000$ [ml] besitzt, weil man ganz intuitiv eine solch geringe Abweichung von nur 0.1 % noch als zufällige Schwankung betrachtet. Was aber, wenn sich aus der Stichprobe, wie bei unserem Beispiel vom Expertenteam ermittelt, ein arithmetisches Mittel von $\bar{x} = 996$ [ml] ergibt? Ist das dann immer noch eine geringe Abweichung, oder ist das dann schon, wie die Statistiker zu sagen pflegen, *signifikant*? Wo genau zieht man die Grenze, wo ist der kritische Wert zwischen Annahme und Ablehnung der Hypothese? Und unterstützt die gemachte Stichprobe nun die von unseren Herren Doktoren in das Festzelt geworfene Hypothese, dass der Mittelwert nicht $\mu = 1000$ [ml] ist? Fragen über Fragen, die man alle mit einem ordentlichen Hypothesentest beantworten kann. Aber alles der Reihe nach!

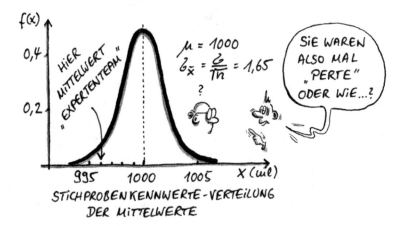

STICHPROBEN KENNWERTE - VERTEILUNG
DER MITTELWERTE

---

[7] Zur Erinnerung: Wenn man eine zufällige Stichprobe vom Umfang n aus einer beliebigen Grundgesamtheit nimmt, dann nähert sich – wenn n ausreichend groß ist – die Verteilung des Stichprobenmittelwertes einer Normalverteilung an.

11.1.2 Und die Hypothese ist, ...

dass man zum Hypothesentest eine Hypothese braucht. Das ist aber nur zum Teil richtig, denn zum Hypothesentest gehören immer zwei: eine sogenannte **Nullhypothese,** oft abgekürzt mit H_0, und eine dieser gegenüberstehende **Alternativhypothese** H_A, die manchmal auch als **Gegenhypothese** bezeichnet wird. Es sind diese beiden sich gegenseitig ausschließenden Hypothesen, die man gegeneinander testet.

Allgemein beinhaltet beim Hypothesentest die Nullhypothese meist den Status quo[8], irgendwelche Herstellerangaben oder auch eine althergebrachte Meinung, dass ein statistischer Wert einer Grundgesamtheit, wie beispielsweise der Mittelwert, größer gleich ($\geq$), gleich ($=$) oder kleiner gleich ($\leq$) einem speziellen Wert ist. Im Falle des Oktoberfestes ist die Nullhypothese H_0 z. B.

„Die Maß sind korrekt gezapft, der Erwartungswert $\mu = 1000$ [ml],"

was man statistisch präzise auch kurz und knackig ausdrückt durch

$$H_0 : \mu = 1000.$$

Wir nehmen hier also als Nullhypothese an, dass es so ist, wie es sein sollte, nämlich dass jede Maß im Durchschnitt mit 1000 [ml] Bier gefüllt ist.

Demgegenüber behauptet die Alternativhypothese immer das Gegenteil der Nullhypothese. Sie steht für einen Unterschied oder eine Veränderung und beschreibt so immer, dass ein statistischer Wert einer Grundgesamtheit kleiner ($<$), ungleich ($\neq$) oder größer ($>$) einem speziellen Wert ist. Es handelt sich hier um die Hypothese, die sagt: „Die Nullhypothese ist nicht haltbar!" Sehr oft ist die Alternativhypothese in der Forschung genau die Hypothese, die ein Forscher untermauern will, und man spricht deshalb auch oft von der sogenannten **Forschungshypothese.** Für das kleine Münchener Forschungsprojekt unserer Herren Doktores wäre, wie bereits erwähnt,

„Die Maß sind nicht korrekt gezapft, der Erwartungswert $\mu \neq 1000$ [ml]"

die Forschungs- bzw. Alternativhypothese, in statistischer Kurzform also

$$H_A : \mu \neq 1000.$$

Weil es nicht ganz unwichtig ist, fassen wir noch mal zusammen, und ihr solltet euch das unbedingt merken: Zu einem Hypothesentest gehören immer eine Nullhypothese H_0 und eine dieser gegenüberstehende Alternativhypothese H_A. Ganz ähnlich dem Vorgehen bei einem Widerspruchsbeweis versucht man, beim Hypothesentest meistens die Alternativhypothese zu untermauern, indem man zeigt, dass das Auftreten der gezogenen Stichprobe sehr unwahrscheinlich ist, wenn die Nullhypothese wahr wäre. So gesehen testet man also die

---

[8] ♪ ... what you're proposin' ... bam bam bam ♪

Nullhypothese, und wenn man diese aufgrund statistischer Ergebnisse aus einer Stichprobe ablehnt, so ist zumindest ein wenig Beweismaterial zur Plausibilität der Alternativhypothese geliefert.[9] Man kann hier auch anschaulich für die Juristen und Justizvollzugsbeamten unter euch Parallelen zum Strafprozess ziehen. Während die Nullhypothese besagt „Der Angeklagte ist nicht schuldig!"[10], kann man erst, wenn man begründete Beweise gefunden hat, mit großer Sicherheit die Unschuldsvermutung ablehnen und die Alternativhypothese „Der Angeklagte ist schuldig!" annehmen. Ganz analog gehen wir bei der Stichprobe vom Oktoberfest zunächst davon aus, dass sie gemäß der Nullhypothese aus einer Grundgesamtheit mit dem Mittelwert $\mu = 1000$ [ml] kommt, und schließen dann beispielsweise aus einem Mittelwert von 520 [ml], dass solch ein Wert ja wohl mit Blick auf die Nullhypothese und die Stichprobenkennwerte-Verteilung sehr, sehr unwahrscheinlich ist, und favorisieren somit dann ganz klar die Alternativhypothese.

Vielleicht habt ihr es ja gemerkt, aber bisher haben wir uns im Zusammenhang mit Hypothesen immer darum gedrückt, Begriffe wie „richtig" oder „falsch" zu verwenden. Man kann nämlich mit einem Hypothesentest nicht zu einer solch eindeutigen Aussage kommen. So ist eine Hypothese also niemals richtig oder falsch, sondern kann lediglich aufgrund der gemachten Stichprobe untermauert bzw. verworfen werden. Man könnte auch sagen, die Beweislage deutet in die eine oder andere Richtung!

Es ist wichtig, dass ihr die beiden Hypothesen vor dem eigentlichen Test so präzise wie möglich formuliert, also noch *bevor* ihr die Daten sammelt bzw. analysiert. Wenn ihr nämlich eure Hypothese (die Null- und auch die Alternativhypothese) aufstellt, nachdem ihr die Daten mittels einer Stichprobe gesammelt habt, dann könnt ihr sehr leicht fälschlicherweise eine kleine Besonderheit in den Daten für ein spezielles Ergebnis halten. Und dann könntet ihr alles Mögliche mit einem Hypothesentest untermauern. Sammelt man z.B. zuerst seine Daten, beispielsweise zur Häufigkeit von Geschlechtsverkehr von Mathematikern, und beobachtet, dass 50 % eine Beischlaffrequenz > 20/Woche haben, dann könnte man die Hypothese aufstellen, dass 50 % aller Mathematiker mehr als 20 Mal pro Woche den Akt vollziehen, und der Hypothesentest würde das mit diesen Daten dann auch tatsächlich bestätigen.[11] Also zuerst eine Stichprobe zu nehmen und dann die daraus abgeleitete Hypothese genau mit dieser Stichprobe zu belegen, ist witzlos! Wohl kaum erwähnt werden muss, dass zu unseriösen Zwecken manchmal natürlich genauso vorgegangen wird. Auffallen tut so etwas genau dann, wenn man zusätzliche oder andere Stichprobenwerte sammelt und die Hypothese dann „angepasst" werden muss. Falls aber auch mit diesen Stichprobenwerten die Hypothese passt, dann ist hier jemand vielleicht wirklich einer kleinen Sensation auf der Spur.

---

[9] Herr Dr. Romberg hätte diesen Satz gern noch ein wenig entlehrbucht (ich entlehrbuche, du entlehrbuchst, er, sie, es wird entlehrbucht haben ...).

[10] Denn ihr wisst ja: In dubio pro reo!

[11] Obwohl das völlig absurd ist!

Wir haben ja in unserem Beispiel vom Oktoberfest die Nullhypothese und die Alternativhypothese bereits präzise formuliert. Prinzipiell kann man aber aufgrund der Motivation und Interessen der den Test durchführenden Person zwischen drei verschiedenen Gruppen von Hypothesen unterscheiden:

A) Die Hypothese einer Eichkommission, und in dieser Funktion sind anscheinend die Herren Doktoren mit ihrer Hypothese unterwegs. Man ist daran interessiert, eine eventuelle Abweichung der Füllmenge vom Sollwert von 1000 [ml] nach oben oder nach unten zu untersuchen. Die gegen die Nullhypothese $H_0 : \mu = 1000$ zu überprüfende Alternativhypothese lautet entsprechend $H_A : \mu \neq 1000$.

B) Die Hypothese einer Verbraucherschutzorganisation: Konsumenten sind vor allem daran interessiert, ob eine Abweichung der Füllmenge nach unten existiert, um eventuell Ersatzansprüche stellen zu können. In diesem Fall ist die Nullhypothese $H_0 : \mu \geq 1000$ der Alternativhypothese $H_A : \mu < 1000$ gegenüberzustellen.

C) Und dann ist da noch die Hypothese des Festzeltwirts, der natürlich auf gar keinen Fall zu viel Bier in einer Maß ausschenken möchte und so die Nullhypothese $H_0 : \mu \leq 1000$ formuliert und gegen die Alternativhypothese $H_A : \mu > 1000$ testen will.

Man spricht im Fall A übrigens von einem **zweiseitigen Test** oder auch **ungerichteten Test**, weil die zu überprüfende Nullhypothese bei einer signifikanten Abweichung nach oben oder nach unten, also egal in welche Richtung, verworfen wird. In den Fällen B und C hingegen liegt ein **einseitiger Test** oder auch **gerichteter Test** vor, weil hier die Hypothese im Fall B nur auf eine signifikante Abweichung nach unten bzw. im Fall C nur auf eine signifikante Abweichung nach oben getestet wird. In der nachfolgenden Abb. 11.1 haben wir das Prinzip des einseitigen und zweiseitigen Hypothesentests dargestellt. Beim zweiseitigen Test hat man zwei kritische Werte k_L und k_R, die den hypothetischen Parameter umgeben,

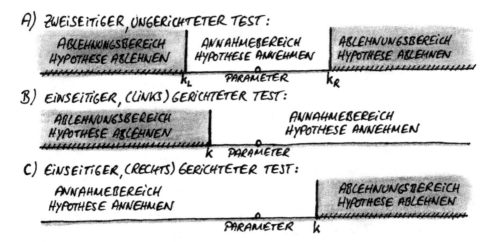

Abb. 11.1 Prinzip von einseitigen und zweiseitigen Tests

so den **Annahmebereich** der Hypothese begrenzen und den **Ablehnungsbereich** in zwei
Teile spalten. Hingegen benötigt der einseitige Test nur einen kritischen Wert, der dann
die Grenze zwischen Annahme und Ablehnung der Hypothese darstellt. Der hypothetische
Parameter könnte dabei neben dem Mittelwert μ auch z. B. die Standardabweichung σ oder
die Wahrscheinlichkeit p sein. Das Prinzip bleibt immer dasselbe. Natürlich sollte man sich
vorher überlegen, auf welche Fragestellung und welche Konstellation der Hypothesen man
es abgesehen hat. Hypothesen wie „Die Körbchengröße amerikanischer Frauen ist größer
als die deutscher Frauen!" oder „Männer sind häufiger übergewichtig als Frauen!" schreien
natürlich nach einseitigen, gerichteten Hypothesentests. Aber Fakt ist: Wenn im Vorfeld
nichts über die Richtung des Unterschieds der Hypothese bekannt ist und man sich da nicht
festlegen will, dann sollte man besser die zweiseitige Fragestellung nehmen. Hier führt eine
signifikante Abweichung in irgendeine Richtung zum Ablehnen der Nullhypothese.

11.1.3 Dann testen wir doch mal

Nachdem wir uns langsam Schritt für Schritt mit der wichtigen Definition und Abgrenzung von Null- und Alternativhypothese beschäftigt haben, geht es jetzt ans Rechnen und
wirkliche Testen der Hypothese. Wir werden uns dabei wie gehabt schön an die Maß vom
Oktoberfest halten und den Ablauf konsequent an diesem Beispiel erklären.

Wie bereits das eine oder andere Mal angedeutet, benötigt man zum Entscheiden, ob
man die Nullhypothese H_0 ablehnt oder nicht, einen Grenzwert, den sogenannten **kritischen Wert.** Dabei ist das nicht etwa ein komplett neuer Wert, sondern ein schon von den
Vertrauensintervallen her guter, alter Bekannter. Um diesen zu erhalten, muss man beim
Hypothesentest ganz analog zur Bestimmung von Konfidenzintervallen eine Irrtumswahr-

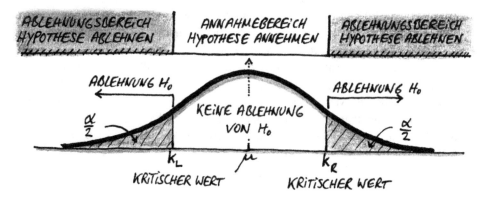

Abb. 11.2 Zur Annahme oder Ablehnung der Nullhypothese

scheinlichkeit α festlegen, mit der man dann das Risiko einer Fehlentscheidung bei der Beurteilung der Hypothese absteckt.

Üblicherweise ist α eine kleine Wahrscheinlichkeit wie z. B. 5 %, 1 % oder 0.01 %. Dann macht man Folgendes: Man zieht um den hypothetischen Parameter – unter der Annahme, dass die Nullhypothese H_0 gilt – in unserem Fall um $\mu = 1000$, ein $(1 - \alpha)$-Konfidenzintervall, und die Intervallgrenzen entscheiden nun zwischen Annahme und Ablehnen der Hypothese. Nur zur Erinnerung: Das $(1 - \alpha)$-Konfidenzintervall ist das Intervall, in dem ein Parameter mit der Wahrscheinlichkeit $(1 - \alpha)$ und außerhalb dessen der Parameter nur mit der kleinen Wahrscheinlichkeit α liegt. Und wenn unsere Stichprobe außerhalb des von dem Intervall gebildeten Annahmebereichs der Nullhypothese liegt, dann lehnen wir H_0 ab.[12] Und das ist dann auch schon das ganze Geheimnis des Hypothesentests! Wir haben das Prinzip mal in Abb. 11.2 graphisch dargestellt.

Wie schon erläutert, sind die Stichprobenmittelwerte normalverteilt mit dem Mittelwert μ und der Streuung $\sigma_{\bar{x}} = \frac{\sigma}{\sqrt{n}}$. Wie ihr seht, ist die Irrtumswahrscheinlichkeit α, auf beiden Seiten jeweils zur Hälfte mit $\frac{\alpha}{2}$ aufgeteilt, weil hier ja offensichtlich ein zweiseitiger Test vorliegt. Die kritischen Werte kann man dann mit Hilfe der Tabellen zur Standardnormalverteilung bestimmen.

Schauen wir uns doch mal den Hypothesentest vom Oktoberfest für eine Irrtumswahrscheinlichkeit $\alpha = 0.05$, also 5 %, an. Aufgrund des beidseitigen Tests muss man also entweder aus der großen Tabelle im Anhang den Wert finden, bei dem 97.5 % auf einer Seite liegen und 2.5 % auf der anderen, oder aber man liest dieselbe Information einfach aus der Tabelle der Quantile im Anhang ab und erhält so den rechten kritischen Wert $z_{1-\frac{\alpha}{2}} = z_{0.975} = 1.96$. Aufgrund der Symmetrie der Normalverteilung ist der linke kritische Wert ganz entsprechend einfach der negative Wert -1.96.

Nachdem nun mit α der Annahme- und Ablehnungsbereich der Nullhypothese bestimmt wurde, ist abschließend zu beurteilen, ob die gemachte Stichprobe mit ihrem speziellem Wert

---

[12] Mit Ablehnung hat Herr Dr. Oestreich wirklich die größte Erfahrung!

(z. B. dem Mittelwert) nun innerhalb oder außerhalb des Annahmebereichs liegt. Hierzu berechnet man eine sogenannte **Testgröße** T aus der Stichprobe, auch bekannt unter dem Namen **Prüfgröße** oder **Teststatistik.** Da alle möglichen Werte in die Stichprobe gelangt sein können, hängt T vom Zufall ab und ist so gesehen eine Zufallsvariable. Die Testgröße T ist so definiert, dass – immer unter der Annahme, dass die Nullhypothese H_0 richtig ist – die Wahrscheinlichkeitsverteilung von T bekannt ist. In unserem Beispiel wissen wir, dass die Stichprobenmittelwerte normalverteilt sind, und in solch einem Fall ist die für den Hypothesentest alles entscheidende Testgröße der Ausdruck

$$T = \frac{\overline{X} - \mu}{\frac{\sigma}{\sqrt{n}}} \quad \text{oder, leicht umsortiert,} \quad T = \frac{\overline{X} - \mu}{\sigma} \sqrt{n}. \tag{11.1}$$

Dabei ist $\overline{X}$ (das große X) wieder der Schätzer für den Stichprobenmittelwert, der dann bei einer konkreten Stichprobe durch den Zahlenwert $\overline{x}$ (das kleine x) ersetzt wird. Aber Moment mal, den Ausdruck kennt man doch, das ist doch ... prima, wenn euch das irgendwie bekannt vorkommt! Das ist nämlich der Ausdruck, den man zur Überführung der Stichprobenmittelwerte von einer Normalverteilung zur Standardnormalverteilung benötigt und den wir ganz oben schon zur Bestimmung von Konfidenzintervallen verwendet haben. Während im Nenner der Testgröße der bekannte Standardfehler $\sigma_{\overline{x}} = \frac{\sigma}{\sqrt{n}}$ steht, ist der Zähler dieser Testgröße ganz einfach der Abstand zwischen dem Mittelwert $\overline{x}$ der Stichprobe und dem Mittelwert μ, unter der Annahme, dass die Nullhypothese richtig ist. Und genau an diesem Bruch wird die Zusammengehörigkeit der Stichprobe und der Hypothese getestet. Falls die Nullhypothese H_0 richtig ist, d. h., falls $\mu = 1000$ wirklich der Erwartungswert bei unserem Zufallsexperiment ist, dann sollte man annehmen, dass auch der Mittelwert $\overline{x}$ der Stichprobe ungefähr gleich μ ist. Es wäre also

$$\overline{x} - \mu \approx 0.$$

und daher wäre dann auch die Testgröße ungefähr gleich null, d. h. $T \approx 0$.

Setzen wir einfach mal den Mittelwert $\mu = 1000$, die Standardabweichung $\sigma = \sqrt{\sigma^2} = 7$, den Stichprobenmittelwert $\overline{x} = 996$ und die Anzahl der Stichproben $n = 18$ in die Gl. 11.1 ein. Dann ergibt sich die Testgröße zum Beurteilen der Hypothese der Herren Doktoren zu

$$T = \frac{996 - 1000}{7} \sqrt{18} = -2.42.$$

Es gibt nun an der Nullhypothese genau dann nichts mehr zu rütteln, wenn die Testgröße T im Annahmebereich

$$-1.96 \leq T \leq 1.96$$

liegt. Hingegen muss die Nullhypothese abgelehnt werden, wenn T außerhalb dieses Intervalls liegt und für den Betrag von T gilt, $|T| > 1.96$. In unserem Fall ergibt sich unmittelbar, dass bei einer Irrtumswahrscheinlichkeit $\alpha = 0.05$ die Testgröße T mit

$$T = -2.42 < -1.96$$

auf der linken Seite außerhalb des Annahmebereichs liegt und deshalb die Nullhypothese abgelehnt werden muss. Das heißt, auf der Basis der gemachten Stichprobe muss die Alternativhypothese der Herren Doktoren bei einer Irrtumswahrscheinlichkeit von $\alpha = 0.05$ zum Entsetzen einiger Festzeltwirte angenommen werden. Später dazu mehr![13]

Wenn der Wert einer Testgröße zur Ablehnung der Nullhypothese führt, wie in diesem Fall, so spricht der Statistiker auch davon, dass das Ergebnis *signifikant* ist. Deshalb wird in Fachkreisen α auch oft als **Signifikanzniveau** und der Hypothesentest als **Signifikanztest** bezeichnet. In einigen Büchern und Vorlesungen wird bei der Einstufung eines Testergebnisses manchmal sogar noch in Abhängigkeit von α unterschieden zwischen signifikant (wenn $\alpha = 5\%$), sehr signifikant (wenn $\alpha = 1\%$) und höchst signifikant (wenn $\alpha = 0.1\%$). Man kann sich natürlich darüber streiten, ob eine solche Unterteilung sinnvoll ist. Aber bekanntlich streiten sich die Gelehrten auch über viele andere Dinge.

Zwar sind wir nicht auf die Vorgehensweise bei einem einseitigen Test eingegangen, aber auch das ist nicht so kompliziert. Man(n) muss dann lediglich darauf achten, dass die gesamte Irrtumswahrscheinlichkeit α nur auf einer Seite steht und nicht zu beiden Seiten aufgeteilt werden muss. Das hier interessierende Quantil, also der kritische Wert, wird entsprechend durch Ermittlung von $z_{1-\alpha}$ bestimmt, ansonsten bleibt alles beim Alten.

INTERNATIONALER GELEHRTENSTREIT UM ÖTZIS HERKUNFT.

---

[13] Aber so viel hier: Bei einem Feldversuch vor Ort auf dem letzten Oktoberfest mit $n = 18$ Maß wurde Herr Dr. Oestreich beim Versuch, die Signifikanz der Alternativhypothese mit Taschenrechner und Stift zu demonstrieren, des Zeltes (und auf die Wies'n) verwiesen. Die Begründung war, dass alle $n = 18$ Elemente der Stichprobe von Herrn Dr. Oestreich sofort konsumiert wurden und daher die Beweise vernichtet waren. Für eine Wiederholung des Versuchs fehlte Herrn Dr. Oestreich nach eigenen Angaben aber der Durst.

11.1.4 Wie im wirklichen Leben: Entscheidung und mögliche Fehlentscheidung

So, nun haben wir eine erste Hypothese getestet und mit dem Ergebnis etwas Unruhe bei den Festzeltwirten und Urbayern erzeugt. Aber ist denn die Entscheidung, die Nullhypothese H_0 zugunsten der Alternativhypothese H_A zu verwerfen, auch richtig? ihr solltet die Antwort bereits kennen: Richtig (oder falsch) gibt es beim Hypothesentest nicht! Es ist einfach so, dass wir eine Hypothese immer nur auf der Basis einer Zufallsstichprobe untersuchen. Natürlich schwebt da also eine gewisse Unsicherheit über der Entscheidung, und es bleiben ein wenig „Restzweifel", ob das Ergebnis auch wirklich für die Grundgesamtheit gilt oder ob es nur zufällig aufgrund der Besonderheiten dieser Stichprobe zustande gekommen ist. Es ist vorstellbar, dass die Stichprobe nicht „richtig" repräsentativ ist, vielleicht durch eine Verkettung umständlicher Unglücke, sie aber den Ausgang des Hypothesentests bestimmt und so zu einer Fehlentscheidung führt. Prinzipiell kann man bei der Entscheidung für eine der beiden Hypothesen durch einen Test zwei Fehler begehen:

- Obwohl die Nullhypothese H_0 eigentlich richtig ist, kann man die Nullhypothese H_0 fälschlicherweise ablehnen und sich für die Alternativhypothese H_A entscheiden. In diesem Fall macht man dann einen sogenannten **Fehler 1. Art**, auch α-**Fehler** oder **Typ-I-Fehler** genannt.
- Umgekehrt ist es auch möglich, dass eigentlich die Alternativhypothese H_A richtig ist und man fälschlicherweise trotzdem bei der Nullhypothese H_0 bleibt. In diesem Fall begeht man dann einen **Fehler 2. Art**, auch β-**Fehler** oder **Typ-II-Fehler** genannt.

Natürlich möchte niemand Fehler machen, aber ganz zu vermeiden sind sie leider nicht. Deshalb ist es wichtig, sich bewusst zu werden, was Fehler beim Hypothesentest eigentlich bedeuten. Der Fehler 1. Art kann nur bei einer irrtümlichen Ablehnung der gültigen Nullhypothese auftreten, und die Wahrscheinlichkeit für diesen Fehler ist folgerichtig genau gleich der Irrtumswahrscheinlichkeit α. Zumindest ist also der Fehler 1. Art durch die Wahl von α kontrollierbar.[14] Beim Fehler 2. Art ist es leider nicht ganz so einfach, weil die Wahrscheinlichkeit β (gesprochen: beta) für das Auftreten dieses Fehlers nicht einfach angegeben werden kann. Fakt ist aber, dass man den β-Fehler durch die Wahl des eingeräumten α-Fehlers beeinflusst. Ganz konkret verringert man den Fehler 2. Art, indem man den Stichprobenumfang erhöht. Die Experten sprechen dann auch davon, dass die **Schärfe des Tests** zunimmt bzw. man den Test schärfer macht.[15] In der auf der nächsten Seite gezeigten Tabelle sind die möglichen Entscheidungen bzw. Fehlentscheidungen beim Hypothesentest zusammengestellt. Wie man sieht, gibt es insgesamt vier Kombinationen.

---

[14] Zum Risiko für den Fehler 1. Art merke: Großes $\alpha \rightarrow$ groß, kleines $\alpha \rightarrow$ klein!

[15] Herr Dr. Oestreich ist auch ganz scharf darauf, den Stichprobenumfang n bei den Maß-Experimenten im Festzelt zu erhöhen. Man spricht hier auch von der „Oestreich'schen Schärferelation".

REALITÄT	TESTENTSCHEIDUNG	
	FÜR H₀	FÜR HA
	Hₐ WIRD ABGELEHNT	H₀ WIRD ABGELEHNT
NULLHYPOTHESE RICHTIG, H₀ GILT	ENTSCHEIDUNG RICHTIG	ENTSCHEIDUNG FALSCH FEHLER 1. ART
NULLHYPOTHESE FALSCH, Hₐ GILT	ENTSCHEIDUNG FALSCH FEHLER 2. ART	ENTSCHEIDUNG RICHTIG

SO KANN'S GEHEN: TESTENTSCHEIDUNG UND REALITÄT

Vielleicht ist hier ein kleines Beispiel angebracht. Wir haben euch ja am Anfang der beurteilenden Statistik die Option gelassen, das ganze Gebiet für die Prüfung auf Lücke zu setzen. Wenn ihr dies also lest, habt ihr euch gegen diesen Vorschlag entschieden, und wir zeigen euch nun, warum das eine gute Entscheidung war!

Hier das Beispiel: Im Vorfeld einer Prüfung muss ein Student entscheiden – ihr ward sicherlich auch schon in dieser Situation –, ob er ein bestimmtes Themengebiet auf Lücke setzt. Er formuliert also die beiden Hypothesen:

H_0: Das Thema kommt dran (und „auf Lücke" ist keine Option).
H_A: Das Thema kommt nicht dran (und wird „auf Lücke" gesetzt).

Nachdem er nun seine Entscheidung gefällt hat, findet er sich ein paar Tage[16] später in der Prüfung wieder. Wenn er nun das Thema auf Lücke gesetzt hat, also auf Glück pokert, und nun leider beim Überfliegen der Prüfungsfragen mit einem kleinen Anflug von Panik in den Augen feststellt, dass er den Teil der Punkte besser schon mal abschreiben kann, so hat er einen Fehler 1. Art begangen. Die Wahrscheinlichkeit des Fehlers 1. Art ist dabei mit der aus Abschn. 6.3 bekannten bedingten Wahrscheinlichkeit genau

$$\alpha = P(\text{Thema kommt dran } H_0 | \text{ dachte, Thema kommt } \underline{\text{nicht}} \text{ dran } H_A).$$

---

[16] Oder im Falle von Herrn Dr. Romberg nur ein paar Stunden.

Wenn er hingegen das Thema kräftig gepaukt, also nicht auf Lücke gesetzt hat und nun mit Enttäuschung feststellt, dass er umsonst[17] gelernt hat und mit seiner Entscheidung falsch lag, so hat er einen Fehler 2. Art begangen. Die Wahrscheinlichkeit des Fehlers 2. Art ist

$$\beta = P(\text{Thema kommt \underline{nicht} dran } H_A \mid \text{dachte, Thema kommt dran } H_0).$$

Während also der eine Fehler, wenn man mal von der Mehrarbeit absieht, zu verkraften ist, verursacht der andere Fehler sicherlich ein paar Schweißperlen und feuchte Achselhöhlen.

Und die Moral von der Geschicht':
Auf Lücke setzten lohnt sich nicht!

Es wäre natürlich ideal, wenn man den Hypothesentest so konstruieren könnte, dass man meistens die richtige Entscheidung trifft und die Wahrscheinlichkeit für das Begehen beider Fehler möglichst minimal ist. Aber leider kann man nicht beide Fehler gleichzeitig kontrollieren, und so ist es das Ziel des Statistikers, den Test so zu konzipieren, dass beide Fehler in vertretbaren Grenzen gehalten werden. Hier ist der Schlüssel zum Erfolg, dass man die Wahrscheinlichkeit für den Fehler 1. Art durch α absichert.

Nun wird vielleicht der eine oder andere Schlaukopf denken, dass man doch dann einfach α super, super klein wählen sollte und man somit kein Problem mit dem Fehler 1. Art hätte.

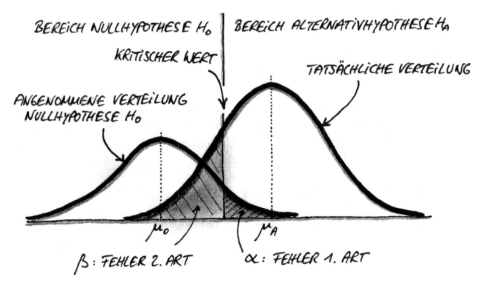

Abb. 11.3 Wahrscheinlichkeiten und Zusammenhänge Fehler 1. und 2. Art

---

[17] Herr Dr. Oestreich weist darauf hin, dass „umsonst" nicht ganz das richtige Wort ist, da man doch immer fürs Leben lernt.

Nicht ganz falsch, aber das bedeutet dann auch, dass man so gut wie immer die Nullhypothese beibehält, auch dann, wenn eigentlich schon die Alternativhypothese angesagt wäre. Aber so erhöht man das Risiko, einen Fehler 2. Art zu begehen. Um den Zusammenhang zwischen dem Fehler 1. und 2. Art zu veranschaulichen, haben wir in Abb. 11.3 die für eine Grundgesamtheit als richtig angenommene Verteilung (auf der linken Seite) mit dem Parameter μ_0 und die tatsächliche Verteilung (auf der rechten Seite) mit dem wirklichen Parameter μ_A dargestellt. Die Nullhypothese H_0 geht von der angenommenen Verteilung aus und wird nur abgelehnt, wenn die Testgröße oberhalb des kritischen Wertes in der mit α gekennzeichneten Region liegt. Hingegen liegt ein wesentlicher, mit β gekennzeichneter Teil der tatsächlichen Verteilung im Annahmegebiet der Nullhypothese und wird so als Fehler 2. Art nicht auf die Alternativhypothese führen. Beim Hypothesentest beschäftigt man sich also ausgiebig mit der näheren Untersuchung und dem Vergleich von Funktionen, wie z. B. der tatsächlichen und der angenommenen Verteilung.

Ihr seht, es ist nicht ganz so einfach, das Risiko einer Fehlentscheidung einzugrenzen. Die Antwort zur richtigen Wahl von α und damit zur Wahl des kritischen Wertes liegt irgendwo in der Mitte, nicht zu klein und nicht zu groß! Letztlich muss man aber auch – genau wie der Student[18] bei seiner Prüfungsvorbereitung – von Fall zu Fall abwägen, welchen Fehler man wohl besser verkraften kann. Manchmal hilft aber auch nur noch beten!

---

[18] auch genannt Studierender (gendergerecht, Hauptform), armer Student (oft ironisch) (ugs.), Studi (ugs.), Studiker (ugs., ironisch), Studiosus (ugs.)

Details zur richtigen Wahl von α sind aber wirklich nur etwas für Experten. Und zur Beruhigung: In der Klausur ist α sowieso meistens vorgegeben, und man kann fast immer sofort mit dem Rechnen beginnen.

Bevor wir in ein paar verschieden prüfungsrelevanten Szenarien den konkreten Ablauf von Hypothesentests weiter erläutern, wollen wir noch kurz auf den im Rahmen vieler Statistikprogramme bedeutsamen p-**Wert** eingehen. Während wir ja zur Entscheidung über eine Hypothese den kritischen Wert mit der Testgröße vergleichen, kann man nämlich auch den sogenannten p-Wert berechnen. Dieser wird von vielen Computerprogrammen unmittelbar „rausgeschmissen" und stellt die Wahrscheinlichkeit für das Auftreten der konkreten Stichprobe dar. Man verwirft die Nullhypothese, wenn der p-Wert das vorher festgelegte Signifikanzniveau α unterschreitet, d. h., wenn $p < \alpha$ ist. Andernfalls kann die Nullhypothese nicht abgelehnt werden. Der Wert p ist also die konkrete Wahrscheinlichkeit für das Auftreten der Testgröße T, und er ist der Wert des kleinsten Signifikanzniveaus, bei dem die Nullhypothese für die Stichprobe gerade abgelehnt wird. Deshalb nennt man p oft auch **Überschreitungswahrscheinlichkeit.**

11.2   Ollis Kochstudio: Rezepte zum Testen

Die vorhergehenden Seiten sollten euch mit der Idee und der Terminologie zum Thema Hypothesentests vertraut machen und euch ein allgemeines Grundverständnis verschaffen. Vielleicht hat der eine oder die andere dabei auch etwas behalten, und es fällt euch leicht, die folgenden Kochrezepte in einer Prüfung schnell und effektiv umzusetzen.

Der Ablauf eines Hypothesentests als allgemeine Lösungsmethodik lässt sich wie folgt zusammenfassen (hier noch mal am Beispiel der bayerischen Bierkrüge[19]):

Schritte eines Hypothesentests	Auf der Wies'n
1 Formulierung von Null- und Alternativhypothese	$H_0 : \mu = 1000$ $H_A : \mu \neq 1000$
2. Festlegung des Signifikanzniveaus	$\alpha = 0{,}05$
3. Auswahl der geeigneten Testgröße	$T = \dfrac{\overline{X} - 1000}{\sigma}\sqrt{n}$
4. Berechnung der Testgröße	$T = -2{,}42$
5. Bestimmung des bzw. der kritischen Werte	$z_{1-\frac{\alpha}{2}} = 1{,}96$
6. Anwendung der Entscheidungsregel	$|T| > -z_{1-\frac{\alpha}{2}}$?
7. Interpretation	ablehnen? ☐ ja ☐ nein

---

[19] Herr Dr. Oestreich merkt zum wiederholten Male an, dass dies auch mit Bierdosen möglich ist (nachdem es erwiesen war, dass er von den Wies'n verwiesen war).

Wie ihr seht, haben wir zur Erläuterung des Ablaufs auch noch den gerade durchgeführten Hypothesentest als Referenz mit aufgeführt. In komprimierter Darstellung sieht es doch ziemlich einfach aus, oder? Dass es das auch wirklich ist, werden wir euch nun an fünf gängigen Fällen zeigen. Um euch in Kurzform auf die Prüfung vorzubereiten, werden wir hierzu die wichtigsten Formeln jeweils in einer Tabelle zusammenfassen und an einem Beispiel erklären. So verbinden wir dann das Nützliche mit etwas Spaßigem. Analog zur Vorgehensweise bei der Bestimmung von Konfidenzintervallen geht es auch hier im Grunde nur darum, in Abhängigkeit von der Irrtumswahrscheinlichkeit α und ggf. auch von der Anzahl der Freiheitsgrade ein paar Zahlenwerte an den richtigen Stellen einzusetzen.

11.2.1 Testen von Mittelwerten

Oft wird in einer Statistikprüfung der Hypothesentest abgefragt, indem nach einer Aussage bzgl. eines Mittelwertes gefragt wird. Je nachdem, was in der Aufgabenstellung an Information gegeben ist, muss man bei der Testgröße und der zugrunde liegenden Verteilung leichte Unterschiede machen.

11.2.1.1 Normalverteilte Grundgesamtheit, bekannte Varianz

Ist ein Merkmal in der Grundgesamtheit normalverteilt und die Varianz bekannt, so ist für diese Konstellation, die wir schon vom Beispiel mit dem Oktoberfest her kennen, die folgende Tabelle in einer Prüfung der Schlüssel zum Erfolg.

Tabelle: Mittelwerttest bei bekanntem σ^2

Nullhypothese	$H_0 : \mu = \mu_0$	$H_0 : \mu \geq \mu_0$	$H_0 : \mu \leq \mu_0$
Alternativhypothese	$H_A : \mu \neq \mu_0$	$H_A : \mu < \mu_0$	$H_A : \mu > \mu_0$
Testgröße	$T = \dfrac{\overline{X} - \mu_0}{\sigma}\sqrt{n}$		
Kritischer Wert	$z_{1-\frac{\alpha}{2}}$	$-z_{1-\alpha}$	$z_{1-\alpha}$
Lehne H_0 ab, wenn	$\lvert T \rvert > z_{1-\frac{\alpha}{2}}$	$T < -z_{1-\alpha}$	$T > z_{1-\alpha}$

Dabei ist der Parameter μ_0, in Bezug auf die Nullhypothese H_0, der angenommene Mittelwert der Grundgesamtheit. Mit dieser Hilfstabelle ist ein Hypothesentest ein Klacks.

Beispiel

Naja, eigentlich haben wir den Fall Normalverteilung und bekannte Varianz schon beim Oktoberfest ziemlich breitgetreten. Während wir aber immer nur an einem zweiseitigen Test geübt, d. h. einfach untersucht haben, ob $\mu = 1000$ ist oder nicht, betrachten wir hier zur Abwechselung mal einen einseitigen Test. Wir bleiben bei den Maßkrügen und behaupten diesmal, dass sie immer zu gering befüllt sind, d. h. $\mu < 1000$ [ml]. Bei der immer noch bekannten Varianz $\sigma^2 = 49$, also der Streuung $\sigma = 7$, wollen wir diesmal für unsere $n = 18$

Stichprobenwerte mit dem Mittelwert $\overline{x} = 996$ das Ganze zu einem Signifikanzniveau α von 1% testen. Mit der Tabelle oben ist es wirklich einfach. Die zu überprüfenden Hypothesen befinden sich in der mittleren Spalte und sind

$$H_0 : \mu \geq 1000 \quad \text{und} \quad H_A : \mu < 1000,$$

und die Testgröße ergibt sich zu

$$T = \frac{\overline{X} - \mu_0}{\sigma} \sqrt{n} = \frac{996 - 1000}{7} \sqrt{18} = -2.42.$$

Für diesen einseitigen Test müssen wir nun als kritischen Wert das Quantil $z_{1-\alpha} = z_{0.99}$ aus der entsprechenden Tabelle im Anhang ablesen. Wenn ihr es richtig macht, solltet ihr den kritischen Wert $z_{0.99} = 2.33$ finden. Als Entscheidungskriterium, um die Nullhypothese abzulehnen, muss gemäß Tabelle oben einfach $T < -z_{1-\alpha}$ sein. Es ist in der Tat

$$T = -2.42 < -z_{0.99} = -2.33,$$

und deshalb ist die Nullhypothese H_0 abzulehnen. Ihr seht, die Tabelle ist Gold wert, und wir sind kurz und knackig zum Ziel gekommen. Weiter geht's ganz analog.[20]

11.2.1.2 Normalverteilte Grundgesamtheit, unbekannte Varianz

Ist ein Merkmal in der Grundgesamtheit normalverteilt, aber die Varianz nicht bekannt, muss man den Schätzer S^2 für die Varianz aus der Stichprobe bestimmen und dann zur Abwechselung in der Tabelle der T-Verteilung die kritischen Werte ablesen. Dies ist besonders dann angesagt, wenn die Anzahl der Stichprobenwerte $n < 30$ ist. Für die T-Verteilung, schon bekannt aus Abschn. 10.4.1.2, benötigt man dann auch die Anzahl der Freiheitsgrade $f = n - 1$, also die Anzahl der Stichprobenwerte minus eins! Mit der nachfolgenden Tabelle ist auch in diesem Fall der Hypothesentest ein Kinderspiel.

Tabelle: Mittelwerttest bei unbekanntem σ^2

Nullhypothese	$H_0 : \mu = \mu_0$	$H_0 : \mu \geq \mu_0$	$H_0 : \mu \leq \mu_0$
Alternativhypothese	$H_A : \mu \neq \mu_0$	$H_A : \mu < \mu_0$	$H_A : \mu > \mu_0$
Testgröße		$T = \dfrac{\overline{X} - \mu_0}{S} \sqrt{n}$	
Kritischer Wert	$t_{1-\frac{\alpha}{2};[n-1]}$	$-t_{1-\alpha;[n-1]}$	$t_{1-\alpha;[n-1]}$
Lehne H_0 ab, wenn	$|T| > t_{1-\frac{\alpha}{2};[n-1]}$	$T < -t_{1-\alpha;[n-1]}$	$T > t_{1-\alpha;[n-1]}$

Also: neue Tabelle, neues Glück. Aber sonst bleibt alles beim Alten. Versuchen wir es mal.

---

[20] Herr Dr. Romberg fragt an dieser Stelle, ob er nicht auch dem Zeitgeist entsprechend ganz digital weitergehen könnte.

Beispiel

Bleiben wir bei unserer Stichprobe vom Oktoberfest mit der Behauptung, die Maßkrüge sind nicht voll genug. Die Stichprobe kommt noch immer von einer normalverteilten Grundgesamtheit, diesmal aber mit unbekannter Varianz. Das ist zwar nicht mehr ganz so praktisch, aber auch da gibt es einen Weg. Hierzu ermitteln wir die Varianz der $n = 18$ Stichprobenwerte von Seite 225 durch

$$s^2 = \frac{1}{n-1} \sum_{i=1}^{n} (x - x_i)^2 = \frac{(996 - 993)^2 + \ldots + (996 - 999)^2}{17} = 25.42$$

und gehen dann mit diesem Wert in den Hypothesentest hinein. Die zu überprüfenden Hypothesen sind auch hier in der zweiten Spalte der obigen Tabelle zu finden mit

$$H_0 : \mu \geq 1000 \quad \text{und} \quad H_A : \mu < 1000.$$

Die zu verwendende Testgröße mit der Streuung $s = \sqrt{s^2} = 5.04$ der Stichprobe ergibt

$$T = \frac{\overline{X} - \mu_0}{s} \sqrt{n} = \frac{996 - 1000}{5.04} \sqrt{18} = -3.36.$$

Für diesen einseitigen Test müssen wir nun aus der T-Verteilung das Quantil $t_{1-\alpha;[n-1]} = t_{0.99;[17]}$ der entsprechenden Tabelle im Anhang ermitteln. Es findet sich der kritische Wert $t_{0.99;[17]} = 2.567$. Als Entscheidungskriterium, um die Nullhypothese abzulehnen, muss gemäß Tabelle einfach $T < -t_{1-\alpha;[n-1]}$ sein, und da

$$T = -3.36 < -t_{0.99;[17]} = -2.567$$

ist, wird auch in diesem Fall die Nullhypothese H_0 abgelehnt. Habt ihr die Analogie in der Vorgehensweise erkannt? Hat man es einmal verstanden, dann ist der Rest beim Hypothesentest nur noch Formsache. Also auf zur nächsten Variante ...

11.2.1.3 Irgendwie verteilte Grundgesamtheit, große Stichprobe

Große Stichproben vom Umfang $n \geq 30$ sind sehr gerne mal Thema einer Prüfungsaufgabe zum Hypothesentest, weil man dabei auch ein wenig den Kandidaten verwirren kann. Es ist nämlich so, dass bei großen Stichproben gar keine Information über die Art der Verteilung der Grundgesamtheit notwendig ist, weil man aufgrund des zentralen Grenzwertsatzes von einer Normalverteilung der Stichprobenmittelwerte ausgehen kann. Also zeugt die Frage „Aber Herr Professor, wie ist denn die Grundgesamtheit bei dieser Aufgabe verteilt?" von mangelndem Umsetzungsvermögen des notwendigen Statistikwissens. Wenn man darauf aber nicht reinfällt, dann kann man ganz einfach mit der Varianz s^2 der Stichprobe und den Quantilen der Normalverteilung testen. Warum ist hier die Normalverteilung und nicht die

T-Verteilung relevant? Einfach deshalb, weil man ab $n \geq 30$ die T-Verteilung durch die Normalverteilung approximieren kann. Verwenden sollte man hierzu folgende Tabelle.

Tabelle: Mittelwerttest bei $n \geq 30$ Stichprobenwerten

Nullhypothese	$H_0 : \mu = \mu_0$	$H_0 : \mu \geq \mu_0$	$H_0 : \mu \leq \mu_0$
Alternativhypothese	$H_A : \mu \neq \mu_0$	$H_A : \mu < \mu_0$	$H_A : \mu > \mu_0$
Testgröße	$T = \dfrac{\overline{X} - \mu_0}{S}\sqrt{n}$		
Kritischer Wert	$z_{1-\frac{\alpha}{2}}$	$-z_{1-\alpha}$	$z_{1-\alpha}$
Lehne H_0 ab, wenn	$|T| > z_{1-\frac{\alpha}{2}}$	$T < -z_{1-\alpha}$	$T > z_{1-\alpha}$

Beispiel

Die anerkannte Zeitschrift *STAR*[21] hat bei ihrer Bewertung von Universitäten ermittelt, dass die Durchschnittsschlafdauer von Wuppertaler Studenten in Vorlesungen bei weniger als 2 h/Woche liegt. Eine von betroffenen Studenten in Auftrag gegebene Überprüfung hat bei 45 Studenten eine durchschnittliche Schlafdauer von 2.2 h/Woche bei einer Standardabweichung von 0.8 h/Woche ergeben. Stimmt die Aussage der Zeitschrift bei einem Signifikanzniveau von 5 %?

Die Hypothesen bei diesem einseitigen Test lauten

$$H_0 : \mu \leq 2 \quad \text{und} \quad H_A : \mu > 2,$$

und die Testgröße ergibt sich mit der Standardabweichung $s = 0.8$ auch ohne irgendeine Aussage über die Verteilung der Grundgesamtheit zu

$$T = \frac{\overline{X} - \mu_0}{S}\sqrt{n} = \frac{2.2 - 2}{0.8}\sqrt{45} = 1.68.$$

Ermitteln wir das Quantil $z_{1-\alpha} = z_{0.95} = 1.64$ als kritischen Wert, so ist die Nullhypothese abzulehnen, da $T = 1.68$ größer ist als $z_{0.95} = 1.64$. Ihr seht, es handelt sich also vielleicht nicht um eine seriöse Zeitschrift.[22]

11.2.2 Testen von Wahrscheinlichkeiten

Geht es darum, den Hypothesentest bei Wahrscheinlichkeiten durchzuführen, so sollte die aus der Stichprobe geschätzte Wahrscheinlichkeit $\hat{p}$ die Bedingung $n\hat{p}(1 - \hat{p}) > 9$ erfüllen. Wer sich erinnert, wird wissen, dass man die Binomialverteilung ziemlich gut durch eine

---

[21] Unmittelbarer Wettbewerb zur Zeitschrift *LOCUS*.

[22] Auch deshalb bevorzugt Herr Dr. Oestreich die illustrierte Zeitschrift *SCHARF*, die er sich beim Kauf am Kiosk stets in neutrales Papier einschlagen lässt.

Normalverteilung annähern kann, sofern diese Bedingung gilt. Und so kann man dann wieder mit der Standardnormalverteilung arbeiten, wenngleich die Testgröße etwas anders aussieht. Es ist hier unwichtig, wie man darauf gekommen ist[23], denn mit der nachfolgenden Tabelle kommt ihr auch hier ans Ziel. Mit der aus der Stichprobe geschätzten Wahrscheinlichkeit $\hat{p}$ ergibt sich die folgende Tabelle.

Tabelle: Test von Wahrscheinlichkeiten

Nullhypothese	$H_0 : p = p_0$	$H_0 : p \geq p_0$	$H_0 : p \leq p_0$
Alternativhypothese	$H_A : p \neq p_0$	$H_A : p < p_0$	$H_A : p > p_0$
Testgröße	$T = \dfrac{\hat{p} - p_0}{\sqrt{p_0(1 - p_0)}}\sqrt{n}$		
Kritischer Wert	$z_{1-\frac{\alpha}{2}}$	$-z_{1-\alpha}$	$z_{1-\alpha}$
Lehne H_0 ab, wenn	$|T| > z_{1-\frac{\alpha}{2}}$	$T < -z_{1-\alpha}$	$T > z_{1-\alpha}$

Beispiel

Für den Romberg'schen Würfel, mit dem man sich beim *Mensch ärgere Dich Nicht* doppelt ärgert, soll überprüft werden, ob der Würfel wirklich unfair ist. Bei einer Reihe von 300 Würfen hat sich die so wichtige Zahl Sechs genau 33 Mal gezeigt. Kann man auf einem 1 %-Signifikanzniveau wirklich schließen, dass der Würfel unfair ist?

Zunächst einmal muss festgehalten werden, dass ja eigentlich bei einem fairen Würfel die Wahrscheinlichkeit für eine Sechs bei $p = \frac{1}{6} = 0.167$ liegt. Nun hat aber die Stichprobe die Wahrscheinlichkeit $\hat{p} = \frac{33}{300} = 0.11$ ergeben, und da $n\hat{p}(1 - \hat{p}) = 300 \cdot 0.11 \cdot 0.89 = 29.37 > 9$ ist, können wir nach Schema wieder mit der Tabelle oben einen Hypothesentest durchführen. Als Nullhypothese gehen wir von einem fairen und entsprechend für die Alternativhypothese von einem unfairen Würfel aus. Es ist also

$$H_0 : p = 0.167 \quad \text{und} \quad H_A : p \neq 0.167,$$

und für die Testgröße ergibt sich nun

$$T = \frac{\hat{p} - p_0}{\sqrt{p_0(1 - p_0)}}\sqrt{n} = \frac{0.11 - 0.167}{\sqrt{0.167(1 - 0.167)}}\sqrt{300} = -2.64.$$

Da es sich um einen zweiseitigen Test handelt – denn schließlich geht es ja nur um fair oder unfair –, muss man das Quantil $z_{1-\frac{\alpha}{2}} = z_{0.995} = 2.58$ als kritischen Wert ermitteln. Die Nullhypothese muss nun abgelehnt werden, da $|T| = 2.64 > z_{0.995} = 2.58$ ist. Damit hat

---

[23] Falls ihr es wirklich nicht aushaltet, lest doch mal im entsprechenden Abschnitt über die Konfidenzintervalle nach.

Herr Dr. Oestreich nun endlich die Gewissheit (mit einer Unsicherheit von 1%), dass der Romberg'sche Würfel wirklich unfair ist.[24]

11.2.3 Testen der Varianz

Auch um die Varianz einer Normalverteilung durch einen Hypothesentest zu prüfen, gibt es ein Schema. Dazu muss noch nicht einmal der Mittelwert μ bekannt sein. Nachdem man aus einer Stichprobe vom Umfang n die Varianz s^2 bestimmt hat, kann man mit Kenntnis der unsymmetrischen χ^2-Verteilung und dem Freiheitsgrad $f = n - 1$ sofort loslegen.

Tabelle: Varianztest bei unbekanntem μ

Nullhypothese	$H_0 : \sigma = \sigma_0$	$H_0 : \sigma \geq \sigma_0$	$H_0 : \sigma \leq \sigma_0$
Alternativhypothese	$H_A : \sigma \neq \sigma_0$	$H_A : \sigma < \sigma_0$	$H_A : \sigma > \sigma_0$
Testgröße	$T = (n-1)\dfrac{S^2}{\sigma_0^2} = \dfrac{1}{\sigma_0^2}\sum\limits_{i=1}^{n}(X_i - \overline{X})^2$		
Kritischer Wert	$\chi^2_{\frac{\alpha}{2};[n-1]}$ $\chi^2_{1-\frac{\alpha}{2};[n-1]}$	$\chi^2_{1-\alpha;[n-1]}$	$\chi^2_{\alpha;[n-1]}$
Lehne H_0 ab, wenn	$T < \chi^2_{\frac{\alpha}{2};[n-1]}$ oder $T > \chi^2_{1-\frac{\alpha}{2};[n-1]}$	$T < \chi^2_{\alpha;[n-1]}$	$T > \chi^2_{1-\alpha;[n-1]}$

Dabei ist σ_0 die angenommene Varianz der Grundgesamtheit, und X_i sind die schon vielfach bekannten Stichprobenwerte. Alles einfach einsetzen, und auch hier ist der Hypothesentest schnell aus dem Ärmel geschüttelt.

Beispiel
Die Wirkung des teuren potenzsteigernden Medikaments „Get up!" hängt stark von der Konzentration eines bestimmten Wirkstoffs ab, und deshalb sollte seine Dosierung höchstens um 0.01 mg vom Mittelwert variieren. Es sei bekannt, dass die Dosierung normalverteilt ist. Um unangenehme Nebenwirkungen zu vermeiden, müssen regelmäßig Stichproben analysiert werden, und es ist zu prüfen, ob die letzte Stichprobe von 15 Tabletten mit der Varianz $s^2 = 0.012$ mit einem Signifikanzniveau $\alpha = 0.01$ immer noch im Rahmen ist. Das ist nun kein Problem! Die Hypothesen sind

$$H_0 : \sigma = 0.01 \quad \text{und} \quad H_A : \sigma \neq 0.01,$$

---

[24] Hab ich's doch gewusst! (O-Ton Herr Dr. Oestreich)

und die Testgröße berechnet sich zu

$$T = (n-1)\frac{S^2}{\sigma_0^2} = 14\frac{0.012}{0.01} = 16.8.$$

Mit den beiden kritischen Werten $\chi^2_{\frac{\alpha}{2};[n-1]} = \chi^2_{0.005;[14]} = 4.07$ und dem auf der anderen Seite der χ^2-Verteilung liegenden $\chi^2_{1-\frac{\alpha}{2};[n-1]} = \chi^2_{0.995;[14]} = 31.32$ ist nun

$$\chi^2_{0.005;[14]} = 4.07 < T = 16.8 < \chi^2_{0.995;[14]} = 31.32,$$

und damit kann die Nullhypothese zum Niveau $\alpha = 0.01$ beibehalten werden. Also kein Grund zur Beunruhigung.[25]

11.2.4 Jetzt hat's sich ausgetestet!

So, nun habt ihr alles gesehen, was man so zum Testen von Hypothesen in einer Prüfung wissen sollte. Mit all den Beispielen habt ihr so auch schon mal einen Vorgeschmack bekommen, was in einer Prüfung so als Aufgabenstellung drankommen kann. Bezüglich des Hypothesentests muss wohl nicht erwähnt werden, dass es noch eine Menge anderer Tests gibt und man da noch viel, viel mehr zeigen und erklären kann. Aber wir wollen ja den anderen Büchern zum Thema Statistik nicht die gesamte Leserschaft entreißen.

---

[25] Herr Dr. Romberg möchte aber zu bedenken geben, dass eine Überdosis zwar sehr unwahrscheinlich, aber nicht ganz ausgeschlossen ist. Trotzdem verstehe er endlich, warum Herr Dr. Oestreich immer so weite Hosen trägt.

Ende gut, alles gut!

Und? Haben wir euch zu viel von diesem Statistikbuch versprochen? Spannend wie *Der Herr der Ringe*, oder? In den aufregenden drei ~~Büchern~~ Teilen ~~Die Gefährten~~ „Beschreibende Statistik", ~~Die zwei Türme~~ „Die Sache mit der Wahrscheinlichkeit" und ~~Die Rückkehr des Königs~~ „Beurteilende Statistik" haben wir ständig versucht, euch auf einer Reise durch elf Kapitel zu verinnerlichen, dass auch in der Statistik meist nur mit Wasser gekocht wird. Zugegeben, das war 'ne Menge Holz zum Verarbeiten. Aber es ist geschafft! Gratulation, hiermit seid ihr offiziell am Ende der Einführung in die Statistik angelangt. Klar, dass wir auf dem Weg dahin die eine oder andere Abkürzung genommen haben. Klar auch, dass wir so einigen „seriösen" Experten dabei ziemliche Bauchschmerzen bereitet haben.[1] Aber sofern ihr mit den erläuterten Grundlagen, Tipps und Regeln in diesem Buch in der Lage seid, die Vorbereitung auf die Statistikprüfung etwas erfolgreicher zu gestalten, dann ist doch viel erreicht. Das Zählen sollte man in jedem Fall beherschen und auch einige der Regeln sollte ihr euch merken, beides können wir euch nicht abnehmen.

---

[1] Einige haben sogar zur großen Freude der Apotheker den Baldriankonsum gesteigert!

M. Oestreich und O. Romberg, *Keine Panik vor Statistik!*,
https://doi.org/10.1007/978-3-662-64490-4_12

Wenn wir es aber geschickt angestellt haben, dann ist das zu Beginn in euch kleine, züngelnde Flämmchen der Statistik nun zu einem lodernden Feuer angefacht. Und um dafür zu sorgen, dass das Feuer bis zum anstehenden Examen nicht ausgeht, empfehlen wir euch die extrem nützlichen Übungsaufgaben im nachfolgenden Kapitel.[2]

[2] Gebt bitte besondere Aufmerksamkeit den mit dieser Auflage verfügbaren Flashcards!

Aufgaben mit Lösungsweg

Ein richtiger Lernerfolg ist nur möglich, wenn Dinge ausprobiert und anschließend reflektiert werden. Und das geht am besten mit vielen, vielen Aufgaben. Auf dem Weg dahin und zu einer mehr oder weniger gelungenen Prüfungsvorbereitung durchläuft man verschiedene Phasen: Am Anfang ist man sehr optimistisch, da man dieses Mal wirklich sinnvoll und systematisch arbeiten und rechtzeitig anfangen will. Nachdem dann einige Zeit verstrichen und jeglicher Arbeitsrausch ausgeblieben ist, hat sich die Frage einer rechtzeitigen Prüfungsvorbereitung erledigt. In dieser Phase beruhigt man sich, weil man ja mit eifrigen Nachtschichten noch alles bisher Versäumte aufholen könnte. Aber anstatt dann auch gleich loszulegen, beschäftigt man sich lieber mit allen möglichen Aktivitäten. Erst einmal den Schreibtisch aufräumen, einkaufen gehen oder mal richtig Staub saugen … Nachdem man sich lange selbst über den Fortschritt der Prüfungsvorbereitung belogen hat, steht dann zunächst einmal die Belohnung für das bisher Erreichte an. Man redet sich ein, dass die Prüfung ja ein Klacks und es wirklich nur fair ist, wenn man sich vorab mit einem kleinen Wochenendtrip, einem Vollrausch oder Klamotten belohnt. Dann doch ein wenig von Schuldgefühlen geplagt, hofft man auf den geradezu tierischen Arbeitswahn. Da aber nun der Prüfungstermin schon zum Greifen nah ist, stürzt man vor lauter Selbstzweifeln und Selbstvorwürfen in eine tiefe Depression. Und dann geht's los. Die letzte Phase der Prüfungsvorbereitung setzt ein: Panik! Abgekapselt und isoliert von der Außenwelt wirft man sich in die Schlacht. Man vernachlässigt die Körperpflege, verlässt das Haus nur noch für den täglichen Mensagang und meidet sämtliche Kneipen. Genau dieser Rausch und das dadurch erzeugte Adrenalin sind es, die einem das Gefühl geben, im Besitz von Riesenkräften zu sein.

Da kommt es wie gelegen, dass ihr euch an ein paar Aufgaben mal so richtig austoben könnt. Aber ehe man sich versieht, bekommt das Ego einen kleinen Schlag, da ihr euch bereits an einer vermeintlich leichten Aufgabe die Zähne ausbeißt. Den Schuldigen schnell identifiziert, liegt es natürlich an dem schlechten Vorlesungsskript oder Buch, das einfach genau diese Aufgabe nicht so in exakt dieser Art (mit genau diesen Zahlenwerten!) behandelt hat. Frust und Wut breiten sich aus und lassen das Bruce-Willis-Feeling für einen Moment schwinden.

Aber es ist noch kein Meister vom Himmel gefallen.[1] Schon Jane Fonda hat gewusst: „No pain, no gain!" Auch wenn es schmerzt, ist es enorm wichtig, dass ihr euch nicht unterkriegen lasst und ausführlich mit den Aufgaben und deren Lösung auseinandersetzt. Dabei ist es zwingend erforderlich, dass man un-be-dingt zunächst selbst rechnet, bevor man auch nur ein wenig auf die Lösung schielt! Denn Lösungen ohne eigene Rechnung nachzuvollziehen und zustimmend abzunicken, bringt ü-ber-haupt nichts!!!!

Auf den nachfolgenden Seiten findet ihr bei jeder Aufgabe die Abschnittsnummer, bis zu der man das Buch gelesen haben sollte, um sich mit einer Aufgabe überhaupt sinnvoll beschäftigen zu können. Außerdem ist jede Aufgabe zur Einstufung eines gewissen Schwierigkeitsgrades mit einer Panikwahrscheinlichkeit P_{Panik} versehen. Dies ist genau die Wahrscheinlichkeit, mit der es beim Durchschnittsleser statistisch gesehen beim ersten Lesen der Aufgabe zu Panik und Schweißausbrüchen kommt. Man spricht auch vom Panikfaktor!

Es gibt einen wirklich großen Fundus von Statistikaufgaben. Aufgrund unzähliger Bücher, Vorlesungen, Klausuren und nimmermüden Studenten, die ihre gemachten Prüfungserfahrungen offen mit dem Rest der Weltbevölkerung bereitwillig teilen, kann man Unmengen an Aufgaben aus dem Hut zaubern. Auch wenn wir uns, man soll es kaum glauben, einige Aufgaben für dieses Buch extra ausgedacht haben, so sind eine Vielzahl der Aufgaben der sehr zu empfehlenden Aufgabensammlung zur Statistik [22] entnommen. Aber auch einige der anderen in der Literaturliste angegebenen Quellen wollen wir hier nicht vergessen. Die gewählten Aufgaben sollen euch dabei die Möglichkeit geben, euer Verständnis der Materie zu überprüfen und das Wissen, auch und gerade durch eventuell notwendiges Zurückblättern, zu vertiefen. Leider können wir nicht garantieren, dass ihr danach die Klausur mit Bravour besteht – es erhöht sich aber mit Sicherheit die Wahrscheinlichkeit für eine gute Ausgangsposition. Und das nennt man dann Lernerfolg!

Und jetzt viel Spaß bei den Aufgaben!

Aufgabe 1	**Abschnitt 2.1.5**	$P_{Panik} = 25\%$

Für die folgenden Aufgabenstellungen sind die statistische Einheit und die Grundgesamtheit anzugeben und sachlich, räumlich und zeitlich voneinander abzugrenzen:

(a) Es soll die Qualität von aus Mexiko importierten Flaschen Tequila in einer Clausthal-Zellerfelder Studentenkneipe untersucht werden.

(b) Es soll das Balzverhalten von Studenten der Universität Bremen auf einer Mensaparty untersucht werden.

---

[1] Mit Ausnahme eines Fallschirm springenden politischen Rhetorikmeisters!

Lösung

    (a) Statistische Einheit: Tequila
        Grundgesamtheit: alle aus Mexiko importierten Flaschen Tequila
  Sachliche Abgrenzung: Tequila aus Mexiko
  Räumliche Abgrenzung: Clausthaler Studentenkneipe
   Zeitliche Abgrenzung: Untersuchungszeitraum (z. B. 21:07–21:16Uhr)
  (b) Statistische Einheit: Student
        Grundgesamtheit: alle Bremer Studenten
  Sachliche Abgrenzung: an der Mensaparty teilnehmende Studenten
  Räumliche Abgrenzung: Mensa (wahrscheinlich Bremen)
   Zeitliche Abgrenzung: Untersuchungszeitraum (z. B. Samstagnacht)

Aufgabe 2	**Abschnitt 2.1.5**	$P_{Panik} = 30\%$

Um den Bau einer Umgehungsstraße in Nüxei[2] zu rechtfertigen, soll eine Verkehrszählung durchgeführt werden. Man nenne drei Merkmale, die sich für diese Erhebung eignen. Wie könnten mindestens drei zugehörige Merkmalsausprägungen lauten?

Lösung

Merkmal	Merkmalsausprägungen
Fahrzeugkategorie	Pkw, Trekker, Lkw, Motorrad
Zahl der Insassen	1, 2, 3, 4, mehr als 4
Anzahl der Fahrzeuge pro Stunde	0–10, 11–50, über 50

Aufgabe 3	**Abschnitt 2.2.2**	$P_{Panik} = 45\%$

Die folgenden Begriffe sind in einer Tabelle nach Merkmalen und den zugehörigen Merkmalsausprägungen zu ordnen. Es ist weiterhin anzugeben, ob es sich im Hinblick auf die Information um qualitative oder quantitative Merkmale handelt: Augenfarbe, katholisch, hoch, Tequilakonsum pro Woche, blau, extrem hoch, Konfession, gering, keine, 0–50 [ml], rot, Bruttogehalt.

---

[2] Gegenwärtige Einwohnerzahl ~~13~~ 12!

Lösung

Merkmal	Merkmalsausprägungen	Information
Augenfarbe	blau, rot	qualitativ
Tequilakonsum pro Woche	0–50 [ml]	quantitativ
Konfession	katholisch, keine	qualitativ
Bruttogehalt	extrem hoch, hoch, gering	qualitativ

Aufgabe 4   **Abschnitt 2.2.2** $P_{\text{Panik}} = 55\%$

Welche der nachfolgenden Aussagen trifft für ein intervallskaliertes Merkmal nicht zu? (Hinweis: Mehrfachnennungen sind möglich)

(a) Ein solches Merkmal kann stetig oder diskret sein.

(b) Das Merkmal kann auf eine Ordinalskala ohne Informationsverlust transformiert werden.

(c) Die Differenz zwischen zwei Ausprägungen ist sinnvoll interpretierbar.

(d) Es ist ferner erlaubt und sinnvoll, aus zwei Merkmalsausprägungen den Quotienten zu bestimmen (falls der Nenner ungleich 0 ist)[3].

(e) Negative Werte sind möglich.

Lösung

Jedes quantitative Merkmal kann stetig oder diskret sein; somit ist (a) richtig. Intervallskalierte Merkmale zeichnen sich außerdem dadurch aus, dass man Differenzen bilden kann und so auch negative Werte möglich sind, d. h., (c) und (e) sind richtig. Falsch hingegen sind (b) und (d), da man eine Skala nie ohne Informationsverlust auf eine andere Skala transformieren kann und da Quotientenbildung nur auf der Verhältnisskala sinnvoll ist.

Aufgabe 5   **Abschnitt 2.2.2** $P_{\text{Panik}} = 50\%$

Man gebe das Skalenniveau der folgenden Merkmale an und vermerke, ob es sich um diskrete oder stetige Merkmale handelt. Zusatzpunkte gibt es, sofern noch zwischen Intervall- und Verhältnisskala unterschieden wird: Wertungsnoten beim Eiskunstlauf, Fußballmannschaft, Blutdruck, Konfession, Geschwindigkeit von Ameisen, Steuerklasse, Alter in Jahren,

---

[3] Hinweis: Anmerkung war zur Vermeidung von Herzinfarkten bei Mathematikern zwingend erforderlich.

Seitenzahl eines Romans, Güteklasse von Restaurants, Anzahl der Geburten, Geschlecht, Gewichtsklasse von Eiern, Blutalkoholgehalt.

Lösung

Merkmal	Skalenniveau	Vermerk
Wertungsnoten beim Eiskunstlauf	ordinal	diskret
Fußballmannschaft	nominal	diskret
Blutdruck	metrisch (Verhältnis)	stetig
Konfession	nominal	diskret
Geschwindigkeit von Ameisen	metrisch (Verhältnis)	stetig

Merkmal	Skalenniveau	Vermerk
Steuerklasse	ordinal	diskret
Alter in Jahren	metrisch (Intervall)	diskret
Seitenzahl eines Romans	metrisch	diskret
Güteklasse von Restaurants	ordinal	diskret
Anzahl der Geburten	metrisch (Verhältnis)	diskret
Geschlecht	nominal	diskret
Gewichtsklasse von Eiern	ordinal	diskret
Blutalkoholgehalt	metrisch (Verhältnis)	stetig

Aufgabe 6   **Abschnitt 3.1** $P_{\text{Panik}} = 20\%$

Bei einer amerikanischen Sandwichkette besteht die Möglichkeit, bei der Zusammenstellung seines Sandwiches zwischen 5 Brotsorten, 4 Käsesorten, 5 verschiedenen Fleischsorten, 3 verschiedenen Salatbeilagen und 8 Soßen zu wählen. Wie viele verschiedene Sandwiches, bestehend aus Brot, Käse, Fleisch, Salat und Soße, lassen sich so zusammenstellen?

Lösung

Man könnte hier ein Baumdiagramm skizzieren und einfach abzählen, aber das wäre sehr umfangreich und kompliziert. Es geht auch einfacher. Wenn 5 Brote, 4 Käse, 5 Fleischsorten, 3 Salatbeilagen und 8 Soßen zur Wahl stehen, dann ergibt sich die komplette Anzahl an Möglichkeiten durch einfache Multiplikation von $5 \cdot 4 \cdot 5 \cdot 3 \cdot 8 = 2400$. So kann man über 6.5 Jahre jeden Tag immer ein etwas anderes Sandwich essen!

Aufgabe 7	Abschnitt 3.3	$P_{\text{Panik}} = 15\%$

Fünf Personen möchten sich in der Mensa auf 5 (nebeneinanderliegende) Plätze setzen. Auf wie viele Arten geht das?

Lösung

Die erste Person, die sich setzt, hat die Wahl zwischen 5 verschiedenen Plätzen. Sitzt die erste Person, hat die zweite Person für jede Platzwahl der ersten noch 4 Plätze. Die ersten beiden Personen können sich also auf $5 \cdot 4$ Arten setzen. Für jede dieser Möglichkeiten hat die dritte Person 3 Möglichkeiten. Die ersten 3 Personen können also auf $5 \cdot 4 \cdot 3$ Arten Platz nehmen. Die vorletzte Person hat für jede Platzbelegung der ersten 3 Personen noch 2 Möglichkeiten. Die ersten 4 Personen können sich also auf $5 \cdot 4 \cdot 3 \cdot 2$ Arten setzen. Die letzte Person hat nur noch 1 freien Platz. Insgesamt gibt es also $5! = 5 \cdot 4 \cdot 3 \cdot 2 \cdot 1 = 120$ Möglichkeiten. Auf das Ergebnis kommt man auch, wenn man unmittelbar erkennt, dass es sich um eine Permutation handelt und deshalb mit $n = 5$ die Anzahl der Möglichkeiten $5! = 120$ ist.

Aufgabe 8	Abschnitt 3.3	$P_{\text{Panik}} = 30\%$

Der Modelleisenbahnbauer Thomas C.[4] aus A. bei M. hat sich 2 Speisewagen, 3 Schlafwagen und 7 Personenwagen gekauft.

(a) Wie viele Möglichkeiten gibt es, daraus einen Zug zusammenzustellen?
(b) Wie viele Möglichkeiten gibt es, wenn die Wagen der gleichen Sorte direkt hintereinander hängen sollen?

Lösung

(a) Es handelt sich hierbei um eine Permutation mit Gruppen von gleichen Elementen. Insgesamt gibt es $n = 2 + 3 + 7 = 12$ Wagen zu verteilen. Diese 12 Wagen kann man auf 12! verschiedene Möglichkeiten anordnen. Da man aber die 2 Speisewagen, die 3 Schlafwagen und die 7 Personenwagen nicht voneinander unterscheiden kann, ist die Anordnung der Speisewagen (2!), der Schlafwagen (3!) und der Personenwagen (7!) jeweils untereinander egal. Es gibt also

$$\frac{12!}{2! \cdot 3! \cdot 7!} = 7920$$

Möglichkeiten.

---

[4] Name von der Redaktion geändert!

(b) Dieser Teil der Aufgabe führt üblicherweise aufgrund seiner Einfachheit zur Verwirrung der Studenten. Sofern die 3 Sorten von Waggons als Gruppen auftreten sollen, gibt es dann also auch nur $3! = 6$ Möglichkeiten.

Aufgabe 9	**Abschnitt 3.4**	$P_{\text{Panik}} = 85\%$

Folgende Fragen sind zu beantworten:

(a) Die Pin-Nummer einer Bankkarte besteht aus 4 Ziffern, von denen die erste keine Null ist. Wie viele verschiedene Nummern gibt es?
(b) Wie viele vierstellige Pin-Nummern haben lauter verschiedene Ziffern?
(c) Wie viele vierstellige Pin-Nummern haben lauter verschiedene Ziffern, wenn die erste Ziffer keine Null sein darf?

Lösung

(a) Na, den richtigen Ansatz gleich gefunden? Manchmal sieht man den Wald vor lauter Bäumen nicht, und die Prüfer machen sich einen kleinen Spaß daraus. Es ist nämlich so, dass es zwischen 1000 und 9999 genau 9000 vierstellige Zahlen gibt. Keine Formel, kein komplizierter Ansatz, einfach nur nachdenken und nicht aufs Glatteis führen lassen.

(b) Hier muss man schon etwas mehr nachdenken. Wir haben für die Tausender 10 verschiedene Ziffern zur Auswahl. Für die Hunderterziffer bleiben uns noch 9 Möglichkeiten, weil eine schon vergeben ist und keine Ziffer doppelt vorkommen darf. Für die Tausender und die Hunderterziffer haben wir also $10 \cdot 9$ Möglichkeiten. Für die letzten Ziffern genauso 8 und 7 Möglichkeiten. Insgesamt gibt es also $10 \cdot 9 \cdot 8 \cdot 7 = 5040$ Kombinationsmöglichkeiten und daher ebenso viele Zahlen mit lauter verschiedenen Ziffern. Es handelt sich hierbei um eine Variation 4.ter Ordnung, bei der also die Reihenfolge beachtet wird und keine Wiederholungen möglich sind. Dabei gibt es $n = 10$ Ziffern, aus denen $k = 4$ ausgewählt werden, und somit könnte man die Anzahl auch unmittelbar berechnen durch die entsprechende Formel:

$$\frac{n!}{(n-k)!} = \frac{10!}{(10-4)!} = \frac{10 \cdot 9 \cdot 8 \cdot 7 \cdot \not{6} \cdot \not{5} \cdot \not{4} \cdot \not{3} \cdot \not{2} \cdot \not{1}}{\not{6} \cdot \not{5} \cdot \not{4} \cdot \not{3} \cdot \not{2} \cdot \not{1}} = 10 \cdot 9 \cdot 8 \cdot 7 = 5040.$$

(c) Hier muss man lediglich beachten, dass für die erste Ziffer nicht 10, sondern nur 9 Zahlen zur Verfügung stehen. Somit ist dann $9 \cdot 9 \cdot 8 \cdot 7 = 4536$ die richtige Antwort.

Aufgabe 10	Abschnitt 3.4	$P_{\text{Panik}} = 75\%$

In der Blindenschrift bedient man sich der sogenannten Brailleschen Zelle. Sie besteht aus 1 bis 6 Punkten auf den Positionen in nebenstehender Skizze. Die Schrift arbeitet mit Punktmustern, die durch Stanzen eines oder mehrerer Punkte verschiedene Zeichen ergeben, die ein stark Sehbehinderter oder Blinder dann mit den Fingerspitzen ertasten kann. Wie viele verschiedene Zeichen sind so in der der Blindenschrift möglich?

Lösung

Vereinfacht gesprochen besteht eine Braillesche Zelle aus 6 Knöpfen, die entweder an oder aus sind. Da Wiederholungen erlaubt sind und die Reihenfolge beachtet werden muss, handelt es sich um eine Variation, und es gibt mit $n = 2$ und $k = 6$ genau $n^k = 2^6 = 64$ Möglichkeiten. Dabei ist allerdings eine Möglichkeit auch, dass alle Knöpfe aus sind, und das würde für Blinde natürlich kein lesbares Zeichen sein (außer als Leerzeichen). Demnach gibt es also $2 \cdot 2 \cdot 2 \cdot 2 \cdot 2 \cdot 2 - 1 = 63$ mögliche Zeichen.

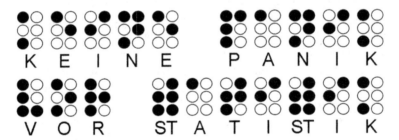

Mancher denkt jetzt vielleicht, das Alphabet hat doch sowieso nur 26 Buchstaben, aber es gibt ja auch Laute wie „sch" oder „st" sowie Ziffern, die in der Blindenschrift mit einem Zeichen abgedeckt sind.

Aufgabe 11	Abschnitt 3.5	$P_{\text{Panik}} = 40\%$

10 Boxer bestreiten ein Boxturnier. Dabei soll jeder gegen jeden antreten. Wie viele Boxkämpfe müssen insgesamt stattfinden?

Lösung

Es handelt sich hier um ein Kombinationsproblem 2.ter Ordnung, ohne dass Wiederholungen erlaubt sind (wie bei den Lottozahlen). Mit $n = 10$ möglichen Boxern und $k = 2$ Boxern pro Kampf ergibt das Einsetzen in die passende Formel:

$$\binom{n}{k} = \frac{n!}{k!(n-k)!} = \frac{10!}{2! \cdot (10-2)!} = 45$$

Es sind also insgesamt 45 Boxkämpfe auszutragen, wenn von 10 Boxern jeder gegen jeden 1 Mal antreten soll.

Aufgabe 12	**Abschnitt 3.5**	$P_{\text{Panik}} = 60\%$

Aus einem gefüllten Kondomautomaten mit 10 Fächern können 10 verschiedene Kondomsorten ausgewählt werden. Wie viele mögliche Zusammensetzungen von jeweils 3 Kondomen gibt es?

Lösung

Bei jeder Ziehung stehen alle Kondomsorten zur Verfügung, jede Sorte kann also mehrfach gezogen werden. Das heißt, Wiederholungen sind erlaubt, und die Reihenfolge der Ziehung ist irrelevant. Somit handelt es sich um eine Kombination mit Wiederholung ohne Beachtung der Reihenfolge, und man erhält mit $n = 10$ Kondomsorten und $k = 3$ Kondomen

$$\binom{n+k-1}{k} = \frac{(n+k-1)!}{k! \cdot (n-1)!} = \frac{(10+3-1)!}{3! \cdot (10-1)!} = \frac{12!}{3! \cdot 9!} = 220.$$

Somit sind 220 unterschiedliche Kombinationen aus jeweils 3 Kondomen möglich.

Aufgabe 13	**Abschnitt 4.2**	$P_{\text{Panik}} = 30\%$

Bei einer Statistikklausur erzielten 21 Teilnehmer die folgenden Punktzahlen:
77, 32, 14, 55, 99, 84, 75, 83, 39, 42, 61, 74, 69, 39, 40, 59, 68, 89, 23, 57, 61.

(a) Man bestimme eine zur weiteren Analyse sinnvolle Klassenanzahl.
(b) Mit einer geeigneten Klasseneinteilung sind die absoluten und relativen Klassenhäufigkeiten zu bestimmen.
(c) Man stelle die absolute Häufigkeit als Histogramm graphisch dar.
(d) Man skizziere die zugehörige Summenhäufigkeit.

Lösung

Als Anhaltswert für eine geeignete Klassenanzahl k verwendet man hier die Faustregel $k \approx \sqrt{n}$ mit $n = 21$ Klausurteilnehmern, und somit ergibt sich $\sqrt{21} \approx 4.6$, also 5 Klassen. Nachdem so (a) beantwortet ist, lässt ein Blick auf die Daten vermuten, dass wahrscheinlich zwischen 0 und mindestens 99 Punkte zu erreichen waren, und entsprechend bieten sich intuitiv die in der folgenden Tabelle dargestellten 5 Klassen an:

Klasse	Intervall	n_i	h_i	N_i
1.	0 bis unter 20	1	$\frac{1}{21}$	1
2.	20 bis unter 40	4	$\frac{4}{21}$	5
3.	40 bis unter 60	5	$\frac{5}{21}$	10
4.	60 bis unter 80	7	$\frac{7}{21}$	17
5.	80 bis unter 100	4	$\frac{4}{21}$	21

Es sollte klar sein, dass natürlich auch eine andere Klasseneinteilung vorstellbar und richtig wäre. Letztlich geht es hier um das prinzipielle Verständnis und die Umsetzung in die Grafen zur Lösung der Teilaufgaben (c) und (d), die dargestellt sind (Abb. 13.1)..

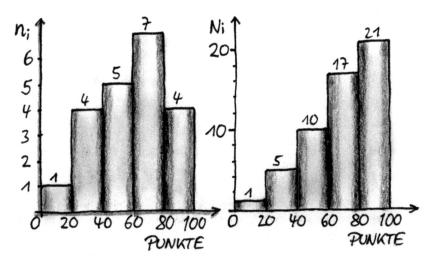

Abb. 13.1 Histogramm und Summenhäufigkeit von Aufgabe 13

Aufgabe 14 **Abschnitt 5.2.6** $P_{\text{Panik}} = 35\%$

Bei jedem Studenten, der an der TU Clausthal sein Studium beendet, wird die Studiendauer (in Monaten) ermittelt. Welche der Maßzahlen (a) Mittelwert, (b) Modus, (c) Median, (d) Varianz, (e) Spannweite, (f) Standardabweichung und (g) Variationskoeffizient lassen sich bei diesem Merkmal berechnen?

Lösung

Es handelt sich bei der Studiendauer um ein quantitatives, diskretes Merkmal mit höchstem Skalenniveau (d. h. Verhältnisskala). Deshalb können theoretisch alle Maßzahlen, also (a) bis (g), berechnet werden. Ob diese Angaben immer sinnvoll sind, ist natürlich eine andere Frage. Oft werden bei metrischen Merkmalen nur der Mittelwert und die Standardabweichung angegeben; die anderen Maßzahlen werden oft nur bei besonderen Verteilungsformen oder Fragestellungen benötigt. Am wenigsten hilfreich ist vor allem die Spannweite, die nur die beiden extremsten Werte berücksichtigt und daher in der Regel nur ein sehr grobes Bild der Variabilität wiedergibt.

Aufgabe 15 **Abschnitt 5.2.4** $P_{\text{Panik}} = 35\%$

Im Rahmen einer therapeutischen Studie wird bei 40 Patienten der Therapieerfolg mit folgenden Scores beurteilt: 4 = vollständig geheilt, 3 = Zustand verbessert, 2 = Zustand unverändert, 1 = Zustand verschlechtert, 0 = Patient verstorben. Es ergaben sich folgende Häufigkeiten:

Score	0	1	2	3	4
Häufigkeit	0	2	6	12	20

Man ordne die Maße 1. Mittelwert, 2. Median, 3. Modus, 4. Spannweite und 5. Varianz den Ergebnissen (a) 4.0, (b) 3.5, (c) 3.25, (d) 3.0 und (e) Angabe nicht sinnvoll, zu!

Lösung

Bei ordinalskalierten Merkmalen sind Mittelwert und Varianz nicht sinnvoll; also 1(e) und 5(e). Der Median ist bei einem Stichprobenumfang von $n = 40$ der Durchschnitt aus dem 20. und 21. Wert (wenn die Werte nach ihrer Größe geordnet sind). Deshalb ist der Median 3.5, also 2(b). Der Modus ist die Ausprägung mit der höchsten Häufigkeit, also 4, entsprechend also 3(a). Die Spannweite ist die Differenz zwischen dem Maximum $x_{max} = 4$ und Minimum $x_{min} = 1$, also 3, und entsprechend ist 4(d) richtig.

Die Körpergrößen von 6 Basketballspielern in Zentimetern und in Inches können der nachfolgenden Tabelle entnommen werden. Dabei wurde der Einfachheit halber 1 Inch = 2.5 cm verwendet.

Körpergröße [cm]	215	200	210	175	205	195
Körpergröße [Inch]	86	80	84	70	82	78

Man berechne für beide Messreihen:
   (a) arithmetisches Mittel, (b) Standardabweichung, (c) Variationskoeffizient.

Lösung

(a) Gemäß der Gleichung 5.1 von Seite 72 ergibt sich mit $n = 6$

$$\overline{x} = \frac{1}{n} \cdot \sum_{i=1}^{n} x_i = \frac{215 + 200 + 210 + 175 + 205 + 195}{6} = \frac{1200}{6} = 200,$$

und das Ergebnis umgerechnet in Inches ergibt $\overline{x} = \frac{200}{2.5} = 80$.

(b) Für die Standardabweichung berechnet man zunächst die Varianz

$$s^2 = \frac{1}{n-1} \cdot \sum_{i=1}^{n} (\overline{x} - x_i)^2$$

$$= \frac{1}{5} \cdot (15^2 + 0^2 + 10^2 + (-25)^2 + 5^2 + (-5)^2) = 200,$$

und es ergibt sich nun $s = \sqrt{s^2} = 14.142$. In Inches ergibt sich die Standardabweichung nun zu $s = 5.656$.

(c) Der Variationskoeffizient ist dimensionslos und der Quotient aus Standardabweichung und Mittelwert. Da deshalb in Zentimetern als auch in Inches der Variationskoeffizient identisch ist, genügt es, den Variationskoeffizienten einmal zu berechnen. Es gilt:

$$v = \frac{s}{\overline{x}} = \frac{14.142}{200} = 0.07071.$$

Bei einem Getränkehersteller produzierte eine Abfüllanlage an 5 untersuchten Tagen folgende unterschiedliche Abfüllmengen je Stunde: Gemessen wurden 33, 45, 36, 41 und

39 Liter je Stunde und Tag. Wie hoch ist die durchschnittliche Abfüllmenge je Stunde im gesamten Untersuchungszeitraum, wenn täglich die gleiche Menge von 350 Litern abgefüllt wurde?

Lösung

Da es sich bei dem hier untersuchten Merkmal um eine Verhältniszahl handelt, nämlich die Abfüllmenge je Stunde bei Vorgabe einer Gesamtmenge, muss das harmonische Mittel verwendet werden. Es ergibt sich also

$$\overline{x}_H = \frac{n}{\sum_{i=1}^{n} \frac{1}{x_i}}$$

$$= \frac{5}{\frac{1}{33} + \frac{1}{45} + \frac{1}{36} + \frac{1}{41} + \frac{1}{39}} = 38.36,$$

d. h. eine durchschnittliche Abfüllmenge von 38.36 Litern je Stunde.

Aufgabe 18	**Abschnitt 5.1.5.3**	$P_{\text{Panik}} = 70\%$

Durch ein spezielles Marketingkonzept entwickelte sich der monatliche Umsatz zwischen mehreren direkt aufeinanderfolgenden Monaten in einer Wuppertaler Herrenboutique um $+12\%$; $+17\%$; -0.04% und $+19\%$. Wie hoch fällt in dem betrachteten Zeitraum die durchschnittliche monatliche Entwicklungsrate aus?

Lösung

Hier geht es darum zu erkennen, dass das geometrische Mittel benötigt wird. Nach Umsetzung der Umsätze ergibt sich entsprechend

$$\overline{x}_G = \sqrt[n]{x_1 \cdot x_2 \cdots x_n} = \sqrt[4]{1.12 \cdot 1.17 \cdot 0.9996 \cdot 1.19} = 1.1173.$$

und somit ist die durchschnittliche Entwicklungsrate 11.73%! Hier ist Vorsicht geboten, da der Datenwert von 0.04% zur Falle werden kann, indem man das Prozentzeichen und das Komma nicht richtig berücksichtigt!

Aufgabe 19	**Abschnitt 5.2.4**	$P_{\text{Panik}} = 35\%$

Ein Staubsaugervertreter möchte seine Benzinkosten analysieren. Als Stichprobe liegen dazu die Daten der ersten acht Monate des Jahres vor:

Monat	1	2	3	4	5	6	7	8
Kosten [€]	233	181	125	225	159	181	203	245

(a) Man berechne den Modus, den Median und das arithmetische Mittel der Benzinkosten.

(b) Es ist die Standardabweichung der Benzinkosten zu bestimmen.

(c) Man ermittle die Grenzen des Intervalls, innerhalb dessen die mittleren 40% der Verteilung liegen.

Lösung

(a) Der Modus ist der am häufigsten auftretende Wert, hier also $x_{mod} = 181$. Zur Bestimmung des Medians müssen zunächst alle Werte sortiert werden. Der Größe nach geordnet ergeben sich die Kosten $125, 159, 181, 181, 203, 225, 233, 245$. Da es sich mit $n = 8$ um eine gerade Anzahl von Zahlenwerten handelt, ergibt sich der Median gemäß

$$x_{med} = \frac{1}{2} \cdot (x_{(\frac{n}{2})} + x_{(\frac{n}{2}+1)}) = \frac{1}{2} \cdot (x_{(4)} + x_{(5)}) = \frac{1}{2} \cdot (181 + 203) = 192$$

als Mittelwert des vierten und fünften Wertes der sortierten Liste. Der arithmetische Mittelwert ergibt sich zu

$$\bar{x} = \frac{1}{n} \cdot \sum_{i=1}^{n} x_i$$
$$= \frac{233 + 181 + 125 + 225 + 159 + 181 + 203 + 245}{8} = \frac{1552}{8} = 194.$$

(b) Für die Standardabweichung berechnet man erneut zunächst die Varianz

$$s^2 = \frac{1}{n-1} \cdot \sum_{i=1}^{n} (\bar{x} - x_i)^2$$
$$= \frac{1}{7} \cdot (39^2 + (-13)^2 + (-69)^2 + 31^2 + (-35)^2 + (-13)^2 + 9^2 + 51^2)$$
$$= \frac{11488}{7} = 1641.14,$$

und es ergibt sich nun $s = \sqrt{s^2} = 40.51$.

(c) Man benötigt hierfür die sortierte Liste und die Quantile $x_{Q0.3}$ und $x_{Q0.7}$. Da $n \cdot p = 8 \cdot 0.3 = 2.4$ ist, ergibt sich $x_{Q0.3} = x_{(3)} = 181$, und ganz entsprechend mit $n \cdot p = 8 \cdot 0.7 = 5.6$ ist $x_{Q0.7} = x_{(6)} = 225$. Somit ist das Intervall, innerhalb dessen 40% der Verteilung liegen, gegeben durch $[181, 225]$.

Aufgabe 20   **Abschnitt 6.2.2** $P_{\text{Panik}} = 75\%$

Als Teil einer Untersuchung sind die hier angegebenen Konfektionsgrößen (Männer: von 44 = XS bis 62 = XXL; Frauen: von 32 = XS bis 50 =XXL) von 10 Ehepaaren zu betrachten:

Ehepaar	1	2	3	4	5	6	7	8	9	10
Konfektionsgröße Frau	46	52	32	40	42	36	48	38	44	34
Konfektionsgröße Mann	56	58	44	62	54	46	60	50	52	48

(a) Es ist ein geeigneter Korrelationskoeffizient zur Beurteilung des Zusammenhangs zwischen den Konfektionsgrößen der Partner zu bestimmen. Man beachte dabei das Skalenniveau der Daten! Sind die Ehepartner sich generell ähnlich? Man begründe das Urteil.

(b) Fällt bei der Betrachtung der Wertepaare in der Tabelle etwas auf? Hinweis: Gegebenenfalls erstelle man ein Streudiagramm.

(c) Berechnet man den Spearman'schen Korrelationskoeffizienten für die Originaldaten und für die Daten, aus denen Ehepaar 4 entfernt wurde, so ergibt sich mit den reduzierten Daten ein deutlich höherer Wert von r_{SP} als mit den Originaldaten. Wie kann man diesen Effekt erklären?

Lösung

Die Konfektionsgrößen erlauben lediglich die Aussage, ob ein Kleidungsstück größer oder kleiner als ein anderes ist. Deshalb handelt es sich hier um ein ordinales Skalenniveau, das die Verwendung des Rangkorrelationskoeffizienten nach Spearman erfordert. Da alle Daten verschieden sind, kann man die vereinfachte Gleichung

$$r_{sp} = 1 - \frac{6 \sum\limits_{i=1}^{n} d_i^2}{n \cdot (n^2 - 1)} \quad \text{mit} \quad d_i = R_{xi} - R_{yi}$$

zur Berechnung verwenden. Mit der Tabelle

i	1	2	3	4	5	6	7	8	9	10	Σ
x_i	46	52	32	40	42	36	48	38	44	34	
y_i	56	58	44	62	54	46	60	50	52	48	
R_{xi}	8	10	1	5	6	3	9	4	7	2	
R_{yi}	7	8	1	10	6	2	9	4	5	3	
d_i	1	2	0	−5	0	1	0	0	2	−1	
d_i^2	1	4	0	25	0	1	0	0	4	1	36

ist der Korrelationskoeffizient

$$r_{sp} = 1 - \frac{6 \cdot 36}{10 \cdot 99} = 0.782.$$

Mit $r_{sp} = 0.78$ ist ein deutlicher bis starker monotoner positiver Zusammenhang zwischen den Konfektionsgrößen der Männer und Frauen festzustellen. Die Ehepaare sind sich in dieser Hinsicht also tendenziell ähnlich.

(b) Es fällt auf, dass das Ehepaar 4 (Koordinaten (40,62)) aus dem beobachteten Zusammenhang der übrigen Punkte etwas herausfällt, da der Abstand zwischen den Konfektionsgrößen größer ist als bei den anderen Ehepaaren. Es handelt sich hier um einen Ausreißer, der auch in einem Streudiagramm deutlich erkennbar wäre.

(c) Ehepaar 4 (= Ausreißer) beeinflusst die Berechnung des Zusammenhangs. Ohne dieses Ehepaar ist der Zusammenhang zwischen den beiden Variablen deutlicher. Dies schlägt sich dann in einem höheren Wert des Korrelationskoeffizienten nieder. Es ist

$$r_{sp_{neu}} = 1 - \frac{6 \cdot 6}{9 \cdot 80} = 0.95 \quad \text{und damit} \quad r_{sp_{neu}} \gg r_{sp}.$$

Aufgabe 21	Abschnitt 6.3	$P_{\text{Panik}} = 80\%$

In einer lokalen Zeitung werden Einzimmerwohnungen in der Nähe der Universität angeboten. Die folgende Tabelle gibt neben der Fläche x auch die Kaltmiete y der Wohnungen an.

Wohnung	1	2	3	4	5	6	7	8
Wohnfläche x $[m^2]$	34	26	48	22	28	38	32	44
Kaltmiete y [€]	470	360	550	310	420	490	410	470

(a) Man zeichne ein Streudiagramm mit den dargestellten Daten.

(b) Man berechne das arithmetische Mittel für x und y und stelle diese Werte im Streudiagramm dar.

(c) Es sind die Parameter der Regressionsgeraden $y = a \cdot x + b$ zu bestimmen. Man verwende die Hilfsgrößen $s_x^2 = 80$, $s_y^2 = 5828.57$ und $s_{xy} = 632.43$.

(d) Man zeichne die Regressionsgerade in das Streudiagramm ein.

(e) Welchen Mietpreis könnte man bei der Gültigkeit der in Teilaufgabe (c) bestimmten Regressionsgeraden bei einer Wohnfläche von $38 m^2$ erwarten?

Lösung

(a) Das Streudiagramm auf der nächsten Seite zeigt die Lösung der beiden Teilaufgaben (b) und (d).

(b) Es ergibt sich $\overline{x} = 34$ und $\overline{y} = 435$ (siehe auch im Streudiagramm).

(c) Zur Bestimmung der Regressionsgeraden muss man zunächst den Regressionskoeffizienten bestimmen. Mit den gegebenen Hilfsgrößen ergibt sich

$$r = \frac{s_{xy}}{s_x \cdot s_y} = \frac{632.43}{\sqrt{80} \cdot \sqrt{5828.57}} = 0.926.$$

Wichtig ist dabei, dass man nicht vergisst, die Wurzel aus den gegebenen Größen s_x^2 und s_y^2 zu ziehen. Hat man nun r bestimmt, so ergibt sich

$$a = r \cdot \frac{s_y}{s_x} = 0.926 \cdot \frac{\sqrt{5828.57}}{\sqrt{80}} = 7.904,$$

und mit den Ergebnissen aus Teilaufgabe (b) ergibt sich

$$b = \overline{y} - a \cdot \overline{x} = 435 - 7.904 \cdot 34 = 166.26.$$

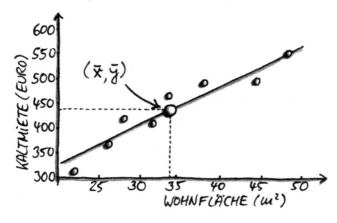

(d) Um die Regressionsgerade $y = 7.904 \cdot x + 166.26$ in das Streudiagramm einzuzeichnen, bestimmt man an zwei Stellen den entsprechenden Wert der Geraden. Mit $x = 20$ ergibt sich $y = 7.904 \cdot 20 + 166.26 = 324.34$ und für $x = 50$ ist $y = 7.904 \cdot 50 + 166.26 = 561.46$. Die entsprechende Gerade kann im Streudiagramm gefunden werden.

(e) Mit $x = 38$ ist $y = 466.26$, und somit kann man erwarten, dass man für $38 m^2$ ungefähr 466.26 € veranschlagen muss.

Aufgabe 22   **Abschnitt 7.3** $P_{\text{Panik}} = 45\%$

Bei der Herstellung von Überraschungseiern treten die beiden Fehler $K =$ {Keine Überraschung im Ei} und $D =$ {Ei defekt} mit 1%iger bzw. 5%iger Wahrscheinlichkeit auf. Mit der Wahrscheinlichkeit 0.004 (also 0.4%) treten beide Fehler gleichzeitig auf. Mit welcher Wahrscheinlichkeit ist ein Ü-Ei fehlerfrei und kann ausgeliefert werden?

Lösung

Gesucht wird nach der Wahrscheinlichkeit, ein fehlerfreies Ü-Ei zu produzieren. Über das Komplement und mit den gegebenen Wahrscheinlichkeiten ergibt sich:

$$P(\text{„fehlerfrei“}) = 1 - P(\text{„nicht fehlerfrei“}) = 1 - P(K \cup D)$$
$$= 1 - (P(K) + P(D) - P(K \cap D))$$
$$= 1 - (0.01 + 0.05 - 0.004) = 0.944.$$

Somit wird also in 94.4% aller Fälle ein fehlerfreies Ü-Ei „gelegt“.

Aufgabe 23   **Abschnitt 7.3** $P_{\text{Panik}} = 35\%$

(a) Beim einmaligen Werfen eines Würfels werden die Ereignisse

$$A = \{\text{gerade Augenzahl}\} \quad \text{und} \quad B = \{\text{Augenzahl} < 5\}$$

betrachtet. Man bestimme die Wahrscheinlichkeiten $P(\overline{A \cap B})$ und $P(A \cup B)$.

(b) Beim zweimaligen Werfen eines Würfels gelten die folgenden Ereignisse:

$$C = \{1. \text{ Wurf gerade Augenzahl}\} \quad \text{und} \quad D = \{2. \text{ Wurf} \leq 4\}$$
$$E = \{\text{Augensumme} > 7\} \quad \text{und} \quad F = \{2. \text{ Wurf} = 1\}.$$

Man bestimme nacheinander die Wahrscheinlichkeiten $P(C \cap D)$, $P(C \cup D)$, $P(E \cap F)$ und $P(E \cup F)$.

Lösung

(a) Mit dem Komplement und weil die beiden Ereignisse stochastisch unabhängig sind, ergibt sich

$$P(\overline{A \cap B}) = 1 - P(A \cap B) = 1 - \frac{3}{6} \cdot \frac{4}{6} = \frac{2}{3} = 0.67.$$

Mit diesem Ergebnis resultiert aus dem Additionssatz die Wahrscheinlichkeit für das Eintreten einer geraden Augenzahl oder einer Augenzahl größer zwei. Es ist

$$P(A \cup B) = P(A) + P(B) - P(A \cap B) = \frac{3}{6} + \frac{4}{6} - \frac{1}{3} = \frac{5}{6} = 0.83.$$

(b) Da der erste und der zweite Wurf nichts miteinander zu tun haben und die Ereignisse somit stochastisch unabhängig sind, ergibt sich

$$P(C \cap D) = P(C) \cdot P(D) = \frac{3}{6} \cdot \frac{4}{6} = \frac{1}{3} = 0.33.$$

Mit dem Additionssatz ergibt sich

$$P(C \cup D) = P(C) + P(D) - P(C \cap D) = \frac{3}{6} + \frac{4}{6} - \frac{2}{6} = \frac{5}{6} = 0.83.$$

Bei den Ereignissen E und F ist der Sachverhalt etwas komplizierter. Zunächst einmal kann man nicht von stochastischer Unabhängigkeit der beiden Ereignisse ausgehen, allerdings ist die bedingte Wahrscheinlichkeit, dass der zweite Wurf eine Eins ist unter der Bedingung einer Augensumme beider Würfe größer sieben gleich null. Somit ist also

$$P(E \cap F) = P(E) \cdot P(F|E) = \frac{15}{36} \cdot 0 = 0,$$

und die Ereignisse können also nicht gleichzeitig eintreten. Nach dem sorgfältigen Zählen der möglichen Kombinationen für eine Augensumme größer sieben ist nun

$$P(E \cup F) = P(E) + P(F) - P(E \cap F) = \frac{15}{36} + \frac{6}{36} - 0 = \frac{21}{36} = 0.58.$$

Aufgabe 24	**Abschnitt 7.3.5**	$P_{\text{Panik}} = 75\%$

In einem oberbayerischen Touristenort befinden sich zur Hochsaison viermal so viele Touristen wie Einheimische. Touristen tragen zu 60% einen Tirolerhut, Einheimische nur zu 20%. Um möglichst schnell eine verlässliche Wegauskunft zu bekommen, sollen die folgenden Fragen beantwortet werden:

(a) Wie groß ist die Wahrscheinlichkeit, wenn man jemanden mit Tirolerhut nach dem Weg fragt, dass derjenige ein Einheimischer ist?
(b) Wie groß ist die Wahrscheinlichkeit, wenn man jemanden ohne Tirolerhut nach dem Weg fragt, dass derjenige ein Einheimischer ist?

Hinweis: Man wende explizit die Formel von Bayes an.

Lösung

Um diese Aufgabe zu lösen, sollte man zuerst einmal die Ereignisse

$$T = \{\text{Tirolerhut}\} \quad \text{und} \quad E = \{\text{Einheimischer}\}$$

formal definieren. Anschließend muss man sich zunächst aus dem Aufgabentext heraus klarmachen, welche Wahrscheinlichkeiten eigentlich gegeben sind.

(a) Die Wahrscheinlichkeit, dass eine zufällig gewählte Person ein Einheimischer ist, ergibt sich aus der Tatsache, dass es viermal so viele Touristen im Ort gibt wie Einheimische. Somit ist $P(E) = 0.2$, und ganz entsprechend gilt für Touristen, dem Komplement eines Einheimischen, $P(\overline{E}) = 0.8$. Sofern jemand einen Tirolerhut trägt unter der Bedingung, dass er Einheimischer ist, ist die bedingte Wahrscheinlichkeit $P(T|E) = 0.2$. Weiterhin geht aus dem Aufgabentext hervor, dass Touristen mit 60%iger Wahrscheinlichkeit einen Tirolerhut tragen und somit $P(T|\overline{E}) = 0.6$ ist. Gefragt ist nun nach der Wahrscheinlichkeit, auf einen Einheimischen zu treffen unter der Bedingung, dass er einen Tirolerhut trägt. Mit dem Satz von Bayes ergibt sich durch Einsetzen

$$P(E|T) = \frac{P(E) \cdot P(T|E)}{P(E) \cdot P(T|E) + P(\overline{E}) \cdot P(T|\overline{E})}$$

$$= \frac{0.2 \cdot 0.2}{0.2 \cdot 0.2 + 0.8 \cdot 0.6} = \frac{0.04}{0.52} = \frac{1}{13} = 0.0769230.$$

(b) Um die Wahrscheinlichkeit, auf einen Einheimischen zu treffen, indem man Personen ohne Tirolerhut anspricht, benötigt man die ebenfalls im Aufgabentext versteckten bedingten Wahrscheinlichkeiten $P(\overline{T}|E) = 0.8$ und $P(\overline{T}|\overline{E}) = 0.4$. Es ist dann

$$P(E|\overline{T}) = \frac{P(E) \cdot P(\overline{T}|E)}{P(E) \cdot P(\overline{T}|E) + P(\overline{E}) \cdot P(\overline{T}|\overline{E})}$$

$$= \frac{0.8 \cdot 0.2}{0.8 \cdot 0.2 + 0.8 \cdot 0.4} = \frac{0.16}{0.48} = \frac{1}{3} = 0.333.$$

Aus einem Vergleich der Ergebnisse von (a) und (b) wird deutlich, dass es wesentlich wahrscheinlicher ist, eine gute Wegauskunft zu bekommen, wenn man jemandem ohne einen Tirolerhut nach dem Weg fragt.

Aufgabe 25	**Abschnitt 7.3**	$P_{\text{Panik}} = \mathbf{40\%}$

Jemand hat das Wort STATISTIK in Buchstaben zerschnitten und in einen Papierkorb geworfen. Wie groß ist die Wahrscheinlichkeit, dass die Buchstaben in der Reihenfolge des Wortes aus dem Papierkorb gezogen werden, wenn (a) ohne Zurücklegen gezogen wird und (b) mit Zurücklegen gezogen wird?

Lösung

(a) Sofern man die Papierschnipsel mit den Buchstaben nicht zurücklegt, reduziert sich mit jeder Ziehung die Anzahl der möglichen Fälle. Außerdem ist bei den Wahrscheinlichkeiten zu berücksichtigen, dass einige Buchstaben 2 Mal oder auch 3 Mal auftreten. So ist die Wahrscheinlichkeit, aus allen 9 Papierschnipseln ein S zu ziehen, also $P(1.\ \text{Buchstabe}\ S) = \frac{2}{9}$. Anschließend gilt es, die Wahrscheinlichkeit zu ermitteln, aus den verbleibenden 8 Buchstaben ein T zu ziehen, und es ist $P(2.\ \text{Buchstabe}\ T) = \frac{3}{8}$. Wenn man so weiter verfährt, ergibt sich die Wahrscheinlichkeit für das ganze Wort in der richtigen Reihenfolge zu

$$\frac{2}{9} \cdot \frac{3}{8} \cdot \frac{1}{7} \cdot \frac{2}{6} \cdot \frac{2}{5} \cdot \frac{1}{4} \cdot \frac{1}{3} \cdot \frac{1}{2} \cdot \frac{1}{1} = \frac{24}{9!} = \frac{24}{362880} = \frac{1}{15120} \approx 0.0066\%.$$

(b) Legt man hingegen die Papierschnipsel nach jeder Ziehung wieder zurück, so sind jedes Mal 9 mögliche Papierschnipsel im Papierkorb. In diesem Fall ist dann die Wahrscheinlichkeit

$$\frac{2}{9} \cdot \frac{3}{9} \cdot \frac{1}{9} \cdot \frac{3}{9} \cdot \frac{2}{9} \cdot \frac{2}{9} \cdot \frac{3}{9} \cdot \frac{2}{9} \cdot \frac{1}{9} = \frac{432}{9^9} = \frac{432}{387420489} \approx 0.0001\%.$$

Aufgabe 26	**Abschnitt 7.1.1**	$P_{\text{Panik}} = 10\%$

Der Kaninchenzüchter Ernst R. aus A. im Harz hat in einem Stall 2 Kaninchen. Es ist bekannt, dass die Geburtenwahrscheinlichkeit für einen Rammler (Kaninchenzüchterfachjargon für Männchen) oder eine Häsin (Kaninchenzüchterfachjargon für Weibchen) je 0.5 ist und die Geburten unabhängig voneinander sind. Wie groß ist dann die Wahrscheinlichkeit, dass die 2 sich im Stall befindlichen Kaninchen Rammler sind,

(a) wenn keine sonstigen Angaben vorliegen?
(b) wenn bekannt ist, dass ein Kaninchen männlich ist, man aber nicht weiss welches?
(c) wenn bekannt ist, dass das ältere Kaninchen ein Rammler ist?

Lösung

Bei 2 Kaninchen im Stall gibt es 4 mögliche Fälle: (Rammler, Häsin), (Häsin, Rammler), (Rammler, Rammler) und (Häsin, Häsin). Es ist nun jeweils mit Laplace die Anzahl der möglichen Fälle zu ermitteln, da Rammler und Häsin gleich wahrscheinlich sind. Die Anzahl der günstigen Fälle ist bei allen drei Teilaufgaben immer 1, nämlich der gesuchte Fall (Rammler, Rammler). Somit ergibt sich nun:

(a) Ohne sonstige Angaben sind alle 4 Fälle möglich, und es ist

$$P(\text{Rammler, Rammler}) = \frac{1}{4}.$$

(b) Hier ist bereits bekannt, dass ein Rammler im Stall ist, aber nicht, welcher, und somit gibt es nur noch 3 mögliche Fälle, und damit ist

$$P(\text{Rammler, Rammler}) = \frac{1}{3}.$$

(c) Da nun bekannt ist, dass das ältere Kaninchen männlich ist, gibt es nur noch 2 mögliche Fälle, und es ist dann

$$P(\text{Rammler, Rammler}) = \frac{1}{2}.$$

Aufgabe 27	**Abschnitt 7.3.5**	$P_{\text{Panik}} = 90\%$

In einem Verein für Leibesübungen sind 5% der Männer (M) und 1% der Frauen (F) schwerer als 100 kg (S). Ferner sind 30% der Vereinsmitglieder weiblich. Man wählt eine Person zufällig aus und stellt fest, dass diese Person mehr als 100 kg wiegt. Wie groß ist dann die Wahrscheinlichkeit, dass es sich bei dieser Person um ein Frau handelt?

Lösung

Da 30% der Vereinsmitglieder weiblich sind, ist $P(F) = 0.3$, und entsprechend gilt für die Wahrscheinlichkeit des Komplements einer Frau $P(\overline{F}) = P(M) = 0.7$. Mit den ebenfalls aus dem Aufgabentext hervorgehenden bedingten Wahrscheinlichkeiten $P(S|F) = 0.01$ und $P(S|\overline{F}) = P(S|M) = 0.05$ ergibt sich die bedingte Wahrscheinlichkeit für eine Frau, wenn man schon weiß, dass die Person schwerer als 100 kg ist, zu

$$P(F|S) = \frac{P(F) \cdot P(S|F)}{P(F) \cdot P(S|F) + P(\overline{F}) \cdot P(S|\overline{F})}$$

$$= \frac{0.3 \cdot 0.01}{0.3 \cdot 0.01 + 0.7 \cdot 0.05} = \frac{0.003}{0.038} = \frac{3}{38} = 0.079.$$

Aufgabe 28	Abschnitt 8.2.3	$P_{\text{Panik}} = 65\%$

Eine diskrete Wahrscheinlichkeitsfunktion ist in Tabellenform gegeben:

x_i	1	2	3	4
$f(x_i)$	0.2	0.1	0.2	0.5

(a) Wie lautet die zugehörige Verteilungsfunktion?

(b) Man bestimme die Wahrscheinlichkeiten $P(0 \leq X \leq 2)$, $P(2 \leq X < 3)$, $P(2 \leq X \leq 3)$ und $P(2 \leq X \leq 4)$.

(c) Es sind der Erwartungswert und die Varianz zu ermitteln.

Lösung

(a) Die Verteilungsfunktion ergibt sich durch Aufsummierung der Wahrscheinlichkeitsfunktionswerte, und so ist

$$F(x) = \begin{cases} 0 & x < 1 \\ 0.2 & 1 \leq x < 2 \\ 0.3 = 0.2 + 0.1 & 2 \leq x < 3 \\ 0.5 = 0.2 + 0.1 + 0.2 & 3 \leq x < 4 \\ 1 = 0.2 + 0.1 + 0.2 + 0.5 & 4 \leq x. \end{cases}$$

(b) Für die Berechnung der Wahrscheinlichkeiten ist zu prüfen, ob die Grenzen zum Intervall gehören oder nicht. Es ist:

$$P(0 \leq X \leq 2) = 0.3,$$
$$P(2 \leq X < 3) = 0.1,$$
$$P(2 \leq X \leq 3) = 0.3,$$
$$P(2 \leq X \leq 4) = 0.8.$$

(c) Der Erwartungswert ergibt sich durch Berechnung von

$$E(X) = \sum_{i=1}^{4} x_i \cdot f(x_i)$$
$$= x_1 \cdot f(x_1) + x_2 \cdot f(x_2) + x_3 \cdot f(x_3) + x_4 \cdot f(x_4)$$
$$= 1 \cdot 0.2 + 2 \cdot 0.1 + 3 \cdot 0.2 + 4 \cdot 0.5 = 3,$$

und die Varianz ist mit diesem Ergebnis $E(X) = \mu = 3$ und der Verwendung der einfacheren Gleichung 8.8 nun

$$Var(X) = \sigma^2 = E(X^2) - E(X)^2 = \sum_{i=1}^{4} x_i^2 \cdot f(x_i) - \mu^2$$
$$= x_1^2 \cdot f(x_1) + x_2^2 \cdot f(x_2) + x_3^2 \cdot f(x_3) + x_4^2 \cdot f(x_4) - \mu^2$$
$$= 1 \cdot 0.2 + 4 \cdot 0.1 + 9 \cdot 0.2 + 16 \cdot 0.5 - 9 = 1.4.$$

Aufgabe 29	**Abschnitt 8.3.3**	$P_{Panik} = 50\%$

Eine Dichtefunktion ist gegeben durch

$$f(x) = \begin{cases} 0.5x & 0 < x < 2 \\ 0 & \text{sonst} \end{cases}.$$

(a) Wie lautet die zugehörige Verteilungsfunktion?
(b) Man bestimme die Wahrscheinlichkeiten $P(0.5 \leq X \leq 1.5)$, $P(X = 0.815)$ und $P(X > 1.8)$.
(c) Man ermittle den Erwartungswert und die Varianz.

Lösung

(a) Bei einer stetigen Wahrscheinlichkeitsfunktion ermittelt man die Verteilungsfunktion durch Integration. Es ist

$$F(x) = \begin{cases} 0 & x < 0 \\ 0.25x^2 & 0 \leq x < 2 \\ 1 & 2 \leq x \end{cases}.$$

(b) Für die Wahrscheinlichkeiten ergibt sich mit der Verteilungsfunktion $F(x)$ und der Gleichung 8.14 unmittelbar

$$P(0.5 \leq X \leq 1.5) = F(1.5) - F(0.5) = 0.25 \cdot 1.5^2 - 0.25 \cdot 0.5^2 = 0.5,$$
$$P(X = 0.815) = 0,$$
$$P(X > 1.8) = 1 - P(X \leq 1.8) = 1 - F(1.8) = 0.19.$$

(c) Der Erwartungswert ergibt sich mittels Integration zu

$$E(X) = \mu = \int_{-\infty}^{\infty} x f(x)\, dx = \int_{0}^{2} x f(x)\, dx = \int_{0}^{2} 0.5 x^2\, dx$$

$$= 0.5 \cdot \frac{1}{3} x^3 \Big|_{0}^{2} = 0.5 \cdot \frac{1}{3} 2^3 - 0.5 \cdot \frac{1}{3} 0^3 = \frac{4}{3}$$

und die Varianz dann durch

$$Var(X) = \sigma^2 = E(X^2) - \mu^2 = \int_{-\infty}^{\infty} x^2 f(x)\, dx - \mu^2$$

$$= \int_{0}^{2} x^2 f(x)\, dx - \mu^2 = \int_{0}^{2} 0.5 x^3\, dx - \mu^2$$

$$= 0.5 \cdot \frac{1}{4} x^4 \Big|_{0}^{2} - \mu^2 = 2 - \frac{16}{9} = \frac{2}{9}.$$

| **Aufgabe 30** | **Abschnitt 9.1.2** | $P_{\text{Panik}} = 70\%$ |

Ein Schwangerschaftstest liefert in 90% der Fälle richtige Ergebnisse. Wie groß ist die prozentuale Wahrscheinlichkeit, dass mindestens 4 Tests richtig (positiv) sind, wenn man, um möglichst sicherzugehen, 6 unterschiedliche Tests durchführt?

| **Lösung** |

Die Wahrscheinlichkeit für einen richtigen Test ist $p = 0.9$, und demzufolge ist die Wahrscheinlichkeit für einen falschen Test $1 - p = 0.1$. Hat man dies erkannt, so liegt es schnell auf der Hand, die Binomialverteilung zur Beantwortung der Frage zu verwenden. Gefragt ist nach der Wahrscheinlichkeit für mindestens 4 richtige (positive) Testergebnisse, d. h.

$$P(\text{mindestens 4 richtige Tests}) = P(4 \text{ oder } 5 \text{ oder } 6 \text{ richtige Tests}),$$

$$\text{und so ist } P(X \geq 4) = f(4) + f(5) + f(6).$$

Mit $n = 6$, $p = 0.9$ und $1 - p = 0.1$ muss die Binomialverteilung für 4, 5 und 6 richtige Tests ermittelt werden. Diese Ergebnisse kann man zum einen direkt aus der Binomialtabelle im Anhang, Seite 285, ablesen oder aber auch einfach schnell per Hand berechnen. Es ist, nur zur Erinnerung,

$$f(k) = \binom{n}{k} \cdot p^k \cdot (1-p)^{n-k} \text{ und somit } f(4) = \binom{6}{4} \cdot 0.9^4 \cdot 0.1^2 = 0.0984,$$

$$f(5) = \binom{6}{5} \cdot 0.9^5 \cdot 0.1^1 = 0.3543 \quad \text{und} \quad f(6) = \binom{6}{6} \cdot 0.9^6 \cdot 0.1^0 = 0.5314.$$

Damit ergibt sich

$$P(X \geq 4) = 0.0984 + 0.3543 + 0.5314 = 0.9841,$$

gleichbedeutend mit einer 98.41%igen Wahrscheinlichkeit für mindestens 4 richtige (positive) Tests.

Aufgabe 31	**Abschnitt 9.1.3**	$P_{Panik} = 75\%$

In einer Studenten-WG befinden sich im Kühlschrank 10 Eier, von denen 3 Eier faul sind. Für Rührei werden zufällig 4 Eier entnommen. Wie groß ist die Wahrscheinlichkeit für ein ungenießbares Rührei?

Lösung

Bei dieser Art von Aufgabe ist die hypergeometrische Verteilung zu verwenden, da es sich hier um ein Ziehen ohne Zurücklegen handelt. Mit

- $N = 10$ als Anzahl der verfügbaren Eier,
- $M = 3$ der Anzahl der faulen Eier und
- $n = 4$ der für das Rührei benötigten Eier

ist das Rührei nur genießbar, wenn kein Ei faul ist, d. h. $k = 0$. Es ist dann

$$P(X = 0) = f(0) = \frac{\binom{M}{k} \cdot \binom{N-M}{n-k}}{\binom{N}{n}} = \frac{\binom{3}{0} \cdot \binom{10-3}{4-0}}{\binom{10}{4}} = \frac{1 \cdot 35}{210} = \frac{1}{6} = 0.1667.$$

Die Wahrscheinlichkeit für ungenießbares Rührei (mindestens 1 Ei faul) ergibt sich zu

$$P(X > 0) = 1 - P(X = 0) = 1 - \frac{1}{6} = \frac{5}{6} = 0.8333.$$

Aufgabe 32	**Abschnitt 9.1.3**	$P_{Panik} = 30\%$

Ein Vertreter versucht, ein Zeitungsabonnement zu verkaufen. Er wählt in einem 12-Parteien-Wohnhaus zufällig 6 Wohnungen aus, läutet und versucht, das Abonnement loszuwerden. Wie groß ist die Wahrscheinlichkeit, dass er mehr als 4 Abonnements verkauft, falls im Haus genau 6 Wohnparteien das Abonnement haben wollen?

Lösung

Mit $N = 12$ Wohnparteien, $M = 6$ Interessenten für ein Abonnement und $n = 6$ Klingelversuchen des Vertreters ist diese Aufgabe sehr ähnlich zur vorherigen Aufgabe zu behandeln. Um die Wahrscheinlichkeit für mehr als 4, also für 5 oder 6 verkaufte Abonnements zu ermitteln, bestimmt man einfach

$$P(X > 4) = \overbrace{f(5)}^{} + \overbrace{f(6)}^{}$$

$$= \frac{\overbrace{\binom{6}{5} \cdot \binom{12-6}{6-5}}^{}}{\binom{12}{6}} + \frac{\overbrace{\binom{6}{6} \cdot \binom{12-6}{6-6}}^{}}{\binom{12}{6}} = \frac{36}{924} + \frac{1}{924} = 0.04.$$

Aufgabe 33	Abschnitt 9.1.4	$P_{\text{Panik}} = 35\%$

Im Mittel werden in Bremen pro Woche 2.5 Hundebisse bei Briefträgern gemeldet.[5] Mit welcher Wahrscheinlichkeit wird in einer Woche (a) kein Briefträger, (b) genau 1 Briefträger und (c) mehr als 1 Briefträger gebissen? Als Zusatzaufgabe ermittle man (d) die Wahrscheinlichkeit, dass in 4 Wochen nicht mehr als 3 Briefträger gebissen werden.[6]

Lösung

Da lediglich ein einziger Parameter gegeben ist, hat man einfach keine andere Wahl, als von einer Poisson-Verteilung auszugehen. Zur Erinnerung: Es ist $P(X = k) = f(k) = \frac{\lambda^k}{k!} e^{-\lambda}$, und nun ergibt sich mit dem Parameter $\lambda = 2.5$ unmittelbar

(a) für $k = 0$ Hundebisse $P(X = 0) = f(0) = \frac{2.5^0}{0!} e^{-2.5} = 0.0821$,

(b) für $k = 1$ Hundebisse $P(X = 1) = f(1) = \frac{2.5^1}{1!} e^{-2.5} = 0.2052$,

(c) für mehr als einen Hundebiss ist

$$P(X > 1) = 1 - P(X \leq 1) = 1 - (f(0) + f(1)) = 0.7127.$$

(d) Da hier nun nach einer Wahrscheinlichkeit für 4 Wochen gefragt ist, muss ganz entsprechend der Erwartungswert einer Woche mit 4 multipliziert werden, um den neuen Erwartungswert für 4 Wochen den Parameter $\lambda = 2.5 \cdot 4 = 10$ zu erhalten. Damit ist dann die Wahrscheinlichkeit für 0, 1, 2 oder 3 Hundebisse zu ermitteln. Aus der Tabelle im Anhang, liest man die entsprechenden Werte ab. Es ist $P(X \leq 3) = f(0) + f(1) + f(2) + f(3) = 0.0149$, d. h., es besteht eine 1.5%ige Wahrscheinlichkeit.

---

[5] Wobei die Abdrücke in Oberschenkeln und höher liegenden Regionen nicht immer auf Hunde zurückzuführen sind.

[6] Entgegen Herrn Dr. Rombergs Vorschlag kann diese Aufgabe nicht auf Clausthal-Zellerfeld umgeschrieben werden, da es hier nur einen Briefträger gibt!

Hinweis: Wie man sich überzeugen kann, führt eine Berechnung der Werte per Hand aus der Poisson-Verteilung, d. h. die Verwendung von $f(k) = \frac{\lambda^k}{k!}e^{-\lambda}$ für $k = 1, 2, 3, 4$, zu einem leicht unterschiedlichen Ergebnis. Dies ist auf die in der Tabelle gerundeten Werte zurückzuführen.

Aufgabe 34	Abschnitt 9.2.3	$P_{\text{Panik}} = 85\%$

Die Haltbarkeitsdauer von Kondomen der Marke LASSO ist normalverteilt mit dem Mittelwert $\mu = 3$ Jahre und der Streuung $\sigma = 0.5$ Jahre. Es ist zu ermitteln, (a) wie groß die Wahrscheinlichkeit ist, dass 1 Kondom eine Haltbarkeitsdauer von mehr als 4 Jahren erreicht, (b) mit welcher Wahrscheinlichkeit die Haltbarkeitsdauer zwischen 2.5 und 3.8 Jahren liegt, (c) mit welcher Wahrscheinlichkeit 3 Kondome eine Lebensdauer von mehr als 3 Jahren erreichen und (d) welche Haltbarkeitsdauer 95% aller Kondome überschreiten.

Lösung

(a) Gesucht wird die Wahrscheinlichkeit $P(X > 4.5) = 1 - P(X \leq 4.5)$. Indem man mit den gegebenen Parametern die Normalverteilung in eine Standardnormalverteilung umrechnet, wird es wesentlich einfacher. Mit der standardnormalverteilten Zufallsvariablen $Z = \frac{X-\mu}{\sigma} = \frac{X-3}{0.5}$ ist durch Transformieren der infrage stehenden 4.5 Jahre in einen z-Wert von $z = \frac{4.5-3}{0.5} = 3$ klar, dass wir uns dann 3 Standardabweichungen oberhalb des Mittelwertes befinden. Unter Verwendung der Tabelle für die Verteilungsfunktion der Standardnormalverteilung aus dem Anhang ist die Wahrscheinlichkeit

$$P(Z > 3) = 1 - P(Z \leq 3) = 1 - \phi(3) = 1 - 0.9987 = 0.0013.$$

Somit hält ein Kondom mit 0.13%iger Wahrscheinlichkeit länger als 4.5 Jahre.

(b) Rechnen wir die beiden Haltbarkeitsdauern 2.5 und 3.8 Jahre mit der z-Transformation um und verwenden erneut die Tabelle, dann ist

$$P(2.5 < X < 3.8) = \phi(\frac{3.8 - 3}{0.5}) - \phi(\frac{2.5 - 3}{0.5}) = \phi(1.6) - \phi(-1)$$
$$= \phi(0.6) - [1 - \phi(1)] = 0.9452 - 1 + 0.8413$$
$$= 0.7865, \text{ also } 78.65\%.$$

(c) Da die Haltbarkeitsdauer der 3 Kondome jeweils vollkommen unabhängig voneinander ist, wird die gesuchte Wahrscheinlichkeit durch das Produkt der 3 Einzelwahrscheinlichkeiten eines Kondoms mit der Lebensdauer von mehr als 3 Jahren bestimmt. Da bei der gegebenen Normalverteilung der Mittelwert $\mu = 3$ und die Normalverteilung ja bekanntlich symmetrisch ist, ist die Haltbarkeitswahrscheinlichkeit eines Kondoms größer 3 Jahre genau $p = 0.5$. Somit ist

$$P(3 \text{ Kondome} > 3 \text{ Jahre}) = 0.5 \cdot 0.5 \cdot 0.5 = 0.125.$$

(d) Hier ist nach einem Quantil gefragt, genauer gesagt nach dem Wert in der Normalverteilung, den 95% aller Kondome überstehen. Aber es ist nicht etwa $z_{0.95} = 1.64$ zu verwenden, sondern aufgrund der absichtlich verwirrenden Fragestellung das Quantil $z_{0.05} = -1.64$. Durch Umstellung der Gleichung der z-Transformation $z = \frac{x-\mu}{\sigma}$ ist

$$x = z_{0.05}\sigma + \mu = -1.64 \cdot 0.5 + 3 = 2.18$$

und somit 2.18 Jahre der gesuchte Wert.

Aufgabe 35	Abschnitt 10.4.2	$P_{\text{Panik}} = 75\%$

Die Veröffentlichung eines neuen Statistikbuches wurde mit hohem Werbeaufwand vorbereitet. Um den Erfolg der Werbemaßnahmen zu messen, wurde 4 Wochen nach der Veröffentlichung eine Meinungsumfrage durchgeführt. Von 100 befragten Personen antworteten 43, dass sie das Buch kennen.

(a) Man gebe einen Schätzwert für die Wahrscheinlichkeit p an, dass eine Person das Buch kennt.

(b) Man berechne ein 90%-Konfidenzintervall für den Bekanntheitsgrad des Statistikbuches.

Lösung

(a) Als Punktschätzer im Zusammenhang mit der Wahrscheinlichkeit dient die relative Häufigkeit der positiven Antworten, und es ist $\hat{p} = 0.43$.

(b) Da $n \cdot \hat{p} \cdot (1 - \hat{p}) = 100 \cdot 0.43 \cdot 0.57 > 9$ ist, lässt sich die Normalverteilung anwenden, und es ist das Konfidenzintervall

$$KI = \left[\hat{p} - z_{1-\frac{\alpha}{2}} \cdot \sqrt{\frac{\hat{p}(1-\hat{p})}{n}}, \ \hat{p} + z_{1-\frac{\alpha}{2}} \cdot \sqrt{\frac{\hat{p}(1-\hat{p})}{n}} \right]$$

zu bestimmen. Weil nach einem 90%-Intervall gesucht wird, ist $\alpha = 0.1$ und der kritische Wert somit $z_{1-\frac{\alpha}{2}} = z_{0.95} = 1.64$. Das Einsetzen aller Werte ergibt unmittelbar

$$KI = \left[0.43 - 1.64 \cdot \sqrt{\frac{0.43(1-0.43)}{100}}, \ 0.43 + 1.64 \cdot \sqrt{\frac{0.43(1-0.43)}{100}} \right]$$
$$= [0.43 - 1.64 \cdot 0.05, \ 0.43 + 1.64 \cdot 0.05] = [0.348, \ 0.512].$$

Der Bekanntheitsgrad liegt also mit 90%iger Sicherheit zwischen 34.8% und 51.2%.

Aufgabe 36	Abschnitt 10.4.3	$P_{\text{Panik}} = 95\%$

Bei einer Abfüllanlage für Orangensaft kann man aus Erfahrung davon ausgehen, dass das Füllgewicht annähernd normalverteilt ist. Eine Stichprobe vom Umfang $n = 7$ liefert die folgenden Werte:

Füllgewicht [g]	205	202	207	206	203	204	201

(a) Man bestimme ein 95%-Konfidenzintervall für das durchschnittliche Füllgewicht in der Grundgesamtheit.

(b) Man bestimme ein 95%-Konfidenzintervall für die Varianz des Füllgewichtes der Grundgesamtheit.

Lösung

(a) Zunächst einmal sind Mittelwert und Streuung der Stichprobe zu ermitteln. Nach kurzer Rechnung ergibt sich $\bar{x} = 204$ und $s^2 = 4.66$. Da von einer normalverteilten Grundgesamtheit auszugehen und die Varianz unbekannt ist, muss dieses Problem mit der T-Verteilung angegangen werden. Mit $n = 7$ Stichprobenwerten ist die Zahl der Freiheitsgrade $f = n - 1 = 6$, und für ein 95%-Konfidenzintervall ist mit $\alpha = 0.05$ nun $t_{1-\frac{\alpha}{2};[n-1]} = t_{0.975;[6]} = 2.447$ als kritischer Wert der T-Verteilung zu verwenden. Ablesen kann man diesen Wert direkt aus der Tabelle zur T-Verteilung auf Seite 289. Es ergibt sich nun mit der Streuung $s = \sqrt{s^2} = 2.16$ das gesuchte Konfidenzintervall zu

$$KI = \left[\bar{x} - t_{1-\frac{\alpha}{2};[n-1]} \cdot \frac{s}{\sqrt{n}}, \ \bar{x} + t_{1-\frac{\alpha}{2};[n-1]} \cdot \frac{s}{\sqrt{n}} \right]$$

$$= \left[204 - 2.447 \cdot \frac{2.16}{\sqrt{7}}, \ 204 + 2.447 \cdot \frac{2.16}{\sqrt{7}} \right] = [202.01, \ 205.99].$$

Somit liegt die durchschnittliche Füllmenge mit 95%iger Sicherheit zwischen 202.01 und 205.99 [g].

(b) Für die Berechnung eines Konfidenzintervalls der Varianz können wir aus dem vorherigen Aufgabenteil unmittelbar die Stichprobenvarianz und die Freiheitsgrade verwenden. Nur müssen wir hier mit der χ^2-Verteilung und der Tabelle im Anhang arbeiten. Für ein 95%-Konfidenzintervall sind die Werte $\chi^2_{1-\frac{\alpha}{2};[n-1]} = \chi^2_{0.975;[6]} = 14.45$ und $\chi^2_{\frac{\alpha}{2};[n-1]} = \chi^2_{0.025;[6]} = 1.24$, und es ist

$$KI = \left[\frac{(n-1) \cdot s^2}{\chi^2_{1-\frac{\alpha}{2};[n-1]}}, \ \frac{(n-1) \cdot s^2}{\chi^2_{\frac{\alpha}{2};[n-1]}} \right]$$

$$= \left[\frac{6 \cdot 4.66}{\chi^2_{0.975;[6]}}, \ \frac{6 \cdot 4.66}{\chi^2_{0.025;[6]}} \right] = \left[\frac{27.96}{14.45}, \ \frac{27.96}{1.24} \right] = [1.93, \ 22.54].$$

Also liegt die Varianz der Grundgesamtheit mit 95%iger Sicherheit zwischen 1.93 und 22.54 $[g^2]$.

| Aufgabe 37 | Abschnitt 10.5 | $P_{\text{Panik}} = 65\%$ |

Ein sich auf Jobsuche befindlicher Statistiker möchte zur Abschätzung potenzieller Wirkungsfelder das durchschnittliche Alter von Professoren schätzen. Dazu recherchiert er im Internet das Alter von 81 Professoren. Er ermittelt, dass das durchschnittliche Alter dieser Professoren 56 Jahre beträgt, mit einer Standardabweichung von $s = 4.5$.

(a) Man bestimme zur Irrtumswahrscheinlichkeit $\alpha = 0.05$ ein Konfidenzintervall für das unbekannte Durchschnittsalter der Grundgesamtheit!

(b) Wie groß müsste der Stichprobenumfang sein, um eine Intervallbreite von höchstens 3 Jahren zu bekommen?

Lösung

(a) Aus der Aufgabenstellung geht zunächst einmal hervor, dass keinerlei Aussage über die Verteilung der Grundgesamtheit gemacht wird. Da aber die Stichprobe vom Umfang $n = 81 \geq 30$ ist, kann trotzdem mit Hilfe des kritischen Wertes der Standardnormalverteilung ein entsprechendes Konfidenzintervall bestimmt werden. Hierzu ist der Wert $z_{1-\frac{\alpha}{2}} = z_{0.975} = 1.96$ aus der Tabelle der Quantile der Standardnormalverteilung abzulesen und der Standardfehler $\frac{s}{\sqrt{n}} = \frac{4.5}{9} = 0.5$ zu ermitteln. Mit dem Durchschnittsalter aus der Stichprobe $\bar{x} = 56$ ergibt sich dann das Konfidenzintervall

$$KI = \left[\bar{x} - z_{1-\frac{\alpha}{2}} \cdot \frac{s}{\sqrt{n}}, \ \bar{x} + z_{1-\frac{\alpha}{2}} \cdot \frac{s}{\sqrt{n}} \right]$$

$$= [56 - 1.96 \cdot 0.5, \ 56 + 1.96 \cdot 0.5] = [55.02, \ 56.98].$$

(b) Die Breite B des Konfidenzintervalls wird durch den zweifachen Schätzfehler, der das Produkt aus dem kritischen Wert $z_{1-\frac{\alpha}{2}}$ und dem Standardfehler $\frac{s}{\sqrt{n}}$ ist, berechnet. Es ist $B = 2 \cdot z_{1-\frac{\alpha}{2}} \cdot \frac{s}{\sqrt{n}}$, und durch Umstellung dieser Gleichung zum Stichprobenumfang n ergibt sich mit allen Werten

$$n = 4 \cdot \frac{z_{1-\frac{\alpha}{2}}^2 \cdot s^2}{B^2} \quad \text{und somit} \quad n = 34.5744.$$

Das heißt, mit lediglich 35 Altersangaben hätte man bereits das Konfidenzintervall entsprechend eingegrenzt.

Aufgabe 38	Abschnitt 11.2.1	$P_{\text{Panik}} = 88\%$

(a) Um zu überprüfen, ob das durchschnittliche Monatseinkommen von Studierenden höher ist als die in einer Zeitung genannten 424 €, befragt ein Student 5 Mitbewohner seiner WG. Sie bringen es insgesamt auf ein monatliches Einkommen von 2190 € bei einer Varianz von $s^2 = 784$. Auf eine Signifikanzniveau von 10% ist zu testen, ob der Student recht hat.

(b) Im Rahmen seiner Praktikumsarbeit steht der Student vor demselben Problem, kann jedoch nun 81 Studierende befragen. Dabei ergab sich für diese Stichprobe ein durchschnittliches Einkommen von 439 € bei einer Varianz von $s^2 = 900$. Unter den gleichen Bedingungen wie in (a) ist zu testen, ob der Student die Behauptung aufrechterhalten kann.

Hinweis: Man gehe von normalverteiltem monatlichen Einkommen aus.

Lösung

(a) Aufgrund der Fragestellung empfiehlt es sich, die Behauptung der Zeitung als Nullhypothese und die Behauptung des Studenten als Alternativhypothese anzusetzen. Da der Student konkret behauptet, dass das monatliche Einkommen größer ist, ist ein einseitiger Test zu verwenden. Somit ist

$$H_0 : \mu \leq 424 \quad \text{gegen} \quad H_1 : \mu > 424 \quad \text{mit} \quad \alpha = 0.1$$

zu prüfen. Da von einem normalverteilten Monatseinkommen ausgegangen wird, die Varianz dieser Normalverteilung allerdings unbekannt ist, geht man zunächst von einer T-Verteilung aus. Die Streuung der Stichprobe ist $s = \sqrt{s^2} = 28$. Aufgrund der 5 Stichprobenwerte ist nun mit $f = 5 - 1 = 4$ Freiheitsgraden gemäß dem Rezept auf Seite 240 als Testgröße

$$T = \frac{\overline{X} - \mu_0}{S} \sqrt{n} = \frac{438 - 424}{28} \sqrt{5} = 1.118$$

zu ermitteln und mit dem kritischen Wert $t_{1-\alpha;[n-1]} = t_{0.9;[4]} = 1.533$ zu vergleichen. Als Entscheidungskriterium, um die Nullhypothese abzulehnen, muss gemäß Tabelle einfach $T > t_{1-\alpha;[n-1]}$ sein, und da

$$T = 1.118 < t_{0.9;[4]} = 1.533$$

ist, besteht keine Veranlassung, die Nullhypothese H_0 abzulehnen.

(b) Da der Stichprobenumfang $n \geq 30$ ist und man es so mit einer großen Stichprobe zu tun hat, kann bei diesem Test der kritische Wert direkt aus der Standardnormalverteilung ermittelt werden. Ansonsten ist die Vorgehensweise ganz analog, da die Null- und Alternativhypothese unverändert bleiben. Es gilt,

$$T = \frac{\overline{X} - \mu_0}{S} \sqrt{n} = \frac{439 - 424}{30} \sqrt{81} = 4.5$$

gegen den kritischen Wert $z_{1-\alpha} = z_{0.9} = 1.28$ zu testen. Da nun

$$T = 4.5 > z_{0.9} = 1.28$$

ist, muss in diesem Fall die Nullhypothese abgelehnt werden.

Anhang: Tabellen ohne Ende

© Springer-Verlag GmbH Deutschland, ein Teil von Springer Nature 2022
M. Oestreich und O. Romberg, *Keine Panik vor Statistik!*,
https://doi.org/10.1007/978-3-662-64490-4

Tabelle A.1 Binomialverteilung

$$f(k) = \binom{n}{k} \cdot p^k \cdot (1-p)^{n-k} \quad k = 0, 1, \ldots, n$$

Ablesehilfe: siehe Abschn. 9.1.2.

Ablesebeispiele:

$$n = 3, \, p = 0.30, k = 1, \, f(1) = 0.4410$$
$$n = 4, \, p = 0.85, k = 2, \, f(2) = 0.0975$$
$$n = 5, \, p = 0.45, \, F(1) = f(0) + f(1)$$
$$= 0.0503 + 0.2059 = 0.2562$$

$\downarrow k \rightarrow$	$p=0.1$	$p=0.15$	$p=0.2$	$p=0.25$	$p=0.3$	$p=0.35$	$p=0.4$	$p=0.45$	$p=0.5$	
					n=1					
0	0.9000	0.8500	0.8000	0.7500	0.7000	0.6500	0.6000	0.5500	0.5000	1
1	0.1000	0.1500	0.2000	0.2500	0.3000	0.3500	0.4000	0.4500	0.5000	0
	$p=0.9$	$p=0.85$	$p=0.8$	$p=0.75$	$p=0.7$	$p=0.65$	$p=0.6$	$p=0.55$	$p=0.5$	$\leftarrow k \uparrow$

$\downarrow k \rightarrow$	$p=0.1$	$p=0.15$	$p=0.2$	$p=0.25$	$p=0.3$	$p=0.35$	$p=0.4$	$p=0.45$	$p=0.5$	
					n=2					
0	0.8100	0.7225	0.6400	0.5625	0.4900	0.4225	0.3600	0.3025	0.2500	2
1	0.1800	0.2550	0.3200	0.3750	0.4200	0.4550	0.4800	0.4950	0.5000	1
2	0.0100	0.0225	0.0400	0.0625	0.0900	0.1225	0.1600	0.2025	0.2500	0
	$p=0.9$	$p=0.85$	$p=0.8$	$p=0.75$	$p=0.7$	$p=0.65$	$p=0.6$	$p=0.55$	$p=0.5$	$\leftarrow k \uparrow$

$\downarrow k \rightarrow$	$p=0.1$	$p=0.15$	$p=0.2$	$p=0.25$	$p=0.3$	$p=0.35$	$p=0.4$	$p=0.45$	$p=0.5$	
					n=3					
0	0.7290	0.6141	0.5120	0.4219	0.3430	0.2746	0.2160	0.1664	0.1250	3
1	0.2430	0.3251	0.3840	0.4219	0.4410	0.4436	0.4320	0.4084	0.3750	2
2	0.0270	0.0574	0.0960	0.1406	0.1890	0.2389	0.2880	0.3341	0.3750	1
3	0.0010	0.0034	0.0080	0.0156	0.0270	0.0429	0.0640	0.0911	0.1250	0
	$p=0.9$	$p=0.85$	$p=0.8$	$p=0.75$	$p=0.7$	$p=0.65$	$p=0.6$	$p=0.55$	$p=0.5$	$\leftarrow k \uparrow$

$\downarrow k \rightarrow$	$p=0.1$	$p=0.15$	$p=0.2$	$p=0.25$	$p=0.3$	$p=0.35$	$p=0.4$	$p=0.45$	$p=0.5$	
					n=4					
0	0.6561	0.5220	0.4096	0.3164	0.2401	0.1785	0.1296	0.0915	0.0625	4
1	0.2916	0.3685	0.4096	0.4219	0.4116	0.3845	0.3456	0.2995	0.2500	3
2	0.0486	0.0975	0.1536	0.2109	0.2646	0.3105	0.3456	0.3675	0.3750	2
3	0.0036	0.0115	0.0256	0.0469	0.0756	0.1115	0.1536	0.2005	0.2500	1
4	0.0001	0.0005	0.0016	0.0039	0.0081	0.0150	0.0256	0.0410	0.0625	0
	$p=0.9$	$p=0.85$	$p=0.8$	$p=0.75$	$p=0.7$	$p=0.65$	$p=0.6$	$p=0.55$	$p=0.5$	$\leftarrow k \uparrow$

$\downarrow k \rightarrow$	$p=0.1$	$p=0.15$	$p=0.2$	$p=0.25$	$p=0.3$	$p=0.35$	$p=0.4$	$p=0.45$	$p=0.5$	
					n=5					
0	0.5905	0.4437	0.3277	0.2373	0.1681	0.1160	0.0778	0.0503	0.0313	5
1	0.3281	0.3915	0.4096	0.3955	0.3602	0.3124	0.2592	0.2059	0.1563	4
2	0.0729	0.1382	0.2048	0.2637	0.3087	0.3364	0.3456	0.3369	0.3125	3
3	0.0081	0.0244	0.0512	0.0879	0.1323	0.1811	0.2304	0.2757	0.3125	2
4	0.0005	0.0022	0.0064	0.0146	0.0284	0.0488	0.0768	0.1128	0.1563	1
5	0.0000	0.0001	0.0003	0.0010	0.0024	0.0053	0.0102	0.0185	0.0313	0
	$p=0.9$	$p=0.85$	$p=0.8$	$p=0.75$	$p=0.7$	$p=0.65$	$p=0.6$	$p=0.55$	$p=0.5$	$\leftarrow k \uparrow$

Fortsetzung Tabelle A.1 Binomialverteilung

$\downarrow k \rightarrow$	$p=0.1$	$p=0.15$	$p=0.2$	$p=0.25$	$p=0.3$	$p=0.35$	$p=0.4$	$p=0.45$	$p=0.5$	
					n=6					
0	0.5314	0.3771	0.2621	0.1780	0.1176	0.0754	0.0467	0.0277	0.0156	6
1	0.3543	0.3993	0.3932	0.3560	0.3025	0.2437	0.1866	0.1359	0.0938	5
2	0.0984	0.1762	0.2458	0.2966	0.3241	0.3280	0.3110	0.2780	0.2344	4
3	0.0146	0.0415	0.0819	0.1318	0.1852	0.2355	0.2765	0.3032	0.3125	3
4	0.0012	0.0055	0.0154	0.0330	0.0595	0.0951	0.1382	0.1861	0.2344	2
5	0.0001	0.0004	0.0015	0.0044	0.0102	0.0205	0.0369	0.0609	0.0938	1
6	0.0000	0.0000	0.0001	0.0002	0.0007	0.0018	0.0041	0.0083	0.0156	0
	$p=0.9$	$p=0.85$	$p=0.8$	$p=0.75$	$p=0.7$	$p=0.65$	$p=0.6$	$p=0.55$	$p=0.5$	$\leftarrow k \uparrow$

$\downarrow k \rightarrow$	$p=0.1$	$p=0.15$	$p=0.2$	$p=0.25$	$p=0.3$	$p=0.35$	$p=0.4$	$p=0.45$	$p=0.5$	
					n=7					
0	0.4783	0.3206	0.2097	0.1335	0.0824	0.0490	0.0280	0.0152	0.0078	7
1	0.3720	0.3960	0.3670	0.3115	0.2471	0.1848	0.1306	0.0872	0.0547	6
2	0.1240	0.2097	0.2753	0.3115	0.3177	0.2985	0.2613	0.2140	0.1641	5
3	0.0230	0.0617	0.1147	0.1730	0.2269	0.2679	0.2903	0.2918	0.2734	4
4	0.0026	0.0109	0.0287	0.0577	0.0972	0.1442	0.1935	0.2388	0.2734	3
5	0.0002	0.0012	0.0043	0.0115	0.0250	0.0466	0.0774	0.1172	0.1641	2
6	0.0000	0.0001	0.0004	0.0013	0.0036	0.0084	0.0172	0.0320	0.0547	1
7	0.0000	0.0000	0.0000	0.0001	0.0002	0.0006	0.0016	0.0037	0.0078	0
	$p=0.9$	$p=0.85$	$p=0.8$	$p=0.75$	$p=0.7$	$p=0.65$	$p=0.6$	$p=0.55$	$p=0.5$	$\leftarrow k \uparrow$

$\downarrow k \rightarrow$	$p=0.1$	$p=0.15$	$p=0.2$	$p=0.25$	$p=0.3$	$p=0.35$	$p=0.4$	$p=0.45$	$p=0.5$	
					n=8					
0	0.4305	0.2725	0.1678	0.1001	0.0576	0.0319	0.0168	0.0084	0.0039	8
1	0.3826	0.3847	0.3355	0.2670	0.1977	0.1373	0.0896	0.0548	0.0313	7
2	0.1488	0.2376	0.2936	0.3115	0.2965	0.2587	0.2090	0.1569	0.1094	6
3	0.0331	0.0839	0.1468	0.2076	0.2541	0.2786	0.2787	0.2568	0.2188	5
4	0.0046	0.0185	0.0459	0.0865	0.1361	0.1875	0.2322	0.2627	0.2734	4
5	0.0004	0.0026	0.0092	0.0231	0.0467	0.0808	0.1239	0.1719	0.2188	3
6	0.0000	0.0002	0.0011	0.0038	0.0100	0.0217	0.0413	0.0703	0.1094	2
7	0.0000	0.0000	0.0001	0.0004	0.0012	0.0033	0.0079	0.0164	0.0313	1
8	0.0000	0.0000	0.0000	0.0000	0.0001	0.0002	0.0007	0.0017	0.0039	0
	$p=0.9$	$p=0.85$	$p=0.8$	$p=0.75$	$p=0.7$	$p=0.65$	$p=0.6$	$p=0.55$	$p=0.5$	$\leftarrow k \uparrow$

$\downarrow k \rightarrow$	$p=0.1$	$p=0.15$	$p=0.2$	$p=0.25$	$p=0.3$	$p=0.35$	$p=0.4$	$p=0.45$	$p=0.5$	
					n=9					
0	0.3874	0.2316	0.1342	0.0751	0.0404	0.0207	0.0101	0.0046	0.0020	9
1	0.3874	0.3679	0.3020	0.2253	0.1556	0.1004	0.0605	0.0339	0.0176	8
2	0.1722	0.2597	0.3020	0.3003	0.2668	0.2162	0.1612	0.1110	0.0703	7
3	0.0446	0.1069	0.1762	0.2336	0.2668	0.2716	0.2508	0.2119	0.1641	6
4	0.0074	0.0283	0.0661	0.1168	0.1715	0.2194	0.2508	0.2600	0.2461	5
5	0.0008	0.0050	0.0165	0.0389	0.0735	0.1181	0.1672	0.2128	0.2461	4
6	0.0001	0.0006	0.0028	0.0087	0.0210	0.0424	0.0743	0.1160	0.1641	3
7	0.0000	0.0000	0.0003	0.0012	0.0039	0.0098	0.0212	0.0407	0.0703	2
8	0.0000	0.0000	0.0000	0.0001	0.0004	0.0013	0.0035	0.0083	0.0176	1
9	0.0000	0.0000	0.0000	0.0000	0.0000	0.0001	0.0003	0.0008	0.0020	0
	$p=0.9$	$p=0.85$	$p=0.8$	$p=0.75$	$p=0.7$	$p=0.65$	$p=0.6$	$p=0.55$	$p=0.5$	$\leftarrow k \uparrow$

$\downarrow k \rightarrow$	$p=0.1$	$p=0.15$	$p=0.2$	$p=0.25$	$p=0.3$	$p=0.35$	$p=0.4$	$p=0.45$	$p=0.5$	
					n=10					
0	0.3487	0.1969	0.1074	0.0563	0.0282	0.0135	0.0060	0.0025	0.0010	10
1	0.3874	0.3474	0.2684	0.1877	0.1211	0.0725	0.0403	0.0207	0.0098	9
2	0.1937	0.2759	0.3020	0.2816	0.2335	0.1757	0.1209	0.0763	0.0439	8
3	0.0574	0.1298	0.2013	0.2503	0.2668	0.2522	0.2150	0.1665	0.1172	7
4	0.0112	0.0401	0.0881	0.1460	0.2001	0.2377	0.2508	0.2384	0.2051	6
5	0.0015	0.0085	0.0264	0.0584	0.1029	0.1536	0.2007	0.2340	0.2461	5
6	0.0001	0.0012	0.0055	0.0162	0.0368	0.0689	0.1115	0.1596	0.2051	4
7	0.0000	0.0001	0.0008	0.0031	0.0090	0.0212	0.0425	0.0746	0.1172	3
8	0.0000	0.0000	0.0001	0.0004	0.0014	0.0043	0.0106	0.0229	0.0439	2
9	0.0000	0.0000	0.0000	0.0000	0.0001	0.0005	0.0016	0.0042	0.0098	1
10	0.0000	0.0000	0.0000	0.0000	0.0000	0.0000	0.0001	0.0003	0.0010	0
	$p=0.9$	$p=0.85$	$p=0.8$	$p=0.75$	$p=0.7$	$p=0.65$	$p=0.6$	$p=0.55$	$p=0.5$	$\leftarrow k \uparrow$

Tabelle A.2 Poisson-Verteilung

$$f(k) = \frac{\lambda^k}{k!} e^{-\lambda} \quad k = 0, 1, \ldots, n$$

Ablesehilfe: siehe Abschn. 9.1.4.

Ablesebeispiele:

$$\lambda = 0.4, k = 4, \ f(4) = 0.0007$$
$$\lambda = 1.3, F(1) = f(0) + f(1)$$
$$= 0.2725 + 0.3543 = 0.6268$$

k	$\lambda=0.1$	$\lambda=0.2$	$\lambda=0.3$	$\lambda=0.4$	$\lambda=0.5$	$\lambda=0.6$	$\lambda=0.7$	$\lambda=0.8$	$\lambda=0.9$	$\lambda=1.0$
0	0.9048	0.8187	0.7408	0.6703	0.6065	0.5488	0.4966	0.4493	0.4066	0.3679
1	0.0905	0.1637	0.2222	0.2681	0.3033	0.3293	0.3476	0.3595	0.3659	0.3679
2	0.0045	0.0164	0.0333	0.0536	0.0758	0.0988	0.1217	0.1438	0.1647	0.1839
3	0.0002	0.0011	0.0033	0.0072	0.0126	0.0198	0.0284	0.0383	0.0494	0.0613
4	0.0000	0.0001	0.0003	0.0007	0.0016	0.0030	0.0050	0.0077	0.0111	0.0153
5	0.0000	0.0000	0.0000	0.0001	0.0002	0.0004	0.0007	0.0012	0.0020	0.0031
6	0.0000	0.0000	0.0000	0.0000	0.0000	0.0000	0.0001	0.0002	0.0003	0.0005
7	0.0000	0.0000	0.0000	0.0000	0.0000	0.0000	0.0000	0.0000	0.0000	0.0001

k	$\lambda=1.1$	$\lambda=1.2$	$\lambda=1.3$	$\lambda=1.4$	$\lambda=1.5$	$\lambda=1.6$	$\lambda=1.7$	$\lambda=1.8$	$\lambda=1.9$	$\lambda=2.0$
0	0.3329	0.3012	0.2725	0.2466	0.2231	0.2019	0.1827	0.1653	0.1496	0.1353
1	0.3662	0.3614	0.3543	0.3452	0.3347	0.3230	0.3106	0.2975	0.2842	0.2707
2	0.2014	0.2169	0.2303	0.2417	0.2510	0.2584	0.2640	0.2678	0.2700	0.2707
3	0.0738	0.0867	0.0998	0.1128	0.1255	0.1378	0.1496	0.1607	0.1710	0.1804
4	0.0203	0.0260	0.0324	0.0395	0.0471	0.0551	0.0636	0.0723	0.0812	0.0902
5	0.0045	0.0062	0.0084	0.0111	0.0141	0.0176	0.0216	0.0260	0.0309	0.0361
6	0.0008	0.0012	0.0018	0.0026	0.0035	0.0047	0.0061	0.0078	0.0098	0.0120
7	0.0001	0.0002	0.0003	0.0005	0.0008	0.0011	0.0015	0.0020	0.0027	0.0034
8	0.0000	0.0000	0.0001	0.0001	0.0001	0.0002	0.0003	0.0005	0.0006	0.0009
9	0.0000	0.0000	0.0000	0.0000	0.0000	0.0000	0.0001	0.0001	0.0001	0.0002

k	$\lambda=2.1$	$\lambda=2.2$	$\lambda=2.3$	$\lambda=2.4$	$\lambda=2.5$	$\lambda=3$	$\lambda=3.5$	$\lambda=4.0$	$\lambda=7.0$	$\lambda=10$
0	0.1225	0.1108	0.1003	0.0907	0.0821	0.0498	0.0302	0.0183	0.0009	0.0000
1	0.2572	0.2438	0.2306	0.2177	0.2052	0.1494	0.1057	0.0733	0.0064	0.0005
2	0.2700	0.2681	0.2652	0.2613	0.2565	0.2240	0.1850	0.1465	0.0223	0.0023
3	0.1890	0.1966	0.2033	0.2090	0.2138	0.2240	0.2158	0.1954	0.0521	0.0076
4	0.0992	0.1082	0.1169	0.1254	0.1336	0.1680	0.1888	0.1954	0.0912	0.0189
5	0.0417	0.0476	0.0538	0.0602	0.0668	0.1008	0.1322	0.1563	0.1277	0.0378
6	0.0146	0.0174	0.0206	0.0241	0.0278	0.0504	0.0771	0.1042	0.1490	0.0631
7	0.0044	0.0055	0.0068	0.0083	0.0099	0.0216	0.0385	0.0595	0.1490	0.0901
8	0.0011	0.0015	0.0019	0.0025	0.0031	0.0081	0.0169	0.0298	0.1304	0.1126
9	0.0003	0.0004	0.0005	0.0007	0.0009	0.0027	0.0066	0.0132	0.1014	0.1251
10	0.0001	0.0001	0.0001	0.0002	0.0002	0.0008	0.0023	0.0053	0.0710	0.1251
11	0.0000	0.0000	0.0000	0.0000	0.0000	0.0002	0.0007	0.0019	0.0452	0.1137
12	0.0000	0.0000	0.0000	0.0000	0.0000	0.0001	0.0002	0.0006	0.0263	0.0948
13	0.0000	0.0000	0.0000	0.0000	0.0000	0.0000	0.0001	0.0002	0.0142	0.0729
14	0.0000	0.0000	0.0000	0.0000	0.0000	0.0000	0.0000	0.0001	0.0071	0.0521
15	0.0000	0.0000	0.0000	0.0000	0.0000	0.0000	0.0000	0.0000	0.0033	0.0347
16	0.0000	0.0000	0.0000	0.0000	0.0000	0.0000	0.0000	0.0000	0.0014	0.0217
17	0.0000	0.0000	0.0000	0.0000	0.0000	0.0000	0.0000	0.0000	0.0006	0.0128
18	0.0000	0.0000	0.0000	0.0000	0.0000	0.0000	0.0000	0.0000	0.0002	0.0071
19	0.0000	0.0000	0.0000	0.0000	0.0000	0.0000	0.0000	0.0000	0.0001	0.0037
20	0.0000	0.0000	0.0000	0.0000	0.0000	0.0000	0.0000	0.0000	0.0000	0.0019

Tabelle A.3 Verteilungsfunktion der Standardnormalverteilung

Für negative z-Werte ist die Formel

$$\phi(-z) = 1 - \phi(z)$$

zu verwenden. Wenn $z > 4$, so ist $\phi(z) \approx 1$.
Ablesehilfe: siehe Abschn. 9.2.3.
Ablesebeispiele:

$$\phi(1.56) \quad = 0.9406$$
$$\phi(-0.83) = 1 - \phi(0.83)$$
$$= 1 - 0.7967 = 0.2033$$

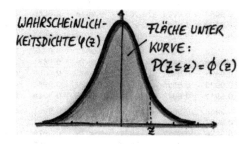

z	0.0	0.01	0.02	0.03	0.04	0.05	0.06	0.07	0.08	0.09
0.0	0.5000	0.5040	0.5080	0.5120	0.5160	0.5199	0.5239	0.5279	0.5319	0.5359
0.1	0.5398	0.5438	0.5478	0.5517	0.5557	0.5596	0.5636	0.5675	0.5714	0.5753
0.2	0.5793	0.5832	0.5871	0.5910	0.5948	0.5987	0.6026	0.6064	0.6103	0.6141
0.3	0.6179	0.6217	0.6255	0.6293	0.6331	0.6368	0.6406	0.6443	0.6480	0.6517
0.4	0.6554	0.6591	0.6628	0.6664	0.6700	0.6736	0.6772	0.6808	0.6844	0.6879
0.5	0.6915	0.6950	0.6985	0.7019	0.7054	0.7088	0.7123	0.7157	0.7190	0.7224
0.6	0.7257	0.7291	0.7324	0.7357	0.7389	0.7422	0.7454	0.7486	0.7517	0.7549
0.7	0.7580	0.7611	0.7642	0.7673	0.7704	0.7734	0.7764	0.7794	0.7823	0.7852
0.8	0.7881	0.7910	0.7939	0.7967	0.7995	0.8023	0.8051	0.8078	0.8106	0.8133
0.9	0.8159	0.8186	0.8212	0.8238	0.8264	0.8289	0.8315	0.8340	0.8365	0.8389
1.0	0.8413	0.8438	0.8461	0.8485	0.8508	0.8531	0.8554	0.8577	0.8599	0.8621
1.1	0.8643	0.8665	0.8686	0.8708	0.8729	0.8749	0.8770	0.8790	0.8810	0.8830
1.2	0.8849	0.8869	0.8888	0.8907	0.8925	0.8944	0.8962	0.8980	0.8997	0.9015
1.3	0.9032	0.9049	0.9066	0.9082	0.9099	0.9115	0.9131	0.9147	0.9162	0.9177
1.4	0.9192	0.9207	0.9222	0.9236	0.9251	0.9265	0.9279	0.9292	0.9306	0.9319
1.5	0.9332	0.9345	0.9357	0.9370	0.9382	0.9394	0.9406	0.9418	0.9429	0.9441
1.6	0.9452	0.9463	0.9474	0.9484	0.9495	0.9505	0.9515	0.9525	0.9535	0.9545
1.7	0.9554	0.9564	0.9573	0.9582	0.9591	0.9599	0.9608	0.9616	0.9625	0.9633
1.8	0.9641	0.9649	0.9656	0.9664	0.9671	0.9678	0.9686	0.9693	0.9699	0.9706
1.9	0.9713	0.9719	0.9726	0.9732	0.9738	0.9744	0.9750	0.9756	0.9761	0.9767
2.0	0.9772	0.9778	0.9783	0.9788	0.9793	0.9798	0.9803	0.9808	0.9812	0.9817
2.1	0.9821	0.9826	0.9830	0.9834	0.9838	0.9842	0.9846	0.9850	0.9854	0.9857
2.2	0.9861	0.9864	0.9868	0.9871	0.9875	0.9878	0.9881	0.9884	0.9887	0.9890
2.3	0.9893	0.9896	0.9898	0.9901	0.9904	0.9906	0.9909	0.9911	0.9913	0.9916
2.4	0.9918	0.9920	0.9922	0.9925	0.9927	0.9929	0.9931	0.9932	0.9934	0.9936
2.5	0.9938	0.9940	0.9941	0.9943	0.9945	0.9946	0.9948	0.9949	0.9951	0.9952
2.6	0.9953	0.9955	0.9956	0.9957	0.9959	0.9960	0.9961	0.9962	0.9963	0.9964
2.7	0.9965	0.9966	0.9967	0.9968	0.9969	0.9970	0.9971	0.9972	0.9973	0.9974
2.8	0.9974	0.9975	0.9976	0.9977	0.9977	0.9978	0.9979	0.9979	0.9980	0.9981
2.9	0.9981	0.9982	0.9982	0.9983	0.9984	0.9984	0.9985	0.9985	0.9986	0.9986
3.0	0.9987	0.9987	0.9987	0.9988	0.9988	0.9989	0.9989	0.9989	0.9990	0.9990
3.1	0.9990	0.9991	0.9991	0.9991	0.9992	0.9992	0.9992	0.9992	0.9993	0.9993
3.2	0.9993	0.9993	0.9994	0.9994	0.9994	0.9994	0.9994	0.9995	0.9995	0.9995
3.3	0.9995	0.9995	0.9995	0.9996	0.9996	0.9996	0.9996	0.9996	0.9996	0.9997
3.4	0.9997	0.9997	0.9997	0.9997	0.9997	0.9997	0.9997	0.9997	0.9997	0.9998
3.5	0.9998	0.9998	0.9998	0.9998	0.9998	0.9998	0.9998	0.9998	0.9998	0.9998
3.6	0.9998	0.9998	0.9999	0.9999	0.9999	0.9999	0.9999	0.9999	0.9999	0.9999
3.7	0.9999	0.9999	0.9999	0.9999	0.9999	0.9999	0.9999	0.9999	0.9999	0.9999
3.8	0.9999	0.9999	0.9999	0.9999	0.9999	0.9999	0.9999	0.9999	0.9999	0.9999
3.9	1.0000	1.0000	1.0000	1.0000	1.0000	1.0000	1.0000	1.0000	1.0000	1.0000
4.0	1.0000	1.0000	1.0000	1.0000	1.0000	1.0000	1.0000	1.0000	1.0000	1.0000

Tabelle A.4 Quantile der Standardnormalverteilung

Aufgrund der Symmetrie der Standardnormalverteilung ist die Gleichung

$$z_{1-p} = -z_p$$

gültig. Es ist $\phi(z_p) = p$.

Ablesehilfe: Beim z_p-Quantil liegen p Prozent der Fläche auf der linken Seite und $1 - p$ Prozent auf der rechten.

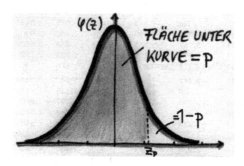

Ablesebeispiele:

Wahrscheinlichkeit $p = 0.95$, dann ist $z_{0.95} = 1.64$

Wahrscheinlichkeit $p = 0.025$, dann ist $z_{0.025} = -z_{0.975} = -1.96$

p	0.005	0.01	0.025	0.05	0.1	0.9	0.95	0.975	0.99	0.995
z_p	-2.58	-2.33	-1.96	-1.64	-1.28	1.28	1.64	1.96	2.33	2.58

Tabelle A.5 Quantile der T-Verteilung

Aufgrund der Symmetrie der T-Verteilung ist die Gleichung

$$t_{1-p;[f]} = -t_{p;[f]}$$

gültig. Es ist $\phi(t_{p;[f]}) = p$, wobei f die Anzahl der Freiheitsgrade ist.

Ablesehilfe: Der Wert $t_{p;[f]}$ ist das zur Wahrscheinlichkeit p gehörige Quantil der T-Verteilung bei f Freiheitsgraden.

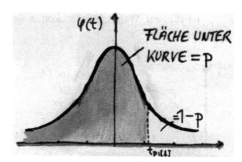

Ablesebeispiel:

Wahrscheinlichkeit $p = 0.95$, Freiheitsgrade $f = 12$, dann ist $t_{0.95;[12]} = 1.782$

p	0.005	0.01	0.025	0.05	0.1	0.9	0.95	0.975	0.99	0.995
1	−63.657	−31.821	−12.706	−6.314	−3.078	3.078	6.314	12.706	31.821	63.657
2	−9.925	−6.965	−4.303	−2.920	−1.886	1.886	2.920	4.303	6.965	9.925
3	−5.841	−4.541	−3.182	−2.353	−1.638	1.638	2.353	3.182	4.541	5.841
4	−4.604	−3.747	−2.776	−2.132	−1.533	1.533	2.132	2.776	3.747	4.604
5	−4.032	−3.365	−2.571	−2.015	−1.476	1.476	2.015	2.571	3.365	4.032
6	−3.707	−3.143	−2.447	−1.943	−1.440	1.440	1.943	2.447	3.143	3.707
7	−3.499	−2.998	−2.365	−1.895	−1.415	1.415	1.895	2.365	2.998	3.499
8	−3.355	−2.896	−2.306	−1.860	−1.397	1.397	1.860	2.306	2.896	3.355
9	−3.250	−2.821	−2.262	−1.833	−1.383	1.383	1.833	2.262	2.821	3.250
10	−3.169	−2.764	−2.228	−1.812	−1.372	1.372	1.812	2.228	2.764	3.169
11	−3.106	−2.718	−2.201	−1.796	−1.363	1.363	1.796	2.201	2.718	3.106
12	−3.055	−2.681	−2.179	−1.782	−1.356	1.356	1.782	2.179	2.681	3.055
13	−3.012	−2.650	−2.160	−1.771	−1.350	1.350	1.771	2.160	2.650	3.012
14	−2.977	−2.624	−2.145	−1.761	−1.345	1.345	1.761	2.145	2.624	2.977
15	−2.947	−2.602	−2.131	−1.753	−1.341	1.341	1.753	2.131	2.602	2.947
16	−2.921	−2.583	−2.120	−1.746	−1.337	1.337	1.746	2.120	2.583	2.921
17	−2.898	−2.567	−2.110	−1.740	−1.333	1.333	1.740	2.110	2.567	2.898
18	−2.878	−2.552	−2.101	−1.734	−1.330	1.330	1.734	2.101	2.552	2.878
19	−2.861	−2.539	−2.093	−1.729	−1.328	1.328	1.729	2.093	2.539	2.861
20	−2.845	−2.528	−2.086	−1.725	−1.325	1.325	1.725	2.086	2.528	2.845
21	−2.831	−2.518	−2.080	−1.721	−1.323	1.323	1.721	2.080	2.518	2.831
22	−2.819	−2.508	−2.074	−1.717	−1.321	1.321	1.717	2.074	2.508	2.819
23	−2.807	−2.500	−2.069	−1.714	−1.319	1.319	1.714	2.069	2.500	2.807
24	−2.797	−2.492	−2.064	−1.711	−1.318	1.318	1.711	2.064	2.492	2.797
25	−2.787	−2.485	−2.060	−1.708	−1.316	1.316	1.708	2.060	2.485	2.787
26	−2.779	−2.479	−2.056	−1.706	−1.315	1.315	1.706	2.056	2.479	2.779
27	−2.771	−2.473	−2.052	−1.703	−1.314	1.314	1.703	2.052	2.473	2.771
28	−2.763	−2.467	−2.048	−1.701	−1.313	1.313	1.701	2.048	2.467	2.763
29	−2.756	−2.462	−2.045	−1.699	−1.311	1.311	1.699	2.045	2.462	2.756
30	−2.750	−2.457	−2.042	−1.697	−1.310	1.310	1.697	2.042	2.457	2.750
⋮										
∞	−2.58	−2.33	−1.96	−1.64	−1.28	1.28	1.64	1.96	2.33	2.58

(Spalte links: Freiheitsgrad f)

Tabelle A.6 Quantile der χ^2-Verteilung

Die χ^2-Verteilung ist nicht symmetrisch.

Es ist $\phi(\chi^2_{p;[f]}) = p$, wobei f die Anzahl der Freiheitsgrade ist.

Ablesehilfe: Der Wert $\chi^2_{p;[f]}$ ist das zur Wahrscheinlichkeit p gehörige Quantil der χ^2-Verteilung bei f Freiheitsgraden.

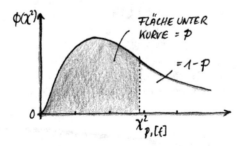

Ablesebeispiel:

Wahrscheinlichkeit $p = 0.95$, Freiheitsgrade $f = 14$, dann ist $\chi^2_{0.95;[14]} = 23.68$

p	0.005	0.01	0.025	0.05	0.1	0.9	0.95	0.975	0.99	0.995
1	–	–	–	–	0.02	2.71	3.84	5.02	6.63	7.88
2	0.01	0.02	0.05	0.10	0.21	4.61	5.99	7.38	9.21	10.60
3	0.07	0.11	0.22	0.35	0.58	6.25	7.81	9.35	11.34	12.84
4	0.21	0.30	0.48	0.71	1.06	7.78	9.49	11.14	13.28	14.86
5	0.41	0.55	0.83	1.15	1.61	9.24	11.07	12.83	15.09	16.75
6	0.68	0.87	1.24	1.64	2.20	10.64	12.59	14.45	16.81	18.55
7	0.99	1.24	1.69	2.17	2.83	12.02	14.07	16.01	18.48	20.28
8	1.34	1.65	2.18	2.73	3.49	13.36	15.51	17.53	20.09	21.95
9	1.73	2.09	2.70	3.33	4.17	14.68	16.92	19.02	21.67	23.59
10	2.16	2.56	3.25	3.94	4.87	15.99	18.31	20.48	23.21	25.19
11	2.60	3.05	3.82	4.57	5.58	17.28	19.68	21.92	24.72	26.76
12	3.07	3.57	4.40	5.23	6.30	18.55	21.03	23.34	26.22	28.30
13	3.57	4.11	5.01	5.89	7.04	19.81	22.36	24.74	27.69	29.82
14	4.07	4.66	5.63	6.57	7.79	21.06	23.68	26.12	29.14	31.32
15	4.60	5.23	6.26	7.26	8.55	22.31	25.00	27.49	30.58	32.80
16	5.14	5.81	6.91	7.96	9.31	23.54	26.30	28.85	32.00	34.27
17	5.70	6.41	7.56	8.67	10.09	24.77	27.59	30.19	33.41	35.72
18	6.26	7.01	8.23	9.39	10.86	25.99	28.87	31.53	34.81	37.16
19	6.84	7.63	8.91	10.12	11.65	27.20	30.14	32.85	36.19	38.58
20	7.43	8.26	9.59	10.85	12.44	28.41	31.41	34.17	37.57	40.00
21	8.03	8.90	10.28	11.59	13.24	29.62	32.67	35.48	38.93	41.40
22	8.64	9.54	10.98	12.34	14.04	30.81	33.92	36.78	40.29	42.80
23	9.26	10.20	11.69	13.09	14.85	32.01	35.17	38.08	41.64	44.18
24	9.89	10.86	12.40	13.85	15.66	33.20	36.42	39.36	42.98	45.56
25	10.52	11.52	13.12	14.61	16.47	34.38	37.65	40.65	44.31	46.93
26	11.16	12.20	13.84	15.38	17.29	35.56	38.89	41.92	45.64	48.29
27	11.81	12.88	14.57	16.15	18.11	36.74	40.11	43.19	46.96	49.64
28	12.46	13.56	15.31	16.93	18.94	37.92	41.34	44.46	48.28	50.99
29	13.12	14.26	16.05	17.71	19.77	39.09	42.56	45.72	49.59	52.34
30	13.79	14.95	16.79	18.49	20.60	40.26	43.77	46.98	50.89	53.67
31	14.46	15.66	17.54	19.28	21.43	41.42	44.99	48.23	52.19	55.00
32	15.13	16.36	18.29	20.07	22.27	42.58	46.19	49.48	53.49	56.33
33	15.82	17.07	19.05	20.87	23.11	43.75	47.40	50.73	54.78	57.65
34	16.50	17.79	19.81	21.66	23.95	44.90	48.60	51.97	56.06	58.96
35	17.19	18.51	20.57	22.47	24.80	46.06	49.80	53.20	57.34	60.27
40	20.71	22.16	24.43	26.51	29.05	51.81	55.76	59.34	63.69	66.77
70	43.28	45.44	48.76	51.74	55.33	85.53	90.53	95.02	100.43	104.21
100	67.33	70.06	74.22	77.93	82.36	118.50	124.34	129.56	135.81	140.17

Freiheitsgrad f

Literatur

[1] Arminger, G., Bommert, K.: Skriptum für die Vorlesungen Statistik I und II im Studienjahr 2005/2006. Bergische Universität Wuppertal

[2] Blinda, A.: Totalschaden: BMW-Fahrer tun es am häufigsten, Spiegel (2004). http://www.spiegel.de/auto/aktuell/totalschaden-bmw-fahrer-tun-es-am-haeufigsten-a-297747. Zugegriffen: 4 Mai 2008

[3] Bronstein, I.N., Semendjajew, K.A.: Taschenbuch der Mathematik, 24th Aufl. Teubner, Leipzig (1989)

[4] Chlumsky, J., Engelhardt, N.: Ein Jahr Euro – ein Jahr Teuro? Statistisches Bundesamt, Wiesbaden (2002)

[5] Donnelly, R.A.: The Complete Idiot's Guide to Statistics, 2. Aufl. Alpha, New York (2007)

[6] Eckey, H.-F., Kosfeld, R., Türck, M.: Deskriptive Statistik: Grundlagen - Methoden - Beispiele, 6. Aufl. Gabler, Wiesbaden (2016)

[7] Eckey, H.-F., Kosfeld, R., Türck, M.: Wahrscheinlichkeitsrechnung und Induktive Statistik, 3. Aufl. Springer Gabler, Wiesbaden (2019)

[8] Gibilisco, S.: Statistics Demystified, 2. Aufl. McGraw-Hill, New York (2011)

[9] Gonick, L., Wollcott, S.: The Cartoon Guide to Statistics. HarperPerennial, New York (1993)

[10] Hautz, P.: Statistik, Skript zur Einführung, Version 3.1. Universität der Künste, Berlin (2004)

[11] IzySoft: http://mathe.naturtoday.de (2006). Zugegriffen: 1 April 2007

[12] Kockelkorn, U.: Einführung in die Statistik, Vorlesungsskript, Version 3. Technische Universität, Berlin (2001)

[13] Krämer, W.: Statistik verstehen. Piper, München (2001)

[14] Krämer, W.: So lügt man mit Statistik, 3. Aufl. Piper, München (2011)

[15] Labuhn, D., Romberg, O.: Keine Panik vor Thermodynamik!, 6. Aufl. Springer, Wiesbaden (2013)

[16] Montgomery, D.C., Runger, G.C.: Applied Statistics and Probability for Engineers, 5. Aufl. Wiley, New York (2010)

[17] Oestreich, M., Romberg, O.: Wörterbuch Statistik, 7. Aufl. Kurzentscheidt, Nüxei (2021)

[18] Papula, L.: Mathematik für Ingenieure und Naturwissenschaftler, Bd. 3, 7. Aufl. Springer Vieweg, Wiesbaden (2016)

[19] Peichl, G.H.: Einführung in die Wahrscheinlichkeitsrechnung und Statistik, Skriptum zur Vorlesung im SS 1999. Institut für Mathematik, Graz (1999)

© Springer-Verlag GmbH Deutschland, ein Teil von Springer Nature 2022
M. Oestreich und O. Romberg, *Keine Panik vor Statistik!*,
https://doi.org/10.1007/978-3-662-64490-4

[20] Romberg, O., Hinrichs, N.: Keine Panik vor Mechanik!, 9. Aufl. Springer Vieweg, Wiesbaden (2020)

[21] Rumsey, D.: Statistic for Dummies, 2. Aufl. Wiley, Indianapolis (2011)

[22] Schwarze, J.: Aufgabensammlung zur Statistik, 7. Aufl. Verlag Neue Wirtschafts-Briefe, Herne/Berlin (2013)

[23] Telefonbuch Höxelhövede (inkl. Branchenverzeichnis), 27. Aufl., Höxelhövede (2021)

[24] Voelker, D.H., Orton, P.Z., Adams, S.V.: Cliffs QuickReview - Statistics, 2. Aufl. Paperback, New York (2011)

[25] Weiß, C.: Basiswissen medizinische Statistik, 7. Aufl. Springer, Heidelberg (2019)

[26] Wikimedia   Foundation   Inc.:   http://de.wikipedia.org,   (2008),   Zugegriffen: ~~26.5.2008~~ ~~11.7.2009~~ ~~7.2.2011~~ ~~30.12.2014~~ 26.5.2008

[27] Zeidler, E.: Taschenbuch der Mathematik, 3. Aufl. Springer Vieweg, Wiesbaden (2012)

Stichwortverzeichnis

A

Ablehnungsbereich, 230, 231
Alternativhypothese, 227, 239, 243, 280
Annahmebereich, 230, 232
Assoziation, 96
Ausreißer, 66, 72, 82, 105, 264

B

Balkendiagramm, 56
Baumdiagramm, 26, 253
Beischlaffrequenz, 17, 57, 81, 228
Bernoulli-Experiment, 166, 172, 200, 216
Bias, 12, 16, 201
Binomialkoeffizient, 34, 119, 133, 169
Binomialverteilung, 167, 216, 273
Box-Whisker-Plot (*auch Boxplot*), 79, 95

C

Chi-Quadrat-Verteilung, 217, 244, 290
Clausthal-Zellerfeld, 12, 52, 98, 109, 120, 126,
    144, 159, 173, 217, 250

D

Daten, 13, 20, 96, 143, 148, 202, 228
Desk Research, 15
Dezil, 67
Dichte, empirische, 49
Dichtefunktion, 153, 156, 183, 272
Durchschnitt, 72, 126, 188, 227, 259

E

Effizienz, 202, 226
Einheit, statistische, 12, 250
Einzelobjekt, 12
Elementarereignis, 116, 123, 142
Ereignis, 7, 25, 150, 166, 223, 266
Ereignisraum, 116
Ergebnismenge, 116
Erhebung, 10, 12, 18, 251
Erwartungstreue, 201, 226
Erwartungswert, 148, 161, 177, 200, 271
Exhaustivität, 202

F

Fall, 12
Fehler
    α, 234
    β, 234
    1. Art (*auch Typ I*), 234
    2. Art (*auch Typ II*), 234
Field Research, 14
Formmaße, 89
Forschungshypothese, 227
Freiheitsgrad, 212, 239, 244, 278, 289

G

Gegenhypothese, 227
Gleichverteilung, 153, 182, 206
Grenzwertsatz, zentraler, 185, 205, 226
Grundgesamtheit, 7, 10, 17, 175, 211

© Springer-Verlag GmbH Deutschland, ein Teil von Springer Nature 2022
M. Oestreich und O. Romberg, *Keine Panik vor Statistik!*,
https://doi.org/10.1007/978-3-662-64490-4

Printed in the United States
by Baker & Taylor Publisher Services